宜红旧事

半世繁华半世劫

文曙 著

中国文史出版社

图书在版编目（CIP）数据

半世繁华半世劫：宜红旧事 / 文曙著 . -- 北京：
中国文史出版社 , 2017.8

ISBN 978-7-5034-9449-9

Ⅰ . ①半… Ⅱ . ①文… Ⅲ . ①红茶 - 文化史 - 汉口
Ⅳ . ① TS971.21

中国版本图书馆 CIP 数据核字 (2017) 第 201160 号

责任编辑：梁玉梅

出版发行：中国文史出版社
网　　址：www.chinawenshi.net
社　　址：北京市西城区太平桥大街 23 号　邮编：100811
电　　话：010-66173572　66168268　66192736（发行部）
传　　真：010-66192703
印　　装：北京温林源印刷有限公司
经　　销：全国新华书店
开　　本：16 开
印　　张：19
字　　数：286 千字
版　　次：2018 年 1 月北京第 1 版
印　　次：2018 年 1 月第 1 次印刷
定　　价：49.80 元

光芒而清香的历史

李鲁平

几年前，在常德一个文学界的座谈会上，我与湖南作家文曙见过一面。当时来去匆匆，并没有细谈，对他的创作也未作深入了解。今年春天文曙说写了一部长篇，这无疑令我欣喜、好奇。欣喜的是几年没有消息的朋友又有联系了，好奇的是我不知道文曙会写出一部什么样的长篇，因为当下的长篇小说的确太多，多得读不过来。读完了文曙的长篇小说《半世繁华半世劫：宜红旧事》（以下简称《宜红旧事》），我同样欣喜，且惊奇。欣喜的是《宜红旧事》带给我一种久违的审美感受，它温润、清香、典雅、磅礴；惊奇的是文曙驾驭历史的能力以及独特个性的语言风格。

《宜红旧事》讲述的是一个与茶叶有关的故事。19世纪末20世纪初广东青年卢次伦在孙中山、郑观应的影响下，扎根湖南宜市，苦心研制红茶，并通过汉口销售到欧洲市场。他试图开辟一条以茶叶贸易造福一方民生的救国之路。他将人生中宝贵的25年浇灌在了宜市和红茶上，但最终因为国家和社会的动荡，以及国际红茶市场的激烈竞争，不得不关闭茶厂，回到广东老家。

《宜红旧事》无疑是一部用艺术的方式叙述的茶文化史。在20万字的篇幅中，固然卢次伦是作品聚焦的中心，但茶也是作品的中心。卢次伦是宜市人群的中心，茶是宜市社会的中心，而茶叶种植、生产和销售活动则把二者统一起来。在卢次伦的人生命运中是茶叶的生长和茶香的四溢。作品对南方茶叶，尤其是红茶的产地、土壤、气候、地理、种植、采摘、加工、品质、贸易，乃至不同茶的口感、颜色、香气，等等，都有准确而生动的描写。比如中国茶叶分有多个树种，福建为铁观音，大、小乌龙；江西为柳叶、竹叶茶；安徽为楮树种；浙江为红芽；湘鄂西北一带茶树则多为大叶种。而大叶种茶树的茶叶，叶肉肥厚，香味绵远丰厚，更宜制作好的红茶。比如，作品对茶叶制作的描述，初制以萎凋、揉捻、发酵、烘干，制成成品毛茶，其中发酵一道至为关键，温度、时差必得掌控火候，茶叶由绿转红至紫铜色，香气透发；精制分毛筛、抖筛、分筛、紧门、撩筛、切断、拣剔、补火、清风、精练等，工序繁缛，不一而足。又如，关于茶叶的香气，有真香、清香、纯香、含香、漏香、浮香，而宜红的香型是幽香、醇香、婉香、深香、秘香，等等；茶叶的交易过程，则有与秤头、记账清点交接，然后是看茶、观形、辨色、闻香、定级；而对品茶的细腻描写更凸显出作家的精湛的表达能力，作品从触、视、辨、意、兴、会、感、知等多角度、全方位展开饮茶者对宜红的感觉，形容宜红的芳香有"兰蕙的清雅深致"，"如入春梦，只可意会，妙处难与说"，或者吸取中国传统诗词文化，借用苏东坡《次韵曹辅寄壑源试焙新芽》中的诗句"从来佳茗似佳人"，来传达宜红的魅力。或者用诸如"宜红的馥郁从每一只青花小瓷碗中飘逸而出，萦绕漫布整个会议大厅，飘逸如水中月影，轻曼似青萍来风"，这样一种立足空间、环境并对有香气参与的新的空间环境的描绘来传达，无论是比物、喻情、拟人、赋比，都极富想象力。对茶叶的生产过程，作品则描写得更加细致，涵养、炼制、规避、提升。这些围绕茶而展开的叙述，因为建立在广博翔实的历史和知识之上，所以准确；又因为作家充满了对这一题材和故事的激情，或者因为长期的酝酿，近代万里茶道上各种人物的命运深深盘桓于心，所以作品对茶文化的叙述又充满了想象力和感染力。

《宜红旧事》也是一部近代民族资本家和民族企业的成长历史。鸦片战争之后，无数有识之士对国家和民族的前途在深切的忧虑中，提出了各种道路、选择、设想。卢次伦与表弟孙文，正是两种不同道路的实践者。他们的人生都是从珠江码头开始，孙文坐上轮船去了香港，继而海外，走上了一条社会革命的道路。在孙文看来，腐朽的封建帝制再也不能继续下去了，必须推翻它，并创建一个崭新的社会制度。卢次伦则跟着郑观应上了轮船，驶往汉口。他在汉口的洋行接触并学习了现代的经济、贸易知识，本来准备采办冶矿的卢次伦偶尔接触到了宜市的茶叶，萌发了从茶叶入手、实业举邦、富国强国的念头。这是一条与社会革命同样艰难的道路。中国民族资本主义企业的成长遇到的首要困难是市场的不完善、不独立。在几千年的封建制度下，以农耕为主的社会，并没有形成完善的商品经济市场。如果仅仅依靠当时的中国消费阶层，卢次伦的红茶企业不可能生存和发展，他只能像传统的茶商一样，小规模地以作坊式的生产成就自己一个小商人的人生。但这不是卢次伦的追求。卢次伦的理想是"以通商为大径，以制造为本务，畅通货殖，发达经济，开启民智，淳化风俗"。在近代通商开埠之后，商品经济的市场掌握在西方各国手中。比如货物的运输和流通主导权不在国家手中。1866 年,美国旗昌公司通过激烈竞争,垄断了长江航运,20 年共获利 338 万两。卢次伦开始茶叶生产和销售的时候,长江的航运权完全被太古、怡和两家英国轮船公司垄断,每天,悬挂米字旗的汽轮穿梭于这条中国内陆最长的水道,茶叶、皮革、桐油、棉纱,无数的中国内陆物产被它们廉价运走,运往印度洋、大西洋、太平洋的彼岸。又比如货物的定价权不在中国商人手中。卢次伦与以都白尼为代表的西方商人的茶叶贸易,从一开始就充满着价格的争夺以及国内市场的残酷竞争,在卢次伦的宜红运到汉口时,湘、鄂、皖、赣、川五省的茶叶也汇聚到了汉口,300 余家茶商栈行在东方茶港同台竞价。第一次交易,都白尼就粗暴地规定每担 15 两 3 钱,不允许讨价还价,而最后一次正是因为都白尼联合西方商人打压卢次伦宜红的价格,一场旷日持久的价格战延伸到茶叶产地的争夺,最终使得卢次伦放弃了在宜市经营二十多年的茶叶事业。初涉市场经济的中国民族企业家面对掌握强大话语权和市场网络的西方商人,步履维艰。卢次伦同样面临的还有传统的农耕社会和文化背景下,小农经济的顽固和抵抗。在茶叶工厂的选址、白茶改红茶、茶叶收购以及茶厂与宜市社会的关系上,卢次伦处处遇到小农经济的阻碍,甚至破坏。比如,宜市当地富裕乡绅易载厚见利忘义,开办德大生茶庄,利用"亲缘乡土",不动声色,使宜市周边方圆数十里茶园归属自己旗下。集地方军政大权于一身的水南渡司董张由俭,变换名目对卢次伦巧取豪夺,等等。同许多致力于实业救国的企业家一样,卢次伦的实业救国注定了也是一条异常艰难的路。

但正是在这条艰难的道路上,卢次伦呈现了中国民族资本家或企业家的优秀品质。他锲而不舍,研究在湖南北部的大山里,如何实现茶叶的渥堆,开创性地把白茶改为红茶。他策马上千公里,告诉都白尼茶叶包装过程中的失误,这一诚信让高傲、狡猾的都白尼心悦诚服。他以微薄的力量,炸毁礁石,疏浚河道。在宜市,他不仅挽救过吴习斋的姐姐的生命,同时常年扶危济困,倡导教育。在自己的对手易载厚经营茶庄失败后,他出手替易载厚处理残局、兑现承诺。二十多年中,可以说,卢次伦一直在践行着他在珠江码头与孙文分别时怀抱的理想。卢次伦身上体现出的对国家和社会的担当,对事业的忠诚和热爱,对外部世界的自信和客观等品质和气质,对当下现代化进程中的企业家和实业家依然有着夺目的启示。

《宜红旧事》也是一部书写万里茶道历史的长篇。作为东方神奇的植物,种茶、饮茶在中国有悠久的历史,而"茶道"则是这条历史长河不可分割的一部分。中国自古有主要三条茶路。一为海路,由荷兰茶商和英国东印度公司开辟,茶船由闽粤沿海航出,经由南洋西抵欧美;二为高原茶马古道,由滇藏、川藏两线,依靠马帮,延伸进入不丹、尼泊尔、印度,一直到西非红海海岸;三为草原万里茶路,1638 年,俄驻华使臣斯达尔可夫从中国带回 64 公斤茶叶晋见沙皇,从此,从贵族到民间,饮茶风行俄罗斯。中俄万里茶路,以汉口为起点,从汉水北上,经洛阳,过黄河,越大漠,至中俄边塞口岸恰克图,继而从伊尔库茨克西行,穿越西伯利亚,抵至莫斯科、圣彼德堡,贯通北欧诸国。1864 年第二次鸦片战争后,清政府与俄罗斯沙皇签订了《中俄天津条约》《中俄北京条约》和《中俄陆路通商章程》等条约,使得俄商有了在华直接购茶经商的权利,J. K. 巴诺夫 1869 年来汉口,五年后,创办阜昌砖茶厂,他在鄂西羊楼洞一带直接收购茶叶鲜叶,机械加工制作砖茶。其时,与巴诺夫一同在汉口开办砖茶厂的另有顺丰、新泰两家,以上三家在

19世纪90年代前拥有资本银400万两，15台蒸汽动力砖茶机，7架茶饼机，数千名中国雇工，年产值近5000万两。1878年，三厂在汉口生产砖茶15.3万担，年贸易出口额在2300万—4200万两之间。巴诺夫走的实行的是"购、制、销"一条龙经营模式，他直接在鄂西羊楼洞一带收购鲜叶，自行制作成砖茶，而后，运往俄罗斯本土销售。

《宜红旧事》把大部分笔墨放在汉口，这个万里茶道的起点，围绕卢次伦与都白尼、巴诺夫等为代表的外国茶商的商业贸易，生动地勾画出20世纪初汉口租界万商云集的繁荣和市井生活。其间，茶叶是媒介，汉口以及租界是舞台，卢次伦、都白尼等是舞台上的主角。在这场汉口最初的现代化交响中，一艘艘巨型汽轮犁开江水，汽笛似自江心地底发出，沉郁，浑厚，汽轮高处洋人的国旗飘扬飞展；歆生路上茶商云集，汉正街一带沿江码头从宗三庙、杨家河、武圣庙、老官庙到集家嘴、万安港挤满了大小茶船；来自闽、浙、皖、赣、湘、鄂的一百多家茶铺围绕汉口茶市鳞次栉比；双轮马车载着商人、买办、代办，在花楼街青龙巷与江汉关之间往来穿梭；洋人伙伴兼利益对手，巴诺夫与都白尼坐在各自的租界里构思着各自的商业帝国梦想……在江边那些一排排的茶船中，就有来自宜市的卢次伦的茶船，在沿江匆忙奔波的背影中，也有卢次伦焦急、愤懑的身影；在租界那些奢华的办公室里，也有卢次伦据理力争或不卑不亢的声音……从长江到码头到岸上，从租界的异国风情建筑里的谈判到汉正街茶铺里的闲聊和拉家常，从洋人到江汉关的官僚到买办到船夫和茶农《宜红旧事》都历历再现，细腻如生。作品对近代汉口商业繁荣的细致了解、掌握以及再度清晰描绘，不仅让我们再一次领略近代商业大都会汉口的景象，更让我们体会到茶叶贸易在这个东方芝加哥的规模、分量以及它与世界的紧密联系，从而也让我们得以更深刻地理解以卢次伦为代表的民族企业家的开创性及其面对的挑战。

《宜红旧事》的叙述文字典雅，但并非华丽；叙述节奏从容，张弛有致。作品巧妙而有节制地引用了大量的诗词、民歌、民谣、戏曲、地方志、商业贸易资料，如屈原在《九歌》中对湘鄂边地的描写，《石门县志》对黄虎港的记载，《唐氏杂钞》中清代著名诗人田光锡的诗歌《黄虎港》，艾伦·麦克法在《绿色黄金·茶叶帝国》中对中国茶叶的介绍……这些细节的插入与小说人物的活动和故事的发展融为一体，为整个小说世界增添了知识性、丰富性和文化特色。

《宜红旧事》主人公卢次伦最终带着失望离开了宜市，他本期望宜红强大，湘鄂边地茶叶形成巨大产业，利惠民生，从而为华茶的前途命运开拓出光明大道。卢次伦对自己的失败、对时代的局势，其实有清醒的认识，"官不仅不以护商开源，反以病商为务……而在当今腐败官权，丝毫不谙商战要害，反以恃权巧取豪夺"，汉口茶市沦为洋人操纵，都白尼在背后操纵J. K. 巴诺夫、李凡诺夫、托克马可夫、莫洛托可夫等七家俄罗斯人砖茶厂采用联手杀价，垄断了羊楼洞的鲜茶。中国茶商携起手来，合纵拒夷的计划最终破产。而远在宜市的儿子和家人，在地方官僚、恶霸的阴谋中，又深陷危险。四面楚歌在湘鄂边地的宜市唱响，这与作品中引用屈原的《九歌》内在地呼应，卢次伦的离开与无奈，与屈子在湘鄂边地的心境有惊人的相似。

但卢次伦写就的宜红历史，依然是清香的；卢次伦在宜市的二十多年茶叶人生，是光彩照人的。如同宜红的茶香，小说《宜红旧事》在对茶的历史叙述与对人的命运刻画中，向我们升腾起一阵阵浓郁而明亮的醇香，这是历史的气味，是近代中国走向世界的脚步带起的风，是近代有识之士代表发自肺腑的呼唤。

目 录

引子

伦敦。威斯敏斯特宫。

通往二楼议会大厅走廊上，威廉·查顿拦住了外相亨利·约翰·坦普尔勋爵。威廉·查顿手里拿着一张蓝色纸笺，那是英政府派驻广州商务总监督查理·义律写给外相的亲笔信，"这位绅士已经有几年时间是我们的商业社团的领袖，由于长期以来的慈善行为和公众精神，光荣地赢得了整个在外国社团的尊敬"。外相亨利·约翰·坦普尔看着信笺上的字，而后将目光投注到威廉·查顿脸上，"不到五十年，中国茶叶从我大英帝国赚走了3600万英镑，而我们的两万箱鸦片却被他们野蛮烧毁。"威廉·查顿两颊潮红，尤其那只高削的鼻子，红若渥丹，卷曲的唇髭隐然在抖，包括一边肩膀也在抖："外相，我们还要等什么？我们不需要单调乏味的谈判，发布强制命令给梅特兰爵士，帝国的'复仇女神号'直接开进他们的海湾，骑兵中队完全可以胜任占领对方的战斗……"

走廊上，参加下院议会的议员们大步朝楼梯台阶这边走来。

亨利·约翰·坦普尔面呈微笑，看着威廉·查顿——眼前这位瘦高个的苏格兰商人此前虽未谋面，但威廉·查顿这个名字他却早有耳闻。据说此人也是爱丁堡大学毕业，商务学科，算来和自己还是校友。1832 年以来，他的 19 艘快艇像狭长的浮刀出没于通往中国的马六甲海峡，此次广州烧毁的两万箱鸦片其中就有他的 7000 箱。威廉·查顿愈说愈显激愤，伴随愈来愈高的嗓音，他的一只手臂举起来，在头顶上空来回舞动。外相亨利·约翰·坦普尔则始终含笑站在那儿静听。他的眼睛放着温煦的蓝光，轮廓分明的嘴唇抿成一道修长的平行线，他把查理·义律写给他的那封引荐信折叠好，装进上衣口袋，随后，将威廉·查顿递上来的那份由伦敦、曼彻斯特、利物浦、利兹、布列斯特联合商业委员会共同起草的建议对华作战计划书接过去，装进公文提包里。

那天是 1840 年 4 月 10 日。

时间是 7 时 45 分。

大本钟在泰晤士河上空发出沉郁的奏鸣声。

下院议会关于是否对华动武的投票表决马上就要举行。

亨利·约翰·坦普尔迈步朝二楼议会大厅走去。

威廉·查顿面朝外相清瘦的背影，大声喊——

"外相，不能眼看着中国茶叶赚走帝国的英镑！"

"帝国需要用武力保护自己的商业利益！"

第一章

识茶

温碗。醒茶。坐壶。冲泡。

女人将那只粗瓷白碗递到卢次伦手上。

家里实在拿不出招待，只能让恩人湿一下口，尝下俺家的白毛尖新茶。女人形容羸弱，面色寡白如纸，话语未出，眼窝已然一片湿渍。

接过茶碗，卢次伦没有喝，双目注定碗中，茶芽经水，嫩绿新展，一枚枚颖毫，青润沐浴，或独秀，或林立，或参差麇集，清妙一缕淡绿，盘桓于碗沿，细细纱纱，曼曼冉冉。卢次伦将茶碗凑近鼻前，鼻翼翕张开来，轻嗅，深吸，敛眉凝神，而后，浅啜一口，眉凝住，神情似在寻溯、臆想，衔在碗边的嘴张开了，欲言又止，无息中，眼仁生光，先是熠亮一点，极小，继而，亮泽变大，蔓延，迅疾地，一发而光芒四射——

这茶是您自家采摘制作的？

女人局促不安，看着卢次伦，怯怯点头。

小抿一口。品味。接着，又抿了一口。好茶，好茶！卢次伦不禁大声。比洞庭君山更多清芬，较西湖龙井"豆香"尤胜，云南普洱、安徽六安、福建武夷、台湾乌龙，不，那些天下名茶，盛名之下，色、香、味、触，实难与它比论。卢次伦两眼发亮看着手中茶碗，忽然，笑了，脸转向女人，两颊盛笑，连连点头。

女孩这时在一边插话：这是俺家的"老茶祖"白毛尖。

老茶祖？卢次伦眼神诧异。

一株千年老茶树。女人说。

它就长在俺家屋后山坡上。女孩瘠黄的脸上，现出不无自骄的笑容：您不知道，当年皇帝老儿还喝过它的白毛尖哩。

再看手中茶碗，卢次伦眼中不由带了好奇，并非因为刚才女孩的话，国人多有攀龙附凤心理，将一棵茶树与皇帝连带以抬高身价实在算不了什么新鲜创举，让他心动好奇的是他眼前无端出现了那株"老茶祖"——嫩青的雀舌，留在齿颊的异香，原来是它千年的孕育。受父亲熏染，他自小爱茶，从闽粤到湘鄂，从沪上到京畿，这些年，他随从郑观应学习商务，辗转南北，可谓尝遍天下茗香，然此时端在手中这碗白毛尖新茶，如此殊异的清芬幽香，却是第一次品尝获得。在滇南，他曾见过一株称之"茶王"的老茶树，读陆羽《茶经》，他得知"茶者，南方嘉木……其巴山峡川有两人合抱者"。看着碗中一轮一漪如宝光般的翠色，卢次伦感觉有些恍惚——

它在哪，你说的那株"老茶祖"？

卢次伦放下茶碗，站起来，双目炯亮，看着女孩——

能不能现在就领我去看看？

1887年（光绪十三年），直隶总督李鸿章授意时任上海机器织布局及轮船招商局总办郑观应筹办采矿冶铜，拟期在厦门、江阴一带建立海防炮台。是年7月，留学英国矿冶学院的矿冶专家林紫宸及郑观应属下"跟办"卢次伦前往湘鄂边地宜市九台山开采铜矿。林、卢一行十余人，本以踌躇满志而来，岂料开采未果，遭遇湘鄂两省界域讼争，官司历时两年，最终悬而未结，历经漫长绝望的两省拉锯"告诉"，不仅冶铜造炮宏愿告破，且一行人囊中赀携悉殆告罄，无奈之下，林紫宸告请郑观应，撤退采矿。然此时郑观应因织布局案及太古轮船公司追赔案，讼争旷日，心力交瘁，愤而退隐澳门，由是，林紫宸一行只得遂作决断，忍痛离开宜市，返身南粤香山。

夜间下过一场小雨，晨光中的宜市街头，檐瓦湿漉，白岚漂浮，林紫宸一帮"广客"从永记歇铺匆匆走出来，等不及雾岚散去，即行赶路，开往津市的租船此时已等在张家渡口，多在宜市逗留一刻只能更添心中伤悲。走出歇铺时，"广客"们几乎不约而同，无一人头再扭过去，回看一眼这座笼罩晨雾中的古老山镇，此时，他们心底只有两个字：离去。及早上路，离开这块伤心地。

艄公立在船头朝"广客"们招手。

"广客"加快脚步朝张家渡口疾走。

路边，一个卖茶叶的女孩拦住了"广客"。

他们自然不会买她的白毛尖，不说囊中所资全付作了那只南下木船的租金，即便有钱，此时，愁恨惆怅，行色匆促，何来心思顾及路边茶叶？

女孩蹲在地上嘤嘤在哭。

卢次伦犹豫一下，站住了。

那天，卢次伦并没有买女孩的白毛尖。

女孩说，她母亲因吃了白鳝泥，肚子鼓胀，躺在床上，只剩嘴里一点出气。卢次伦知道，女孩说的白鳝泥就是观音土。去年，宜市一带大旱，加之澧州匪患爆发，田地绝收，茶路中断，以致时有传闻卖儿鬻女，甚至，有饿殍暴尸荒野。卢次伦两眼哀戚看着女孩，林紫宸大声疾呼：艄公在催，船马上就要开了。那天，卢次伦没有赶船去张家渡口，与林紫宸同行，他随女孩来到了她家。早年卢次伦曾习学过医药，并有四年走方游医经历，宜市地处偏僻，未有药铺医馆，来到女孩家，他要女孩带路上山采药，并亲手熬炙药汤服侍女人服药。三天后的傍晚，林紫宸一行的租船抵达津市西洞庭码头，卢次伦则坐在距离宜市三十里深山一家吊脚木屋里，那个躺在床上嘴里只剩一口出气的女人居然支撑着从床上下来了，卢次伦不让她下床，她非要亲手为他泡一碗家里的新茶，女人双手颤抖，将茶碗奉送卢次伦面前。殊不知，就在卢次伦伸手接过女人递来的那碗白毛尖新茶那一刻，风云际会，波澜生发，命运自此为他定下了未来乾坤。

卢次伦看到了那株"老茶祖"。

站在树下，仰头眺望，卢次伦满眼惊奇欣喜，当年陆羽看到的"两人合抱者"是否即是眼前的这株"老茶祖"？粗大的杆枝上系了许多红布，是祭祀用的"上红"。女人说，每年新茶开采前一天，远近茶农都要来跟"老茶祖"敬香上供，有的甚至抬了"三牲"来典礼祭拜，年轻女子唱起茶歌，男人则争相"挂红",看谁将自家"上红"挂到最高处的枝杈上。四围山坡，皆是茶园，正是春茶采摘季节，茶园却不见一个人影，大旱之后，必有凶年，想到茶园荒芜，山野一片饥馑，卢次伦眼中不禁含了戚哀，脸高高仰起来，仰向繁叶覆盖上空。"峡州山南出好茶"，然如此好茶如今却老在荒野，卢次伦手抚树干，两眼长久凝望高处，寂默摇头，继而，郑重点头。

那天，卢次伦还意外看到了一本书——《容美纪游》。

原来，女人祖上历代为容美土司制茶师，先前女孩说的皇帝喝过"老茶祖"的白毛尖，并非虚妄杜撰。康熙四十年（1702年），容美千户土司田九峰携"老茶祖"上采摘新制的白毛尖，进京拜献康熙皇帝，在养心殿，康熙连饮三碗白毛尖茶后，神情大悦，当即加封田九峰三级，赐骠骑将军头衔，并将容美土司辖地由原来五峰、鹤峰、走马一部分，扩大到了清江、长阳及湖南西北部的石门。进京归来，田九峰即在新封地石门宜市大兴土木，建造别墅天成楼，新楼落成，喜好舞文弄墨的田土王特从京城请来国子监侍郎顾彩和刚从户部主事罢官的孔尚任，为其新楼题咏唱和。"宜市别墅，地属岳州府石门县。其楼曰'天成'，制度朴雅，草创辄就，是夜，楼主围火烹茗，茶称白毛尖，清芬幽远，虽龙井蒙顶未得其异芳也，东塘在侧，田主把盏，瀹茗唱酬，新月在壶，清欢如是，仙山何及……"就着火塘升腾的火苗，卢次伦一页一行翻看着，女人在往茶碗里续水，他颔首而笑，接过茶碗，随后浅饮一口，继续翻动书页。火塘里，火苗猩红，茶碗香溢，飘逸纸上，那些来自一个世纪前的文字，一一鲜活，变成一幅幅画面，眼前次第展开上演。

天成楼与文峰隔河对望，12根楠木楹柱朱漆辉映，张灯结彩，廊檐下搭起了戏台，台上粉黛水袖，管弦笙箫，正在上演汉戏《桃花扇》中"却奁"一出：

美你风流雅望，东洛才名，西汉文章。逢迎随处有，争看坐车郎。秦淮妙处，暂寻个佳人相傍，也要些鸳鸯被、芙蓉妆；你道是谁的？是那南邻大阮嫁衣全忙。

孔尚任青衿缎帽，容貌静雅，坐在台前居中一把紫檀官帽椅上。紧挨右边是国子监侍郎顾彩。左侧，便是容美土司田九峰，青帕缠头，对襟披肩蜡染袍褂，圆领阔袖，金丝襻花镶边，尤其镶嵌头帕正中央一块康熙御赐的寿山玉佩辉泽浏丽，格外惹眼。田九峰满面盛笑，环顾左右，殷勤指点，说他虽偏居山野，却平生仰慕名士，尤其景仰天下文人学士，犬子去岁京城国子监告假回来，鄙人特地嘱咐带了汤户部《桃花扇》鸿本来，此次，大成楼落成，迎请二位，一是为新楼庆贺添彩，二是有意让二位体略一番山中桃源的景致闲情。

孔尚任两目清亮，注定前方，追随台上场景，情志神思似已全然进入剧情之中。两年前，就因为这出戏在京城上演，令他丢掉了户部主事官职，此次，应田土王相邀，与好友顾彩一同前来，原意不过想借此排遣心中沉闷积郁，令他万没想到的是，在远离京城数千里的荒远深山，居然能目睹他的呕心之作在这里上演，眼看台上场景，想及此生际遇沉浮，无形中，孔尚任不禁两颊渐湿，清泪泫然。

那是康熙四十三年（1705 年）的春天。

看楼。题诗。溯洄听涛。指点天外山峦黛青。孔尚任脸上终于现出蔚然笑容。顾彩更是望峰骋怀，对云啸歌，春光满面，诗兴勃发。

夜晚，田九峰令人燃起一堆篝火，并叫人汲来山泉，他要为孔尚任、顾彩二人亲手煮水泡茶，让两位京城来的大文人品尝这大山深处出产的香茗，田九峰为孔尚任、顾彩泡的正是那株千年"老茶祖"上采摘制作的白毛尖，一边煮水，一边说起他第一次进京献茶的情景，说到康熙送予他寿山玉佩，田土王双目炯亮，手抚头帕中央，满脸不尽得意之色。洗盏，温杯，洗茶，冲泡，两只青花小盖碗毕恭毕敬分别奉送到孔尚任、顾彩手里。孔尚任接过，没有喝。顾彩也没有喝。火光中，二人凝眸出神，看着手中一盏碧汤。

洞庭君山，皖中六安，建宁武夷，西湖龙井，孔、顾二人可谓品茗天下矣，然这捧在手中的一盏碧色，其清芬之幽远，高香之弥漫，回味之绵久，旨趣妙谛，又有谁能与之颉颃媲美？孔尚任浅啜慢饮，不知是篝火映衬，还是茶汤氤氲，无意间，脸上着了酡色，两目含星，双眉舒展，唇边一尾笑纹，柔软修长，如水中藻类。坐在孔尚任一旁的顾彩连饮三口后，忽一下，站起来，连声高呼：妙，妙，妙！他端起茶碗，望眼火光映照群山，几乎不假思索，随口吟成《溪上作》七言一首——

清溪索洄弄碧湍，好山无数不胜看。
苍林天外云出岫，嶙岩罗列剑戟攒。
何处烟霞隐桃源，此中清妙难传言。
三湘七泽青冥外，更有一盏洗尘寰。

土王田九峰击掌称妙。顾彩吟罢，饮一口茶，看着孔尚任：东塘兄高才，如此瀹茗良夜，该有怎样佳制供献清赏？孔尚任端着青花小碗，微笑不语。那些来自山野的碧叶，清幽徐徐，馥郁浸润，恍惚间，淤积心底的块垒渐次软化淡去，胸襟似有清风荡漾，眉眼会意带笑，浑身犹然清水洗尘，大有如坐春风之感。当田土王盛笑满面向他求索茶诗题咏，他竟然一下拉住了那个为他续水茶女的手——

苏子云，茶乃佳人；圆悟说，茶是禅境；东鲁狂生，弹铗啸歌；失意歧路，潦倒颓倾。清碧半盏开倦眼，幽香一脉洗积尘。深山寻武陵，瀹茗访妙境。古镇宜市，溇水之滨，人茶相逢始识君，浮生梦醒，窥得般若，乃入胜境……

卢次伦来宜市两年，不能说他没有喝过这里的茶，但像那天——那株千年"老茶祖"上采摘下来的白毛尖，却是第一次品尝。张源《茶录》论茶香，有真香、清香、纯香、含香、漏香、浮香诸样种种，此时，他品味到的究竟是何种香气？在老家，他喝安溪铁观音，喝武夷岩茶，闽粤茶重"清口"，高香绵长弥漫；而来自千年"老茶祖"的白毛尖，其香味，实语言难以名状描绘，细品领会，如临幽谷，如沐松风，恍惚间，如聆缥缈仙乐，忘了此身所在。当时，卢次伦端着那只粗瓷茶碗，饮过两口之后，倏忽，心底萌生一股冲动，无端地，眼前闪出茶船景象，樯帆、码头、挑夫、茶市、卸载茶叶的胶轮马车、悬挂洋人旗帜的江轮……

三年前，他跟随郑观应，在汉口英国人开办的太古公司习学工商，与之临近的歆生路上茶商云集，来自云桂、江淮的茶船，泊满汉正街外的江滨码头。滇红，祁红，赣红，闽红，皖红，鄂红，他跟在洋行买办陈修梅身边，宝盖圆帽，青衫皂履，日日穿行于茶市码头繁喧之间，看着陈修梅与茶商讨价还价，与秤头、记账清点交接，学着陈买办的样子看茶，观形、辨色、闻香、定级。陈修梅让他和自己一起坐上双轮马车，胶轮从花楼街青龙巷一路辘辘碾过去，在江汉关税务司公房前，马车停下来，陈修梅有意让他见证货单开验茶税交涉。晚上，他回到那艘废弃的英国货轮上，走进那间属于自己的临时"小屋"，脱去身上的长衫，坐下来，这时，他便闻到一股浓郁的茶香从自己身上散发出来。想到白天一天的跟班，他笑了，那一刻，感觉自己分明就是一个行走于汉口茶都的地道茶人。

那晚，卢次伦几乎一整夜没有睡着。

月白临窗，也不知到了什么时候，他索性披衣坐了起来。望着窗前一弯残月，眼前浮出那株千年"老茶祖"汉口跟班陈修梅时，他特意读过陆羽的《茶经》，知道中国茶叶分有多个树种，福建为铁观音，大、小乌龙；江西为柳叶、竹叶茶；安徽为楮树种；浙江为红芽；湘鄂西北一带茶树则多为大叶种。而大叶种茶树的茶叶因其叶肉肥厚，香味绵远丰厚，更宜制作好的红茶。如果将宜市白毛尖改制成红茶——卢次伦为自己脑海中突然跳出的想法不胜惊喜，他披衣下床，来到床前。月影下的山峦，只见朦胧剪影，那些山坡上的茶园，苦竹峪、平峒、张家大山，乃至湖北长阳、走马、五峰、鹤峰，来宜市两年，跋涉湘鄂边地崇岭深山，多少次他从它们身边走过，习焉不察，形同陌路，而此刻，它们忽复一下呈至眼前，就像久违的亲人，变得那么亲切——峡州山南出有好茶，1100 年前，茶圣陆羽如是说。然则，千百年来，好茶却困锁深山，甚至，灾害之年，因为茶叶卖不出去，茶农乃至以吃食观音土果腹。如此得天独厚的物产不应困锁在深山里，它应该走出去，通江达海，如祁红、滇红一样，为广大世界认同，成为华茶翘楚，香赢天下。

天开亮口，深山某处传来鸡啼声。

卢次伦闻声提起床头包袱，此时，他的心底已然有了一幅蓝图，他要在宜市建造茶厂，改制红茶，将宜市茶叶运到汉口去，销往欧美海外世界。今天，他即动身回老家香山，筹措建厂资金。

来到门边，卢次伦站住，想跟那母女俩说一声道别，犹豫了一下，他轻手轻脚拉开了双合木门。

走到门外，卢次伦忽站住，手不自主朝腋下袍兜伸进去——

他不禁愣住：兜内空的？

一枚铜钿也没有了！

第二章

醱 款

四月将近，卢次伦回到老家香山翠亨村。

南国四月已是炎阳溽热，卢次伦却穿着灰布长衫，袖肘破了，膝头也穿了一对窟窿，脚上，方头深帮布鞋，两颗大脚趾从鞋头露出来，他肩头横一把油纸伞，伞巅挂一只紫布印花包袱。在村口那株老榕树下，他停住脚，前方不远处，一栋三进五开间青砖白檐硬山墙锅耳屋院子，依山傍水，夕照树杪，那即是他的家。那年，在这株老榕树下，父亲送他去参加县里的童子试，记得那是二月初的一天，父亲身上还穿着青灰呢绒夹袄，手提漆篾箪篓，箪篓里面装的是特意为他准备的应试期间的吃食。临别，父亲告诉他，三天应试回家，他仍在这株老榕树下等他。那天，他乘船去往县城，途中意外遇到了一个人——郑观应郑先生，和他同坐在一条长木凳上。郑先生也是香山人，家住三乡镇雍陌村，与翠亨村相距不过二十余里。闲聊中，郑先生居然知道他的姨表兄孙眉，甚至知道随孙眉去了美国檀香山读书的表弟孙逸仙。那天，他没有去县书院参加童子应试，从船上下来，他已经在心底作出决定，他把那只父亲交给他的竹篾箪篓留在了船上，下午，他跟随郑观应乘上了开往上海的汽轮。

朱漆大门，粉白屋垛，青瓦院墙，紫藤开得正是热闹，长长的花絮，坠满院墙，卢次伦站在树下，眼望前方家院，一只脚迈出去，不知怎么，又收回来了。

随郑观应到上海不久，他便去了汉口，进入太古公司安顿下来后，他才给家里去信，他在信中请求父亲原谅他，并要父亲相信他的选择：朝政腐朽，国势衰微，八股应试实为穷途末路，而习学工商、经营实业才是未来光明前途，甚至他在信的末尾许下诺言，几年之后，必以一代风华崭新面貌站在他老人家面前。看着长衫下面的一对破洞，卢次伦脸上苦涩笑了一下。挂在伞头包袱里的是两斤宜市白毛尖，那个女孩的母亲送给他的。一阵风吹来，清芬缕缕袭入心脾，卢次伦如梦方醒，迈开步往家里走。

卢次伦跨进院墙月门时，父亲卢老先生正一个人坐在院墙紫藤架下喝茶。卢次伦叫了一声爹，走上前去。卢老先生手持茶壶，看着跟前的儿子，愣神怔在那儿。片刻，返回神来，脸扭过去，他不再朝立在身边的卢次伦看，捋起袖子，手伸过去，将紫砂壶里的茶水倒进公道杯，而后，斟一小杯，旁若无人，寂默而饮。卢次伦脸上，刚才浮上的笑容依在那儿，但明显呈出尴尬，站在那儿，进退维谷，嘴里嗫嚅着，要说什么，但又实在不知如何开口。母亲卢杨氏听到外面声音，从屋里出来了，看见儿子出现眼前，一声月池叫罢，忍不住眼泪滚落下来。卢杨氏拉起卢次伦的手，上下打量，仔细端详，她问卢次伦，一个多月前，林紫宸一行人早就到家了，他为何今日才到家里。卢次伦说，本来是要和紫宸兄他们一路回来，临行前，恰好遇上一个病危的妇人。卢杨氏问，那妇人患的哪样病？卢次伦说，也不是患病，只因为吃了观音土。卢杨氏脸露惊色，卢次伦告诉母亲，去年，湘北大旱，加之匪患猖獗，好多人家只能以野菜树根充饥。卢杨氏双手合十，念了一声"阿弥陀佛"，问：那位妇女的病好了吗？卢次伦含笑点头。卢杨氏慈目盈笑，看着儿子：好，好，救人一命，胜造七级浮屠。

卢家中堂横梁上悬有一块黑漆大匾，上书"激昂青云"四个鎏金大字。每年除夕夜，一家老小在中堂神龛前敬神拜祖，卢老父亲都要仰望头顶上空的那块大匾，说一番它的来历，说他家祖爷爷，雍正癸卯恩科举人，江浙一带为官，后官至江苏行省候补道，那块悬在梁上的大匾就是祖爷爷当年升迁候补道时卢氏族众特意送贺的。每年说以上这些时，卢老父亲无不两眼发亮，神态景仰，语气骄傲之余，更兼有寄寓儿孙的殷切期望。卢老父亲13岁开始参加县里的童子试，30岁通过府试，40岁那年，参加院试秀才，结果因为临场慌乱，正要蘸墨作题，不想腕下袖袍将墨盒带翻，试卷弄污了，监考先生不仅当着满场考生的面，拿竹片戒尺打了他的手板，并将他当即驱出了考场。回家后，卢老父亲在床上整整困了三天，不吃不喝，也不说话，从那以后，卢老父亲再没有参加府院应试，他把自己未竟的遗愿寄托在儿子卢次伦身上。卢次伦自小天资聪颖，过目成诵，试题作文每有机警新奇，卢老父亲看在眼里，心头自然有说不出的高兴，令他没能想到的是，那年，前往应试的儿子居然中途跑了，跑到洋人那儿学习经商贸易，如今回家站在面前，满脸肌瘦，衣衫褴褛，叫他如何不伤痛气恨。

晚上，卢次伦取出包袱里面的白毛尖，亲手为父亲泡茶。卢老父亲嗜茶，且喜欢一人独坐慢饮。院墙上的紫藤花开了，花穗低垂，晚风弄香，卢老父亲坐在院墙下，膝前，一只青石鼓形磉凳，上面放着他的紫砂方壶、黑釉建瓷茶盏，他不说话，一杯复一杯，独啜，慢饮，饮罢，脸抬起来，目光投向前方远处那株立在暮色中的老榕树。这时，卢老父亲眼里，似有一层云翳升上来，黯然弥漫，挥之不去。

母亲卢杨氏为卢次伦寻了一套卢老父亲的夏布短装穿在身上，吃过晚饭，洗过澡，卢次伦脸上先前的疲惫肌黄不见了，取而代之的是洗去尘埃之后的淳和与明静。黑釉建瓷茶盏里，新泡的白毛尖翠色浸淫，清香浮游，卢次伦将茶盏端起来，毕恭毕敬送到父亲手里，卢老父亲不吭声，接过茶盏，眉头揪起来，盯着碗中汤色，而后，小口慢啜。卢杨氏满面蔼笑，有意和卢次伦说话，询问那个转危为安的母亲，宜市边地的风物民情，卢次伦则有意将话头扯到宜市茶叶上来，由茶盏里的白毛尖说到那株千年"老茶祖"，由容美土司田九峰给康熙献茶，说到孔尚任、顾彩宜市大成楼品茗赋诗。说话时，卢次伦趁机朝父亲脸上窥觑，好几次，他试探着，想将回乡酿款的事说出来，话到嘴边，最终，还是咽了下去。父亲不朝卢次伦看，甚至不朝卢杨氏那边看，眼睛只专注于手中茶碗，默声喝茶。卢次伦站起身为父亲碗里续水，脸上赔上笑容，问这宜市白毛尖的味道如何，卢老父亲脸抬起来，看着卢次伦，不说话。许久，搁下手里的茶盏，起身往睡房去了。卢老父亲睡房在北厢房上屋，经过堂屋时，卢老父亲站在那块黑漆大匾下面，面朝匾额，背对身后天井，一动不动。卢次伦望见父亲站在那里，站起来，想上前去和父亲说点什么，卢杨氏朝他递去一个眼神，并伸手将他的一只袖子扯住了。

与宋人钱思公"三上"（马上、枕上、厕上）惯读一样，卢次伦也有枕上读书习惯，不久前，他得到郑观应郑先生寄赠他的一本《易言》。此时，坐在床上，正在灯下阅读：中国以农立国，外洋以商立国，古之时，小民各安生业，老死不相往来，故粟布交易而止矣。今也不然，各国兼并，各图利己，藉商以强国，藉兵以卫商，其订盟立约，聘问往来，皆为通商而设，英之君臣又以商务开疆拓土，辟美洲、占印度、据缅甸、通中国，皆商人为之先导，可知欲制西人以自强，莫如据兴商务，安得谓商务为末务哉？

母亲卢杨氏推门进来了，坐在床沿上和卢次伦说话，问到今后打算，卢次伦便将这次回来准备酿款办茶厂的事向母亲说了。卢杨氏脸上现出担忧：人生地不熟，你一个人在那里办厂行吗？卢次伦微笑点头，当他说出办厂需要两千两银子，卢杨氏显出惊色，瞪大眼睛盯着卢次伦。卢次伦要跟母亲解释，卢杨氏做了一个手势，让他止住声，临出房门，卢杨氏看着卢次伦，神色惊惶，压低声音——

你这是要剜他的肉啊。

在当地，卢次伦家虽称不上富甲一方，但家拥数百亩田产，年入粮租千担，也称得上家境殷实。卢次伦原想，只要自己道明原委，晓以前途，恳求父亲拿出点钱来并非不可能，如今看来，要父亲拿两千两现银出来的愿望，未免太过天真。母亲卢杨氏从房里出去了。卢次伦灭了油灯，躺在床上，两眼却骨碌碌瞪着，父亲阴沉的脸，母亲惊惶的眼神，宜市深山的千年"老茶祖"，泊满汉口江边的茶船，吃观音土妇女寡白的脸，一幕又一幕场景轮番在眼前上演，每一幅画面都牵扯着他的神经。他强迫自己闭上眼睛，瞬间湮没的黑暗更令他心惶意乱焦躁难耐，半夜时分，他从床上爬了起来，黑暗中，呆呆站在窗口，片刻，忽又躺回床上，院子后面传来鸡啼声，他一个鲤鱼打挺从床上坐起来，刹那，似有一道电光闪过，眼前豁然一片通明。

三天后的傍晚，卢次伦以看望亲友为名，让母亲备了一桌丰盛的酒宴，将叔伯姑舅姨婶表亲等若干亲友请到了家里，与此同时，在卢家后院，卢次伦还亲手备下了一场别开生面的茶席。酒宴散罢，卢次伦将客人请到后院，只见院墙紫藤花架下，椅子早已摆置好，一只长条几案上，青花小盖碗整齐罗列，一只黑陶水罐白气喧腾，发出沸水澎湃声，卢次伦盛笑满面，请客人入座，说是这次他从湘西北回来，特意带了一点那儿的春茶，今天请亲友们来，就是想让大家尝尝湘茶的新鲜。原来粤人饮茶，喜欢红茶、乌龙、"功夫"之类，尤其香山一带，红茶或祁门红、荔枝红，或锡兰高地，功夫茶则以冻顶乌龙为最爱。卢次伦将冲泡好的青花茶碗送到客人手里，当第一口白毛尖的清香入口抵达齿颊，亲友们一个个无不面露诧异之色，惊讶、询问、好奇、探听。面对众多奇问究诘，卢次伦并不急于作答，就像一位谙通技艺的鼓书艺人，轻敲边鼓，漫扯闲篇，故作宕延，吊足味口，其目的只在将那藏掖着的包袱最后抖出。

从宜市白毛尖，到汉正街汉口茶市；从汉口租界外国洋行，到洋人收购的"米红"。绕了一大圈，终于，卢次伦最后抖出了自己的"包袱"，他说，他想在宜市办一家茶厂，目前急需两千两成本银。听到银子，院子一下静下来，卢次伦站在原地，脸上依旧保持原有的盈笑，甚至，举止神情较之先前尤为显出成竹在胸信心可待。他说，红茶现在汉口卖到五百文一斤，在宜市制作加工成本至多不过三十文一斤，如能创办茶厂，其中必有丰厚利润，现在亲友如肯给他借贷，他定会按期还本付息，如果愿意入股分红，他这就立写契约。

没有人应声。

卢次伦取来事先预备好的纸笺，满面盈笑，望着大家。

有人开始离座，随后，一个个，亲友们全走了，余下一地月光，座椅零乱，几案横陈，青花茶碗里，翠色犹在，空留暗香。

"砰！"一声，北厢房那边，卢老父亲将房门猛地一下碰紧了。

卢次伦呆呆站在那里。

母亲卢杨氏从耳房门出来，来到卢次伦跟前，轻声叫了一声月池。

卢次伦不出声。望着几案上的一排茶碗发呆。卢杨氏说，时间不早了。她要卢次伦回房歇息。卢次伦迟疑一下，脚终于迈开出去，卢杨氏脸上显出惊讶，儿子不是往自己卧房那边走，他径直往北厢房上屋那边去了。

卢老父亲房门紧闭，卢次伦站在门边，轻声唤了一声爹，接着，又唤了一声。不见应声，门里一片寂静。卢次伦右手抬起来，或许是想敲门，最终又垂了下去。卢次伦开始说话，黑暗中，对着那扇紧闭的门：爹地，我知道您还在生我的气，不想和我说话，但今晚上，儿子有话一定要对您说，儿子求您把门打开。如果您实在不想起床开门，您就躺在床上，儿子现在就站在这儿和您说话。

突然，"哗——"一声，门开了，卢老父亲出现在门口。房里灯并没有熄灭，灯影下，卢老父亲黑沉着脸，刚才开门时陡然带出的一股冷风，令卢次伦站立的身子不禁一懔。

逆子，孽障，不孝的东西！卢老父亲瞪着卢次伦，你还有什么话要说？舍正途莫为，放着光明大道不走，鬼迷住了你的心窍你知不知道？你跟着那个姓郑的，跑到汉口，说是要做出一番大事业来，而今，你做出的大事业呢？想我卢家世代书香，门楣显贵，如今竟出了你这么个孽障，出人头地，光宗耀祖，我当年对你说的话你都忘到哪里去了？办厂，经商，和洋人做生意——无商不奸，甘居末流——卢老父亲一只手举起来，颤抖着，手指点着卢次伦鼻子，你对得起卢氏祖宗吗？对得起你父亲吗？

卢次伦张嘴结舌，想说什么，但卢老父亲根本不容他张口说话。

卢杨氏站在黑暗远处，一脸担忧朝这边张望。

突然，一声震耳巨响，卢老父亲将房门碰紧了。

卢家上堂屋后辟有一间静室，室内供奉香案神龛，案前，一只明黄布面的蒲团上，卢杨氏双眉低垂，慈目冥阖，面壁屈膝而跪。卢杨氏早年信佛，每月初一、十五、三十焚香沐浴，斋戒三日，每天早饭后则要在静室打坐静修一个时辰。卢次伦外出这几年，卢杨氏每天早上起来第一件事就是来静室神龛前敬香跪拜为儿子祈求平安。此刻，她双膝跪地，身子匍匐前倾，手伏在膝前，额头则无比虔诚叩在两手之间的地上。昨晚茶席上，她虽不便与一帮男人坐在一起，但背地里，现场一点一滴她都看见了。那些儿子请来的亲友，大多家境富足，和儿子一样，她也以为只要开了口，多少会借到一些钱两，哪知说到借银，亲友一个个都推托着走了。后来，看到父子两人房门口一幕，她越想越替儿子感到心疼，夜里睡在床上，她左思右想寻思着怎样打动老头子，让他的心软下来，能为儿子办厂拿出些银两，她拐弯抹角故意从儿子带回来的茶叶说起，哪知老头子听到"茶叶"两个字一下火冒三丈，最后放出一句狠话，如果儿子应试科考，千金万两他在所不惜；若是办茶厂，休想从他这里得到分文。清早起床，她来到儿子睡房，推开门——儿子不见了！她赶紧告诉儿子他爹，老头子躺在床上，听了居然连吭都没吭一声。她四处寻找，不见人影，焦急无奈之际，卢杨氏走进这间小屋，燃烛焚香，两膝跪在神龛前面的地上，匍匐拜求之际，眼眶已然尽湿。

卢次伦这时正在往孙家屋场上走。

远远地，杨素贤看见卢次伦朝这边急步走来，身子一闪，隐到路旁一棵香樟后面去了。杨素贤身子躲在树后，一边脸贴着树杆悄悄侧伸出来，朝卢次伦这边偷觑，她听到自己的心跳，一只手抬起来去摸脸颊，刚才触着赶忙缩回，她的脸好烫。望着远处走来的未来夫婿，她眼里满含羞怯，心底则充满了惊喜。五年前，她的姨父——卢次伦父亲与她爹定下了杨卢两家亲事，本来自小一同玩耍的表兄妹忽然便有了生分，后来听说他去了汉口，好几年居然没有了音讯，什么时候他回来了，眼下这又是要到哪里去？

本来，杨素贤是要去翠亨镇上买东西，看见卢次伦一路径往姑母家去了，她灵机一闪，从树后闪出来，忽然改变了行路的方向。

卢次伦匆匆来到孙家老屋前。

昨晚，卢次伦几乎一夜辗转未眠，亲友们的闻钱色变未免让他寒心，父亲不予分毫的决绝则尤令他心下痛伤，茶厂既计已决势在必行，而迫在眉睫的建厂资本银数千两将何以求？后来他忽然想到了孙文——堂妹慕贞的丈夫，自然，他十分清楚，他的这位连襟，一个自身尚需要济的书生，不会有钱借给他。孙文父亲孙达成，依靠佃租祖堂田二亩五分及弟媳程氏四亩田地种植，家境勉能维持，显然也不会有余钱相借。然孙文有一个远在美洲茂宜岛垦荒的哥哥孙眉，1871年，孙眉赴美国檀香山做工，后在茂宜岛购地垦荒，经营农牧业及商业，据说仅土地就有三万余亩，数年之后，成为当地首富，人称"茂宜岛王"，孙卢两家同住翠亨一个村子，卢次伦与孙眉年龄虽相差几岁，但自小一个村子长大，加之堂妹慕贞嫁予孙家作为弟媳这层关系，卢次伦揣想，陈述情由恳切相求，远在大洋一方的孙眉或可助他一臂之力。

三间泥墙瓦屋，紫藤花正开攀在屋檐，跨进门槛，卢次伦这才发现，孙家堂屋供桌上供了一帧遗像，居然是孙文父亲孙达成，堂妹慕贞闻声出来了，卢次伦满面讶异立在那里，想到大清早赶来只为借款的事，竟一时不知该如何开口。

因为父亲丧事，那天，卢次伦见到了孙文，得知卢次伦此来意图，孙文当即展纸为远在美洲的哥哥孙眉写信，信中备述卢次伦兴办茶厂醵资原委，并期待尽早施以援手。

那天，令卢次伦没能想到的是，在孙家他竟意外见到了他的未来媳妇杨家小妹杨素贤。那时，他正和堂妹慕贞说着话，外面忽传来喊声，杨素贤来了。看见卢次伦，故作意外惊讶，堂妹慕贞招呼杨素贤一同坐下喝茶，杨素贤脸腾的一下红了，说，她是特意来看看姑妈的。说着便往屋里走，卢慕贞伸手拦住她，说，听说三乡那边今天有一场盂兰盆会，姑妈今早赶去那里了。杨素贤显出惋惜，挽起卢慕贞的手，说，那就我们姐妹一边去说会儿话吧。说着，进屋去了。

看到杨素贤的一刻，卢次伦不由脸露意外，尤其，两人目光相逢一起，眼神不禁呈现诧讶之色，几年不见，当年的杨家小妹已然亭亭玉立，长成眉目清秀的大姑娘。杨素贤挽着卢慕贞的手进屋去了，卢次伦这才忽然想起，朝着杨素贤的背影笑着点头，并叫了一声小妹。

其实，杨素贤、卢慕贞并没有走远，两人就在耳房门后，偷听这边说话，杨素贤并不时将眼睛透过门缝朝卢次伦身上偷觑。

听着卢次伦在外说话，杨素贤这才得知卢次伦这两年去了湘西北一个名叫宜市的地方，听说他要在那里办茶厂，不知怎么，她心里忽然就有一股说不出的担忧。她想问问卢次伦办茶厂的事，但又觉得不好意思开口，终于，她鼓足勇气，挽着卢慕贞的手，从屋里走出来，站在门边，一声"月池哥"刚叫出口，已是耳热心跳，满面绯红。

四月的翠亨村，阔叶肥绿，繁花堆锦，鸟鸣生动亲切，圆润浏亮有如落地琵音。卢次伦心情一如四月的晴空，云翳尽扫，放眼一片艳阳高照。孙文第二天即去广州将写予孙眉的信邮寄出去，等候孙眉回复的日子，犹如等候远方情人的鱼雁传书，卢次伦心里既充满企盼的急切焦灼，又满含期待的兴奋甜蜜。他没有坐等孙眉回复，他在谋划，柚木方桌上，一沓铺开的士林稿纸，每日埋头其中，勾线描摹，点画批注——厂房构建、设备购置、人员聘用，乃至骡马船只运输，事无巨细，虽是纸上谈兵，实乃思虑缜密，部署备至周详。四月下旬，卢次伦溯长江，过芜湖，来到安徽祁门，考察红茶制作工厂。两年前，汉口实习他虽对中国红茶有过一些了解，那些毕竟只是一鳞半爪皮相而已，如今，自己要经营此道，必有深入实地经验才行。到祁门后，卢次伦直奔培桂山房日顺红茶厂。汉口太古公司学徒期间，卢次伦与日顺茶厂老板胡云龙曾有过一面之交。道明来意后，胡云龙不仅热情有加，且对卢次伦投身茶业的意愿深表钦赏，中国茶叶原居世界翘楚，近年，英商在印度洋岛国发展茶叶种植，大有后来居上之势，中国茶业欲与西人争锋，亟须一批有志之士致力此道，联手结阵，鼎力革新，方可在世界茶贸市场争一席之地。胡云龙的话令卢次伦大受鼓舞，他要胡云龙带领他参观建在培桂山房下的日顺茶厂，嗣后，胡云龙有意带着他察看了围绕培桂山房一带的茶园，与湘鄂西北一带大叶种茶树不同，制作祁红的茶树属槠叶种茶树。四月将尽，茶园尚有女子采茶，背篓草帽，隐浮苍绿葳蕤深处，卢次伦油然记起北宋词人梅尧臣《南有嘉茗赋》中的词句——

　　南有山原兮，不凿而营，乃产嘉茗兮，置此众氓。土膏脉动兮雷始发声，万木之气未通兮，此已吐乎纤萌。一之曰雀舌露，掇而制之以奉乎王庭；二之曰鸟喙长，撷而焙之以备乎公卿；三之曰枪旗耸，搴而炕之将求乎利赢；四之曰嫩茎茂，囷而范之来充乎赋征……

　　徽茶原无红茶制作，梅尚书咏叹的故乡嘉茗实为皖南一带盛产的绿茶。有关中国红茶最早记载为明代刘基所著《能多鄙事》一书，该书称红茶源起闽北武夷南麓，明神宗万历年间（约1610年），该地制作红茶，称正山小种，清雍正十三年（1773 年），福建崇安知县刘靖在所著《片刻闲余》中再次记及了当时红茶生产情况，"山之第九曲尽处有星村镇，为行家萃聚之所。本省邵武、江西广信等处所产之茶，黑色红汤，土名江西乌，皆私售于星村镇各行"。其后，红茶发展，福建有坦洋功夫、白琳功夫，江西宁红、广东英红、浙江越红、云南滇红、湖南湘红，继相出现。《清代通史》载："明末崇祯十三年，红茶始由荷兰转运英伦。"清顺治元年（1644 年），英国东印度公司在福建厦门设立代办处，专收武夷红茶，运往爪哇万丹销售，1664年，董事会特以 4 英镑 5 先令购得 2 磅 2 盎司正山小种名茶献予英王查理二世，高远的异香，隽永的回味，令这位年轻的不列颠"欢乐王"喜爱之至，自此，中国红茶登堂英国皇室，流播异域西方世界，不仅成为扛鼎东西方贸易的主打商品，而且，洇染浸淫，形成一种特有的英伦红茶文化。

祁门红茶创始于清光绪元年（1875 年），那年，身为福州府税课司大使的余干臣因人告发瞒报母亲丁忧而被罢官，返乡途中，正值春茶采制季节，看到家乡仍制作绿茶，且绿茶市面萧条，茶农辛劳终日几无赢利，余干臣想到英国茶商在福州热购的红茶，何不将家乡的绿茶改为红茶，拓开营销，利好故乡呢？余干臣任职福州府税课司大使七年，对红茶营销颇多了解，他先是在东至县设立红茶营销茶庄，继而在祁门压口、闪里设立分庄。余干臣的由绿改红获得巨大成功，短短十余年间，"祁红"声名鹊起，独领风骚欧美市场，"祁红特绝群芳最，清誉高香不二门"，以致一脉香芬，辗转万里，为英国维多利亚女王捧在手中的饮中至爱。

在日顺茶厂，胡云龙特意带着卢次伦拜访了祁红制茶师舒基立，在那间摆满篾箩的茶品木屋里，卢次伦谦恭备至，虔诚有加，跟随舒基立左右，有如一名不耻下问的学生。回乡前夜，卢次伦与胡云龙达成协议，将制茶师舒基立借聘卢次伦三年，并与舒基立约定，一个月后，亲来聘请他去宜市辅佐茶厂红茶制作。虽然有关茶厂建造经营尚需更多深入了解，但卢次伦在祁门只待了不到一个星期，给孙眉的去信已近一个月，他估算着，这时候来自美洲孙眉的汇款就要到达，卢次伦不敢再在祁门逗留。五月初，赶回香山老家翠亨，孙眉借款没有消息，坐等几天后，卢次伦实在按捺不住心中焦急，来到孙家打探消息，堂妹慕贞告诉他，听说孙文这段时间去了日本，至于他哥孙眉已有半年没来家信了。

六月很快过去，转眼七月又去大半，卢次伦原本对孙眉借款抱定期望，如今，望眼欲穿坐等两个月，到头却是一场空，他心急如焚，坐立不安，感到自己就要崩溃了。他吃不下饭，晚上睡不着觉，甚至，时而神志恍惚。一次，他替母亲汲水，明明是要去后院井台那边，他却提着水桶走到了屋后牛栏里。

母亲卢杨氏看在眼里，心中既是心疼，又是焦虑，她知道儿子的脾性，外表谦和恭顺，内心却是说不出的倔强坚硬，只要他认准的事，即便撞倒南墙也不会回头。既然他已决心去宜市办厂，他定会百计千方去做，可眼下去哪弄到两千两办厂的银子？

近日，卢老父亲正在张罗卢次伦的婚事，请来算命先生，看了黄道吉日，并和杨家说好，婚期定在八月十六，卢次伦生辰中秋八月十五，两家父亲对算命先生择下的日子十分满意，说，诞辰、婚期、中秋三喜临门，可谓喜上加喜。因为忙着儿子的婚事，卢老父亲脸上露出少有的欢喜。七月将尽，距离儿子婚期仅剩半月，而婚礼筹备千头万绪，卢老父亲就卢次伦一个儿子，何况卢家在翠亨堪称名门望族，儿子的婚礼必须办得喜庆隆重。为了筹办儿子的婚礼，卢老父亲特地请了一帮办事跑腿，即便这样，许多事情仍须卢老父亲亲历亲办。

这样，平时几乎闲人一个的卢老父亲这些天便显得异常忙碌，不过，愈是忙碌，老父亲脸上愈是显出高兴，眉眼带笑，嘴唇咧开，与以往那张阴沉的脸相比较，简直判若两人，甚至，对待儿子的神情也变了，望眼之中有了温煦，两颊油然浮现暖意。

天色尚未亮明，卢老先生从床上起来了，不及洗漱，来到卢次伦睡房门前，今天，有一桩重大的事情他要去办，带领儿子去杨家"过礼"，彩礼三天前即已备齐，挑彩礼的脚夫也说好了，这时候他要把儿子从床上叫起来，洗漱准备，好趁早上路。来到门前，卢老父亲有意咳嗽了一声，推开门，正要叫"月池"，忽然，卢老父亲愣住了，床上，枕头被褥摆放在那，紫布包袱挂在墙头，搁在方桌上的一只藤编手提箱子却不见了。

第三章

大班

　　青黑领结。纯白内衫。银灰坎肩。米色背带长裤。泥黄牛皮短靴。21岁的都白尼两手插在裤兜里面，颀长的腰身倚在一株老橡树干上，脚边，法国绒草地上，那些纯粹的金黄，棱形的、椭圆的、楔角多边形的，是午后秋日的阳光。橡树巨大的翠盖下，都白尼的脸白皙，瘦削，甚至显得有些苍白，这位刚从爱丁堡大学工商管理学科毕业不久将远航前往中国汉口见习的怡和洋行未来的大班，脸上神态呈现与年龄不相称的肃穆庄严，而那双灰蓝色的眼睛莹光扑朔则传达出一个年轻生命对于世界未知充满好奇与神秘的信息。站在对面的玛格丽特·查顿——都白尼的姑母，一头卷发银白如雪，而一双深陷的眼睛则有如深海湛蓝，老妇人的双唇涂了玫瑰色的口红，她那么深情地看着跟前的这位侄子，嘴唇轻轻咧开，一道细而柔长的纹线缘自唇边蔓延开去，温软如散在风中一缕晨炊，清浅似莲下鱼动涟漪，绚烂曼丽更有如漫入江滨的余霞散絮。对于都白尼，这位刚出校门的青年，无疑，它是温暖的、温存的、深情的，它从老妇人玫瑰色的唇边流露出来，虽是无声，却含意绵长，足可抵过万语千言。

　　这是在萨瑟兰郡的莱尔格墓地。那棵粗大的老橡树下，形状穹隆的坟冢，其上编织满了常春藤的网络，花岗岩墓碑上方，一枚镞形芽叶与一朵花的团圆相交刻在一起——茶叶与罂粟，不仅只是两种植物的写实，更是对于一个亡灵生命的记忆，"这里长眠着一位不朽的魂灵——威廉·查顿"。恰好，从橡树阔叶间斜来一簇阳光，打在墓碑中央那行文字上，玛格丽特·查顿此时将目光转移到了那块花岗岩墓碑上，都白尼也一样，玛格丽特唇边先前那尾玫瑰色的纹线凝固成一道线形浮雕，而都白尼眼中，那些跳跃的莹光则渐次转暗，弥漫成为云烟空蒙，雾岚幻影。

和你一样，你叔公也是进的爱丁堡大学，1802 年毕业，他学的是解剖学。18 岁那年，你叔公取得爱丁堡皇家外科学院大学文凭后，以一名外科医生身份，来到东印度公司布伦瑞克号商船上进行海上服务，那时，有谁知晓威廉·查顿这个名字？即便认识他的人，又有谁会拿正眼瞧他？你只有变得足够强大，这个世界才会给你笑脸。如果你手中连 14 个先令都没有，那么，你千万别指望人家把热脸贴给你，就像混在鸭群里的一只，没有人会对你投以一瞥，更不会有人向你捧上鲜花，为你的存在额手致庆，朋友、情爱、尊严、绅士头衔，包括智慧胸怀诸如此类与生俱来的禀赋，一切都是扯淡。别怪人们世俗势利，这就是英格兰的性格，同时也是这个世界不著文字的公约。你叔公当年说过，在英格兰，唯有财富能够打败一切。1832 年 7 月 1 日，你叔公在中国广州成立合股公司怡和洋行，不到十年，你叔公的怡和洋行成为东方最强大、最富有、最具影响力的世界贸易公司。1841 年，你叔公当选国会议员，权力向他致以崇高敬意，白金汉宫向他报以最尊贵的微笑，甚至，在你叔公辞世吊唁的大厅，外相亨利·约翰·坦普尔亲致唁词，想想，这是多么大的殊荣！威廉·查顿，一个来自苏格兰乡下破落农场主的儿子，此时，在不列颠，在大英帝国的每一座城市，说到这个名字，谁不肃然起敬？你叔公是位伟大的行动主义者，他一生都在为自己那句话注脚：在英格兰，唯有财富能够打败一切。

贵族、绅士、权位、荣誉，这些在英格兰，它们不是来源于种姓血统，通往高贵荣耀的大门向每一位大英帝国公民敞开，但你若想走进那扇门，你手里必须握有一张有效的准入证券。是的，那张准入证券不会有人轻易颁发给你，更别奢望某天早上一觉醒来，上帝亲手送到你床头上，获取它的唯一途径是你必须砥砺奋斗，机智、勇猛、坚韧、顽强，甚至拼上身家性命，就像一根嫩芽，只有长成了一棵足以令世界刮目相看的大树，那张通往高贵荣耀的门券才会一朝送到你手上。

不问过程，只看结果。是的，英格兰一贯就是这样。功利。现实。拜金。它就是一个银圆帝国。没有温情脉脉的面纱，更无有道貌虚饰假仁假义，它的眼里，称衡一切的终极标准唯一只存有一样——金钱。

在英格兰，唯有财富能够打败一切。你叔公说这句话时，那天是 1802 年 3 月 15 日，此前，3 月 2 日，他满 18 岁，也就是说，刚好成年，3 月 15 日那天，他领到预支两个月的工资，登上了东印度公司开往中国广州的布伦瑞克号商船。据说，你叔公在布伦瑞克号商船上是和他的一名同行托马司·威丁说以上这句话的，就像他所学习的解剖学。你叔公对英格兰的洞察，有如解剖刀一样鞭辟入里、精准透彻，18 岁时在布伦瑞克号商船上说的那句话，成为他其后一生的座右铭。1841 年，你叔公当选国会议员后，伦敦工商界联合会特意为你叔公举办了一场盛大的庆贺酒会，酒会上，一名《泰晤士报》记者现场采访你叔公，要他发表当选议员的感言，你叔公毫不迟疑不假思索说出了 18 岁那年站在布伦瑞克号商船甲板上所说的那句话。第二天，你叔公的那句话居然作为通栏标题原封不动出现在报纸上了，并且，那名记者先生还特意为你叔公那句话加了按语，称它不仅是你叔公一个人的价值观，甚至，堪称大英帝国的民族精神。

你叔公出生在苏格兰邓弗里斯郡一个破落农场主家里，上学期间，你叔公的学费全由兄长资助，贫穷，卑微，前程渺茫，甚至生计成为困难，但你叔公有一颗不屈强大的心。他血管里流淌的虽然不是贵族的血，但他拥有一颗贵族的心，他的每一根血管，每一根神经，乃至身体的每一个细胞，无不洋溢着贵族精神，他不甘沉没无闻，他渴望成功，渴望众声喧哗为他喝彩，渴望他的名字伴随大本钟的钟声响彻伦敦上空，传遍大英帝国的每一个角落。对于一个男人来说，对于一个出身卑微经济贫穷的男人来说，有什么比夺得成功更重要的呢？

你叔公是一个行动主义者，同时，他更是一个具有超凡睿智的社会学家，一语中的，不，一目了然，他便看清了大英帝国的解剖结构性格精神，他要荣耀显贵，他要帝国为他加冕，他要坐上众目仰望的那把交椅，他深知，唯有财富才能为他架起通往高地的阶梯。

墓碑上那枚叶芽，是的，是茶叶。18 岁，你叔公踏上东印度公司的那艘商船就是去中国广州贩运茶叶的。那时，从广州贩运茶叶到万丹出售，每担可获成本三倍以上利润。1833 年，国会结束了东印度公司中英贸易专属权，你叔公那时早已从东印度公司出来了，在孟买做过几家小商行代理商和小股东后，在中国广州，他开始自己干，买了一艘快艇——莎拉号，第一次远洋航海，将广州码头的中国茶叶海运至伦敦销售，是的，你叔公做茶叶生意，并且，生意越做越大。中国茶叶是一种神奇的植物，每次，你叔公说到它时，总是眉飞色舞，满脸抑制不住的亢奋。

在爱丁堡大学的讲堂上，他从老师宣讲的大英帝国近代贸易史课堂讲义中得知，当年叔公不仅只做茶叶生意，他还走私鸦片，偷渡至广州、厦门、福州一带中国沿海销售，走私鸦片比茶叶贩运利润更高，从孟买 200 元购买一箱鸦片，偷运中国沿海可卖到 3000 元一箱，每箱毛利可达 1500 银圆。叔公精明强悍，为了走私鸦片，他与华人官员巧妙周旋，甚至，凭着他的如簧巧舌，说服普鲁士传教士郭实立，声称只要他为其掩护，暗度陈仓，他便可让传教士获得更多的皈依者。走私鸦片让叔公迅速牟得巨额暴利，很快，叔公在中国广州创立的怡和股份公司称雄东南亚，成为英帝国在海外最大的洋行，叔公则被人尊称为"大班"。有人说，是叔公促成了 1840 年帝国对华的那次战争，这话并非空穴来风。1830 年中叶，清政府对麻醉品贸易采取严格控制，清廷钦差大臣林则徐在广州缴没焚烧了各国商人走私的 2 万余箱鸦片。为了维护帝国在华贸易利益，1838 年 7 月，叔公从中国广州起程回国，出发前一天，外侨社团 80 余名在华商人特意集会，在东印度公司餐厅设筵招待叔公，叔公是他们的领袖，众望所归，他们一致推举他返回伦敦后，说服国会采取行动，以求挽回此前的损失。

在课堂宣讲的讲义中，叔公不仅是一名成功的商人，而且是一名杰出的政治家、军事家、社会活动家。1840 年 3 月，叔公带着由数百名英国商人联合签名的请愿书，成功说服了外相亨利·约翰·坦普尔，使外相坚定了对华动武的决心，并且，叔公还向国会提交了一份史称"查顿计划"的战争计划书，包括对华作战战略地图、战争策略、保障供给、政治需求。叔公在政治需求中特别提出，要求中方赔偿 2 万箱鸦片损失，开放福州、宁波、上海等更多贸易港口，占领广州附近一处岛屿，最为理想的占领地是香港。外相亨利·约翰·坦普尔对叔公的计划书十分满意，国会表决对华动武决议案那天，面对议员们，他扬起手臂，高举着叔公的计划书，说，查顿先生的计划书提供给我们在海军、军事和外交事务方面详细的指导、协助和信息，带给我们满意的结果。

在世最后的几年，叔公的人生达到光辉顶点，1841年3月，他当选为国会议员。同年，他的澳斯丁号、杨上校号、海斯夫人号、红色海盗号、劳德莱总督号快艇从广州运回31万两中国政府赔偿给他的白银，国会议员的桂冠与大清帝国的偿银双拥同获，在1840年的那场战事中，叔公成为最大的赢家。

你叔公有一个绰号——铁头老鼠。自然，是那些不与你叔公友好的黄皮肤华人给取的，名字确是不雅，但它却从另一侧面道出了你叔公的特有性格。试想，一只脑袋用铁铸就的老鼠该有多大的钻劲和闯劲？哪里有商业利益，哪里就有怡和洋行，这是你叔公当年说过的一句话，后来，变成了怡和洋行的广告语。你叔公就是这样一个人，为了获得财富，只要哪里有机可图，他便百计千方钻到哪里。那时，清政府在大英帝国逼迫下打开了海禁，并在广州设立了专营外洋贸易的垄断机构——十三行，说是政府专营，其实就是官商，当时，有个叫屈大均的中国诗人写过这么几句诗——

洋船争出是官商，十字门开向二洋。
五丝八丝广缎好，银钱堆满十三行。

可见十三行是图利生财的好地方。你叔公当然不会放过这么好的机遇，他在十三行开了一家名为义和行的洋行，凭着他的经商天赋，义和行的生意迅速做大起来。它不仅从菲律宾进口香料、蔗糖到中国，从中国进口茶叶、丝绸到英国，同时，它还兼营货物包装和货物保险，出口船坞和仓库，以及贸易金融和其他众多商业贸易线路开辟业务，正如人们忌妒他送给他的那个绰号，他天生具有商业嗅觉的特异功能，反应敏捷，出击神速，见缝就钻，无孔不入。无疑，你叔公的商业天才引起同行妒忌，更让中国商人看在眼里恨在心头。那时，在广州城西门外的西关十八铺，英、美、德、意、荷兰、西班牙等一些在华商人在那里建了一个专供外商集汇的俱乐部，一天，你叔公去俱乐部参加一个聚会，从俱乐部出来的时候，突然，被一伙人围住，人越聚越多，有人高喊你叔公的绰号：铁头老鼠，鸦片贩子，从中国滚出去！喊声中，不知什么地方飞来一颗石头，"砰！"一声砸在你叔公额头上，顿时，一股股红的鲜血从你叔公额头涌出来，很快，你叔公的一边脸颊被血染红了，血流如注，沿着他的脸往下流，大颗大颗的血滴滴落在白衬衫上，你叔公没有去揩脸上的血迹，甚至，他连眼皮也没有眨一下。是的，你叔公不仅具有敏锐的商业嗅觉，同时，他还拥有常人难以企及的坚忍强悍的性格。他用蔑视的目光朝刚才石头飞来的方向望过去，耸耸肩膀，鼻孔深处发出不屑一哼。那些围观的人被你叔公的举止惊呆了，一个个瞠目结舌，面面相觑，你叔公站在团团包围的人群中央，他的下巴高傲地往上仰着，身躯挺立，站得笔直，就像一头无可匹敌的雄狮，面对众人，他岿然不动，一双眼睛放着咄咄逼人的光，结果，那些围观的华人一看势头不对，顿作鸟兽散，跑了。

1843年3月2日，你叔公在爱丁堡公爵酒店举办了59岁生日盛宴，那天，众多议员政要、商界大亨前来为你叔公庆寿，连外相亨利·约翰·坦普尔也来了。外相说，你叔公不仅在商界为帝国利益作出巨大贡献，而且，在帝国的政治、军事等方面发挥了不可磨灭的历史性作用。那天是你叔公最为荣耀的日子，平时，你叔公不喝酒，那天，他一破惯例，频频举杯，谈笑畅饮。当外相说完以上话后，你叔公禁不住站起来，高擎酒杯，说，明年他的商船将从中国广州湾出发，沿长江水道开辟新的通商口岸，直达东方茶港——汉口，同时，在南洋、印度洋诸岛开辟更多贸易黄金线路。

你叔公没能实现他的愿望，生日宴会后第三天，你叔公猝然辞世走了。弥留之际，你叔公嘴里发出微弱的声音，莎拉……莎拉……似乎在说那艘他第一次航海中国贩运茶叶的快艇。后来，你叔公的几位侄子，也就是你的叔父们，遵从你叔公的愿望，将他抬到泰晤士河下游入海口那里，抬上那艘莎拉号快艇。那天是晴天，从英吉利海峡吹来的海风虽有几分凛冽，但洒在海面的阳光却一片金黄，快艇上空，一只白鸥张着翅膀在盘旋，那时你叔公嘴里已发不出声音，他的手颤抖着，嘴皮也在颤抖，整个身体似乎在作最后的挣扎，他的眼神分明在企求我们，他想坐起来。后来，侄子们将他扶起来了，半坐半躺，侄子们的手臂挽在一起，作为倚靠和支撑，他的脑袋就靠在你姑叔威廉·凯瑟克的胸脯上。他面朝东方，阳光映在他灰白的脸上，船身在海水上起伏，一轮一轮的波光在他的额头、两颊以及那双黯然凹陷的眼窝晃动。这时，他的眼睛，两颗原已灰暗的眼球突然睁大了，就像黑暗深处的一道闪电，霍然发光，愕愕逼亮。

如果不是目睹，你无法想象那种目光，它让你错愕，更让你震惊，在生命最后的一刻，怎会发出如此的光芒？紧挨莎拉号快艇，是你叔公的海斯夫人号商船，船桅高处，帝国的米字国旗静静升举在阳光金黄高处。那一刻，你叔公拼尽全力，燃烧身体最后一丝余温，让即将沉入黑暗的眼球发出最后的光芒。他一定是记起了三天前当着外相说过的那句话，明年他的商船将从中国广州湾出发，沿长江水道开辟新的通商口岸，最后时刻，他一定是在遥望大洋彼岸——那个意愿未竟的东方茶港。

许多年后的一天，都白尼坐在汉口怡和洋行大楼那间开窗面江的办公房里，那时，他已是洋行的大班，阳光很好，祁红醇香，望着窗外江阔天远，都白尼犹然忆起那个遥远的正午。

莱尔格墓地草坪上，那些从橡树叶间滑落的阳光色泽饱和纯粹，一枚一枚，如撒落地上的金币。玛格丽特·查顿姑母的一只手轻轻抚摩着叔公的花岗岩墓碑，那双宝石蓝的眼睛，温存，幽远，殷切，深湛，分明又带有几分凄婉哀伤。她望着他，就如山边的一抹夕照，脉脉的，寂寂的。他知道，那是一种无法以声音表达的语言，它比用声音表达的语言更深沉、更炙热，就像貌似平静的大地之下，那些奔涌炙烈的岩浆，无声呼啸，奔突涌动。

此前，玛格丽特·查顿姑母一直在跟他说话，说他的叔公，说叔公充满传奇的一生。叔公一生未娶，没有后嗣，叔公死后，怡和洋行经营便交给了他的两个大侄子大卫和安德鲁，后来传到玛格丽特·查顿姑母儿子手里。那天，姑母将他带到叔公墓前，他知道姑母的用意，因为第二天，他就要登上怡和公司开往中国汉口的远洋商船。进入汉口是叔公一生未竟的意愿，玛格丽特·查顿姑母将叔公未竟的这一意愿交给了他，离开墓地前一刻，姑母要他对叔公说几句话，姑母说，叔公的在天之灵正望着他，他说的每一句话叔公都会听到的。

他没有说话。准确地说，没有把话说出声。阳光斑驳，肥绿流光，默声望着那块花岗岩墓碑，望着刻在墓碑上的那枚茶叶的颖芽，那朵罂粟花朵，他深深地将头低垂下去。他没有见过叔公，叔公辞世时他还没有出生，但在那一刻，他分明看见了叔公，在爱丁堡酒店宴会大厅上，叔公站在外相亨利·约翰·坦普尔身边，嘴角上扬，满眼笑花，两颊呈现微醺的酡红，擎在手中的玻璃酒杯从额前举起，高高举过头顶，外相在笑，众人在欢呼，叔公的声音在大厅穹顶高处回响，浑厚，激扬，铿锵有力——

明年，我怡和公司的商船将从中国广州湾出发，沿长江水道开辟新的通商口岸，直达东方茶港——汉口……

第四章

改红

溽暑退消，秋凉新上，卢老父亲脱下丝绸杭纺衫子，换上土布对襟短装，早上起床后第一道功课——一盅两盘（一杯茶和两样点心）堪称多年积习。昨日邮差送了一封信来，因晚间喝高了些，也未来得及拆看。墙头秋日养目，枝上好鸟和鸣，卢老父亲手执茶盅，轻嘘盏边清涟，呷一口六安瓜片，不慌不忙将信纸在膝头铺展开来——

父亲大人敬鉴：

昔儿子放弃科考，想必伤及父亲肺腑，不久前儿又临婚脱逃，可想更让您老气恨。以上两样拂逆您的旨意，儿为此深感愧疚，只是愚儿觉得，儿今已长大成人，人生前途心中已自有主张，故作自专，实乃事出有因。湘北建茶厂一事筹谋反复，儿抱定实为有利家国大事，只是事业草创，情势维艰，为酿资本，万般无奈之际，儿再度做出一事，擅将万家水塘一处田产作为典当……

"咣当！"卢老父亲手中的茶盅掉在地上了。

黑釉建瓷应声破作数瓣，芳香倾覆，釉彩迸飞，瑞草仙花诸多盏上描摹顷刻分裂，身首异地，顿作四散。

桂子飘香，晚蝉鸣树。

卢次伦一袭蓝面夹袄长袍，出现在宜市街头。与他一同还有一中年男子，缁青缎面夹袍，圆顶宝盖小帽，操滇南口音，此人即是"祁红"建厂时聘请的制茶师、宁州师傅舒基立。一月前，卢次伦瞒着父亲，偷偷卖掉了万家水塘那处田产，酿得一千两纹银，他先是前往安徽祁门培桂山房日顺茶厂，与"祁红"老板胡云龙协商，将制茶师舒基立连同手下两名助师"借"到了手里。此后，卢次伦出祁门，至芜湖乘船北上汉口，特意拜访了怡和洋行买办陈修梅。原来陈买办和他是同乡——广东南海人，当年卢次伦在太古公司期间，曾在陈修梅身边做过跟班实习，如今熟识相逢，异地乡音，饮茶叙谈自然便多了几分相契投缘。卢次伦向陈修梅说明了想在宜市办茶厂的意图，并期望能得到他的帮助，陈修梅听了卢次伦的话，赞许鼓励之余，并为指点迷津：当今海外红茶市场，主要在英国，而主宰英伦茶市的则是英国最大的海外贸易洋行——怡和洋行。他告诉卢次伦，对于茶叶，怡和洋行大班都白尼有一只嗅觉比猎狗还灵敏的鼻子，要想进入英伦市场，首先必须把都白尼的那只鼻子拿下来。离开汉口，卢次伦走宜昌，经宜都、长阳、五峰、鹤峰，辗转千里，沿途鄂西南茶乡，既是一次深入腹地的实地踏勘，也是来日茶业发展的提早预谋。暌违四月，复又走在宜市街头，卢次伦脸上似乎消瘦了些，但他眉宇舒展，双目含笑，一路健步走来，较之往日则显出更多焕发精神。

住回永记歇铺当天晚上，卢次伦灯下研墨展纸，写了一张大红告示。次日早上，拣街头显眼地方贴出去，告示招徕了过往行人，众多脑袋聚集底下，张望念白，比画指戳，交头接耳，议论纷纷：那个姓卢的广客又回来了？白茶改制红茶？把茶叶运到汉口去，卖给洋人？告示消息不胫而走，仿佛某根神经忽被拨动，一向沉寂的宜市街头倏忽引来骚动，人们奔走相告，一个个，脸上无不呈现惊异张扬之色。

不知什么时候，卢次伦张贴的那张告示不见了。

看到墙上撕去告示的空白，卢次伦不胜惊疑，才贴出的告示干吗要撕它？是谁把它撕了？返回永记歇铺，他开始研墨，这次他写了 10 张告示，张贴时，特意借来一张梯子，将告示贴在墙壁高处。早上，卢次伦有意早起，前往观看，告示又被人撕了，并且，10 张无一幸存。

吃早饭时，歇铺老板吴永升无意间说起往年湘潭客收茶贩茶的事，春茶采制季节，湘潭客到宜市来了，以斤茶斤米价格换取宜市白茶，然后贩往外地去卖。据说在长沙省城，每斤宜市白茶可卖到斗米高价，湘潭客在宜市收茶，年年都是住在易家饭铺里，以饭铺设点坐庄收茶，家家门前都有三尺硬土，湘潭客们知道，要想在宜市站住脚，必得抱住一棵大树，也不知从哪探得的信息，第一回来宜市，湘潭客们便住进了对门的易家饭铺。

吴永升说以上这些时，看似无意，实则是在向卢次伦透露消息。卢次伦坐在一边听着，也不插话，更无猜测疑问，脸上只作淡淡笑容。早饭过后，卢次伦在街头汪记北货店里买了一包白砂糖，然后，径直往易家饭铺去了。

饭铺老板姓易，祖上世家在宜市属名门望族，明洪武二年，太祖朱元璋敕封宜市土酋覃添顺，建添平土官千户所，统领两关（渔阳关、新关）十隘（渔阳隘、细沙隘、遥望隘、石磊隘、走避隘、龙溪隘、长梯隘、磨岗隘、鹞儿隘、忠靖隘）湘鄂边地，谕称"德添文武，昊禹毅善"，并赐封覃添顺"武德将军"，覃添顺夫人易淑贞，世称搭奶夫人（据传双奶硕大无朋，可从前胸反搭肩后，为背后孩儿喂奶），为礼部左侍郎易英女儿。易氏原籍江西丰城，后迁居湘北澧州，土官朝臣结姻时的煌煌显赫虽云流烟散事过境迁，但易氏一族在宜市至今仍以显贵名门自居，一块当年的"德添文武"鎏金大匾，就挂在易家饭铺进门的大厅里。

卢次伦手里提了一包纸封白砂糖，盈笑满面，跨进易家饭铺大门，嘴里连呼易老板恭喜。易载厚闻声从内室走了出来，看见卢次伦手提礼封立在正堂中央，脸上即刻堆上笑来。卢次伦说，前日回宜市，因为琐事，没来得及拜望易老板。易载厚连连摇手，岂敢岂敢。卢次伦说，今天，特意登门，实有一事相求。易载厚接过卢次伦手中的礼封，将卢次伦请进后庭客间，一边为卢次伦热情泡茶，一边呵呵笑着，说，卢先生莫客气，有什么事只管直说。卢次伦说，他明日要办一席宴请，请街坊耆老，及周边茶园大户，会议明春改制红茶事宜。卢次伦有意将"改制红茶"四字说得语气肯定郑重响亮，说话时，笑目蔚然，注定易载厚脸上。易载厚先是故作意外，继而笑花顿开，连声称好。好事还须好场景，久闻易老板这儿名厨美味，尤其这儿的河鲜，堪称鲜美之至。哦，差点忘了，易老板这儿都有什么好酒？无酒不成宴，明日宴请自然少不了好酒。易载厚将卢次伦引至堂后一间小屋，卷帘推窗，但见四围墙壁之下，酒坛环绕依次罗列。易载厚拿手指点着贴在酒坛上的纸封，一样一样，如数家珍——

这是 10 年家酿苞谷烧。

这是土家秘制的女儿红。

这是太清苦荞清酒。

哦，对了，这是虎骨龙胆陈年，虎骨是正宗的扁担花（华南虎），三百来斤的"大王"，龙胆——一条碗口粗的罗布花（五步蛇），虎骨追风髓，龙胆祛百毒……

易家饭铺三间瓦屋因势傍河而建，横挑出去的吊脚木楼，下临河水，流波载碧，山色倒映，楼上设一道转角司檐（阳台），柚木栏杆，凭栏眺望，青峦罗列，一一如在目前。

卢次伦将宴席特意设在了吊脚楼上，两张八仙桌并排摆放，上面分别坐了唐、覃、易、吴四位宜市氏族长老及平峒、东山峰、苦竹峪、张家大山等几处茶园业主，易载厚被卢次伦请到了与之对面座席上。那天，卢次伦还特意将祁门请来的制茶师舒基立请上宴席，坐在自己身边。10 年陈酿的苞谷烧，摆在桌上，没有开封，卢次伦笑盈盈站起来，说，今日能请来各位前辈，实为我卢次伦的荣幸，为了表达谢意，我特意备了薄酒，喝酒之前，我想请在座各位先尝一杯茶。说着，卢次伦、舒基立转过身去，将事先备好的青瓷茶碗端过来，送到席上各位手上。接过茶碗，没有一个人开始喝，看着手中一碗浅红，有人脸上露出疑惑，有人浅尝辄止，两眼狐疑，四下觑望。卢次伦说，这是他特意从安徽祁门带来的"祁红"，因为洋人爱饮红茶，仅英国伦敦，一年红茶销量就达到数十万斤，如今，在汉口茶市，一担上等"祁红"能卖到好几十两银子。

听到银子，席上所有眼睛顿时乍亮，一齐盯到卢次伦身上，许多嘴张开，同时朝向卢次伦，等待倾听下文。卢次伦微笑着，朝大家歉然点一下头，却不说了，他把脸转向舒基立，然后，向大家介绍：这位是我特意从安徽祁门请来的红茶制作师傅，诸位或有不知，当年祁红创始人胡云龙在培桂山房建日顺茶厂制作红茶，请的就是眼前这位宁州师傅舒基立先生。他要舒基立将制作红茶工序向大家作一简介。

舒基立说话带有浓重宁州乡音，以致他说话时席间好几张脸朝他凑近过来，企图借以听得更真切些。舒基立说，红茶制作分初制和精制，初制以萎凋、揉捻、发酵、烘干，制成成品毛茶，其中发酵一道至为关键，温度、时差必得掌控火候，茶叶由绿转红至紫铜色，香气透发；精制分毛筛、抖筛、分筛、紧门、撩筛、切断、拣剔、补火、清风、精炼等，工序繁缛，不一而足。舒基立的话没讲完，有人便打断了他的话头：什么铜红铜绿苹果香柿子香，那些俺都听不懂，卢先生，俺只想问一句，你是不是想把宜市的白茶改成红茶，卖到洋人那里去？卢次伦肯定地点头。有人提出疑问，白改红能卖出大价钱当然是好事，但刚才俺听这位先生讲红茶制作，光只听一遍就把俺脑壳弄胀大了，真要改制改得好吗？有人抢过话头，千百年来，宜市制的都是白茶，无娘伢儿天照看，几多便利，就让它那么自个风干，不是皇帝老儿都爱喝？先前提问的那人这时把话接了过去：制作红茶那么麻烦，倘使白改红改不好，怎么办？

卢次伦并不作答，微笑着，眼含温煦，只静静看着问话那人。

易载厚朝卢次伦觑去一眼，转而，目光挪到手中茶碗，看着碗中茶汤，唇边浮出一抹淡笑。刚才问话那人显然在等卢次伦答话，坐在那人身边的几位老人，面呈疑虑，看向卢次伦，似乎同样在等卢次伦的回答。看样子，卢次伦好像在等待什么，站在那儿，并不急于说话。舒基立也一样，先前，他的话头被人打断后就没再开口。吊脚楼上于是出现沉寂，两张八仙桌，默然相对，围绕八仙桌一张张脸，不约而同朝向卢次伦，端在手上的祁红飘出幽远醇香，河水在转角司檐下发出清冽的哗响，沉寂的时间其实很短，由于忽然出现，一楼之上，戛然无声，无形中，短暂的沉寂便显得无限漫长。

卢先生，改制红茶，把宜市茶叶卖到汉口洋人那里去，对当地百姓这自然是好事。正当人们感到气氛尴尬手足无措的时候，易载厚说话了，他端着茶碗，满面盈笑，看着卢次伦：易某人也是替卢先生着想，这"白改红"也算是件新鲜事物，茶农百户千家，会不会都愿意改呢？再说了，即便愿改，那制作的功夫——刚才光听制茶师说一遍，那么繁多的工序，怕也不是一朝半夕能学得会的，茶农苦盼一年，盼的就是一季春茶，倘使到时"白改红"失败，发酵焖堆焖成了一堆酸腌菜，那个损失账哪个来赔呢？

易载厚声音不高，说话时，脸上自始至终浮着微笑，说完了，笑微微看着卢次伦，似乎在等待回答。卢次伦依旧没有说话，他笑着朝易载厚点了一下头，转过身去，将桌上的酒罐拿过来，启开封盖，开始为每人跟前的酒杯里斟酒，两桌酒杯倒满，卢次伦端起酒杯，殷勤敬酒：易老板刚才提的疑问，还有先前那位长辈的担忧，老实说，这也是我心底的忧虑，"白改红"会不会遇上失败？在这里，我实在不能作答担保。不过，请大家放心，今天，次伦请各位来，一是想要告知各位，次伦想在宜市这里办一家红茶厂；二是想借这个机会告知，次伦在宜市办茶厂的目的就是想为这一方的好茶谋一个远大前途，为茶农谋更多长远利益。说着，卢次伦从桌旁矮凳上取来一只紫布褡裢，放在桌上，解开褡裢，忽然，两桌眼睛立时瞪直——白花花、光灿灿、亮闪闪，是银子！不是过往常见的宝银，宝银两端上翘，中衔一颗龙珠，这却是圆溜溜的一枚！身为饭铺老板，易载厚的识见自然不同一般山民那般菲薄，此前，他曾听说两广总督张之洞在广东造币厂铸造"龙洋"，这会不会就是那两广总督铸的"龙洋"呢？他想伸出手去拿过一枚来看看，但又觉得这样未免冒昧，甚至有失自己身份。所幸正值他犹豫之际，坐在身边的唐锦章一只手急不可待伸了出去：卢先生，这是"龙洋"吧？唐锦章从褡裢里拿过一枚银圆，凑近举在眼前，凝眉蹙额仔细辨认。易载厚借机将目光睃过去，这时他终于看清了那枚"龙洋"的真面目——中央铸"光绪通宝"四字。围绕圆周，上有"广东省造"四字，下则是"库平七钱二分"一行小字，唐老先生将"龙洋"翻转过来，只见背面镌铸一条张牙舞爪的龙形，望见那条龙，易载厚心中疑团豁然顿释——难怪叫它"龙洋"啊。

有人在叫唐老，叫着一只手伸过来，这时，"龙洋"开始在一个又一个手中接力传递，辗转轮回一周后，这才最终回到了卢次伦手中。卢次伦将那枚经历众手摩挲的"龙洋"收入褡裢，接着，他从褡裢底下拿出一叠纸张，书页尺幅，正面大红烫金，上面写有数行工整小楷，卢次伦将纸张分作两叠，放在桌上，面对一双双投来的眼睛，他双手相握，朝两张八仙桌上的人连连拱手：诸位父老，次伦南粤远来，年轻无知，不自量力，想借贵地开创茶业，还望大家多多扶助。说着，拿起一张纸笺，说，这是一张立约，上面写明如若红茶制作失误，茶农所致损失概由我负责赔偿。接着，又从另一纸叠上拿起一张：这是明年春茶预订的购契，茶主们如有愿意，这里即可当场立契，按市价先从我手上预支定银。

唐锦章似乎没听懂卢次伦的话，眼珠碌碌错转，忽而，站起来，跟自己杯子里倒满酒，举在卢次伦面前：卢先生有志于宜市茶叶开发，年华正茂，宏图大略，令老朽刮目相看，为卢先生的茶厂早日建成，老朽提议，来，我们一起先喝一杯庆贺酒。伴随唐锦章手中酒杯高高举起，一声吆喝，两桌酒杯同时举起来。

这段日子，卢次伦显得异样忙碌，每天天麻麻亮便出去了，身上带了干粮茶水，有时一连几天在外。平峒、剩头、甩尾，连带湖北鹤峰周边，卢次伦已与上百家茶园谈好明年春茶改制协约，并与数十家签下了定银；舒基立则四处奔走，选拔制作红茶的技术骨干，明年春茶采摘季节须有一批制茶的技工，他必须先物色好一批对象，集中起来先行培训。自然这种培训只能纸上谈兵，但作为传艺授业第一步，必得有纸上谈兵这一步，倘如等到明年新茶出来临阵磨枪，毫无基础准备，岂不是赶鸭子上架，贻误了大事？

还有一件事，于卢次伦，同样迫在眉睫——建造制茶厂房。因事涉建设用地，这天，卢次伦特意将水南渡司董张由俭请到他的临时办公房——永记歇铺里来了。清雍正十三年（1725 年），石门西北原添平千户所土司制度废除后，县府为辖管此片辽阔山野，便在距离宜市三十里外的水南渡设立一派出机构，代理县府行使对此片区域管理权力。张由俭来宜市后，将唐锦章等几位宜市头面人物召集拢来，现场踏勘，征询商议。最后，张由俭拍板定夺，将厂房选址定在宜市下街松柏坪——一片无主荒地上。划定四周边界，张由俭就要骑上那匹黑驴离去，笑呵呵一只手伸过来，轻轻拍着卢次伦的肩膀：卢先生，松柏坪虽属无主荒地，但普天之下，莫非王土，到时候，厂房盖起来，卢先生须得向我水南渡司缴纳 50 两地契税银啊。

张由俭的话虽让卢次伦心下不爽，但想到厂房选址如此一件大事终于有了落实，心底便由不住觉得高兴。傍晚，卢次伦一个人来到松柏坪，站在蒿草之间，前望河流山峦，两颊不由莞尔而笑。松柏坪以松柏命名，实为名不副实，坪中央，立一树，古干道枝，须有数人围抱，却是一株古楠，余者皆为芭茅荆棘。前方，是溇水，一汪粼光，静对树影，河对岸，平畴远处，一峰独秀，当地人叫驴屎峰。传闻当年李白贬谪夜郎，途经宜市，望见河岸远处一座翠峰，形似一管举在天际的柔翰，深为欣喜倾爱，便为它取了一个颇雅致的名字——文峰。自此，那座青秀的独峰便有了两个名字，雅俗并存，传呼至今。望着远处山峰，想到千年之前，一位浪漫诗人，就从自己站立的地方走过，如今，这里将要出现一座茶厂，卢次伦不由两颊泛笑，心底一阵振奋激动。从松柏坪转身离去时，卢次伦已在心下作出决定，八月十五——他特意选定自己生日那天，厂房破土奠基动工。

想着厂房建设诸多头绪，卢次伦一路寻思往回走。手头仅有一千两银子，雇工、购茶、制作、运输，事事样样都需要钱，厂房现在只能因陋就简，精制"米红"的设备目前无钱购买，只能拜托陈修梅到汉口找厂房精加工去了。卢次伦一路正想着，忽听见有人叫他，是易记饭铺的易老板，卢次伦抬头观望，什么时候来到东街头了。易载厚要卢次伦进屋，说是有话要对他说。来到屋里，易载厚热情为卢次伦设凳、奉茶，之后，满脸笑容看着卢次伦：卢先生，你能不能现在离开宜市？

卢次伦似乎没听清易载厚的话，两眼发愣看着易载厚。

是这样的，卢先生，澧州匪患如今剿灭了，原来收茶的湘潭客明春要来宜市，听说卢先生要在宜办茶厂制作红茶，他们这不捎信过来，要我转告卢先生一声，请卢先生另去寻个地方。易载厚说话时，眼睛始终看着卢次伦的脸，脸上笑容比之先前更是显得盈盈可掬。

卢次伦先是一怔，紧接着，脸色遽变，瞠目愕然之际，愤慨之情溢于两颊。不过，很快卢次伦脸色回复正常，就像一片突然袭来的乌云，转瞬间忽又没去。这时，卢次伦脸上呈现出微笑，不过，那微笑背后分明含有某种异乎寻常的意味：易老板，您说天下有这样的道理么？您知道的，我的制茶技工正在培训，并且，和几十家茶园已经签下定约，以诚行商，以公论事，您说，他湘潭客凭何让我离开宜市？

易载厚的语气委婉谦和，像规劝，更像开导：卢先生，后退一步天地宽，和为贵，和气生财嘛。凡事都得讲个先来后到，人家湘潭客也不是全然说得没有道理，他们确实早在卢先生之前好多年就来宜市收茶了。见卢次伦放下茶碗，霍然站起来，易载厚连忙补上一句：我这也是替人家传个话。

那就烦易老板替我再传个话过去，秉公行事，诚信为商，卢次伦不会离开宜市！卢次伦说罢，决然而去。

易载厚怔了一下，忽想起什么，对着卢次伦的背影，大声说：那就望卢先生好自为之。

八月十五那天，卢次伦黎明即起，盥洗穿戴齐整，邀了舒基立及几位施工师傅，踏着东方侵来的第一缕晨光，来到松柏坪下。古楠树上，一群白鹤在树巅"嘎嘎"鸣晨，河水鳞波上，白岚缥缈，薄若浣纱，伫立远处的文峰，白雾中露出翠峰一点，晨空深蓝，远山苍翠，天地静谧。卢次伦站在古楠下，望眼晨岚远山，遥想 30 年前的那个早上，一个肉身的生命来到这个世界，30 年后的今天，一个同样属于他的生命即要诞生。想到此，卢次伦不禁会心而笑，一股异乎寻常的炙热瞬时涌过心头。舒基立站在卢次伦身边，看着手中的罗马怀表，他和卢次伦先天晚上说好，只等时间到达辰时，破土奠基即刻开始。"咔嚓"，"咔嚓"，秒针走动的钢音清晰可闻，几个施工师傅的眼睛同时盯在舒基立手中那块罗马怀表上，舒基立脸转向卢次伦，两人交换一下眼色，卢次伦手中的铁镐呼一声举起来，石砾飞越，猩红迸发，晨光中，卢次伦挖下了厂场奠基的第一镐。

几乎与第一镐挖下去同时，松柏坪上爆竹齐鸣。

河上游有人在往这边跑。一个请来的施工师傅笑着说，是不是有人抢"利是"来了。宜市一带建筑新房有放"利是"习俗，但放"利是"一般在立柱上梁那天。另一个师傅说，该不会是来帮我们挖土的吧。卢次伦这时住了镐头，脸转向上游方向，跑来的是一伙青壮汉子，跑在顶前的穿粗布短褂，直筒大裆便裤，裤腰系一根麻绳，因为奔跑，短褂敞开了，露出长满胸毛的胸脯。卢次伦这时站直了身子，迎面看着奔跑过来的一群汉子，他警觉到什么，眉峰倏地提起来，跑在前面的汉子大声在喊——

住手!

不许挖了!

老子看哪个敢再挖?

喊话的汉子站在卢次伦面前，拿手点着卢次伦的鼻子——

你就是那个姓卢的广佬?

卢次伦两眼错愕，不知作何答话。

跑来这伙人原来是易家兄弟五人，他们说卢次伦的厂房正好对着他家大门，厂房如果建起来，便成为对准他们家的一股"煞气"，为首的那个黑脸膛点着卢次伦的鼻子，要卢次伦即刻停工。卢次伦得知站在面前的是易家兄弟，心底一下明白过来，他不出声，打量眼前兄弟五个，把铁镐竖起来，手握镐柄，支在胸前，他尽量让脸上显示笑貌，说话声音尽量保持平和。他说，厂房选址是宜市耆老和水南渡司董共同选定的地方，至于厂房对着哪户人家，成为煞气，这话他还从未听说过。卢次伦笑起来：照易家兄弟所说，凡是对着您家大门的东西都不行，都会成为"煞"？易家兄弟五个瞪着卢次伦，同时愤愤点头。卢次伦笑得比先前更明显了些：这么说，对着易家兄弟大门的文峰、文峰前面的漯水河，自然也成"煞"了，您是不是也不许它们长在那里，也要它们搬走呢？四个汉子愣着眼，为首的黑脸膛听出卢次伦话里的调侃讥讽，脸一横：老子不听你嚼舌，一句话，你的厂子不能建在这!卢次伦眼前浮现易载厚那天叫他进屋说话的场景，看来这姓易的是真的想要把他赶出宜市了，易家五兄弟横眉怒目瞪着卢次伦，卢次伦看着跟前的黑脸膛，笑着叫了一声兄弟：要不这事我们再会请水南渡司董和宜市耆老一同来协商一下，如何？黑脸膛根本不听卢次伦说话，他大声呵斥，要卢次伦立马走人。卢次伦脸上依然保持笑貌，说话语气委婉而和蔼：要不，我们现在到你哥饭铺去，坐下来有话好说，不管怎样，凡事总得要讲个理吧。

跟你讲个屁的理!黑脸膛大声吼，你跟老子立马走人!

卢次伦看着手中的铁镐发愣，转而，脸仰起来，望着头顶上的天空。

舒基立、两名施工师傅面呈焦虑，看着卢次伦。

你到底走不走？黑脸膛瞪着卢次伦，吼。

卢次伦没有动，望着天空。

天空高处，一只鹰在飞。

猛地，黑脸膛扑上去，一把夺下卢次伦手中铁镐：好，老子看你不走！其余几名易家兄弟应声拥上来，将卢次伦掳住，一声呼号，推搡拖拽而去。

唐锦章家屋前竖有一对青石的石桩，两桩之间嵌一块石牌，石牌上刻爪锤钺斧诸样兵器，当地人称之为岩围子。据传唐锦章祖上六世允公曾中武举，武功超群，为朝廷戍边屡立奇功，门前的这道岩围子即是当年朝廷敕赐给唐家的，作为荣耀与权力的象征，文官到此必须下轿，武官途经一定下马。说到那位允公，宜市一带至今流传那位老武生一人徒手打虎的故事，说是一天傍晚，允公从屋旁附近的横湾回家，行至半路，一只吊睛白额猛虎忽从草丛中蹿了出来，吼声雷动，直朝允公扑来，允公躲避不及，随即蹲下身子，当猛虎前爪跃上他头顶时，允公趁机双手疾如闪电出击，扼住老虎喉咙，与此同时，身子环抱箍紧在老虎胸腹之上，人与虎遂成拥抱之势，之后，二者相持在一狭长斜坡翻滚，待老虎疲乏时，允公以他可举 300 斤的臂力，一手扼紧虎喉，一手猛击虎头命门，数十猛拳出击后，老虎终于毙命。挨近岩围子旁边地上卧了一块米筛大小的石盘，石盘上苔痕斑驳，深绿点点，说起眼前这块石盘，当地人更是一脸神秘，原来唐锦章祖上并不是宜市本地人。传说由他上溯八代祖公乃由江西大栗树避乱迁来，刚来乍到，本地土著每每故意作难。一次，一伙地霸来到他家寻衅勒索，八代祖公躲在屋里不敢出来，无奈之际，祖公婆婆只好出面应付，一双尖尖小脚跨过内房门槛走出来时，嘴里一迭连声喊"来客请喝茶"。婆婆满脸笑花来到堂屋中央，几个地霸一看，一下吓呆了，婆婆两腕平伸，手上端的茶盘居然是只比米筛还要大的石磨盘，几只青花茶碗稳稳当当放在石磨盘中央。祖公婆婆笑盈盈连声喊喝茶，几个地霸一眼瞥见拔腿就跑。

岩围子边上，还有两样东西：一对石锁，一对石蹄，各重 120 斤。石锁上端剜进去一道凹漕，内中凿空，凿成一根锁梁，以便抓举；石蹿则于两端凿出一便于手指抓拿的孔洞。两件器物均为唐锦章儿子的"玩物"，到唐锦章儿子一代，先祖尚武雄风被重拾衣钵。10年前，唐锦章就坐在这岩围子下面，看着他的儿子舞锁弄蹿，120斤的石锁风声呼啸中变成一团白光，他试着往那团白光中泼水，泼出去的水居然飞溅到自己身上，将他一身紫布长衫弄了个精湿，儿子身上却滴水未沾。就是那一年，唐锦章儿子赴省城长沙参考湖南武举乡试，一举夺魁，中得武举，之后，任职省府警务处稽查，深得巡抚赵尔巽器重，传闻不久将升任澧州镇守。

有这样一个位居显要的儿子，自然，唐锦章在宜市便是一个举足轻重的人物，乡邻街坊无不恭敬有加，就连水南渡司董张由俭见面也是礼让三分。不过，这唐老先生并不因为养了如此一位公子便在乡民们面前显摆，反之，他性情爽朗，为人热忱谦和，且是非当前总能秉持公道。这样，唐锦章在宜市的身份形象不仅是一位"官爹"，更是一位德高望重的长者。

这天，唐锦章在家吃过早饭，带上白铜水烟袋，从家里走出来，他要到宜市下街松柏坪去，卢次伦的茶厂今日破土奠基，虽说不是立柱上梁亲友上门贺喜的日子，但一个远乡人在这里办这么一项大事业，于地方百姓实为一桩盛事。他想到现场看看，一来表达乡人的热忱，赠言几句吉利的话；二来询问厂房建设可否有困难，看自己能不能帮得上。唐锦章家在平峒，屋旁即是那管指向天空的巨笔——文峰，溇水萦带自门前田畴远处流过，涉渡到达宜市街上距离约五里。唐锦章一身紫布长褂迈出家门，正要举步前行，一个人气喘吁吁朝这边急奔来了。唐锦章定睛看，是卢次伦从安徽请来的那位制茶师傅。舒基立神色惊惶站在唐锦章跟前，由于慌张，说话居然显得口吃，加之一口滇南口音，唐锦章开始没听清舒基立的话。舒基立双手比画着，急得额头上汗都冒出来了，从舒基立的眼神比画中，唐锦章终于弄明白了——

你说，卢先生被他们掳走了？

舒基立急得眼泪都快流出来了，说，刚才是吴老板要他来找唐老先生的，他要唐锦章一定得想办法救救卢先生。唐锦章搁下手中的白铜水烟袋，搬了一把椅子放在舒基立面前，他要舒基立不要慌张，坐下慢慢说，把事情原委讲清楚。舒基立将事情经过叙述一遍后，唐锦章要舒基立这就回去——

舒师傅，你请放心，卢先生不会有事的。

唐锦章把卢次伦救出来了。

唐锦章去易家时，身边还跟了一位阴阳先生。脚还没跨进易家老屋大门，唐锦章故意亮着嗓门，一迭连声喊易家兄弟恭喜。易家老二（黑脸膛）认得那位阴阳先生，见他和唐锦章一同走进屋来，脸上不禁显出诧异。唐锦章要阴阳先生快把喜事告诉易家兄弟，阴阳先生一脸笑花，连声道喜，说易家老屋场形同一把戽斗，松柏坪上如能建起一栋屋宇，正好应了"金银灌斗"的地理风水。以上一幕自然出于唐锦章的有意导演，他之所以要演出这样一幕，一是他不想把儿子抬出来以势压人；二是借演这一幕，让易家兄弟也有个台阶好下。唐锦章思虑周全，处事精明，卢次伦让易家老二从屋后马铃薯地窖放出来了。唐锦章一见，赶忙迎上去，一边替卢次伦掸着马褂上的尘土，一边笑呵呵和卢次伦说话，邀请卢次伦上他家里去，说是晚上要请他喝杯酒。又说，前些天，他跟省城的儿子去信，把卢次伦要在宜市办茶厂的事特意在信上说了。唐锦章看着卢次伦，有意响亮说话，脸上显出亲切热忱，他不朝易家老二看。听话听声，锣鼓听音，他这是有意要让易家老二知道，他喜欢这个广佬，人家一人在这里不易啊，再说，"白改红"办茶厂，对宜市百姓这是善举啊，你易家兄弟干吗要无理欺霸一方呢？唐锦章这时再不像先前那样忌讳抬出自己儿子了。在宜市，易家兄弟一贯横行霸道，他有意把儿子抬出来，镇一镇他们的痞气，让他们知道，山外还有山，眼前这个"广佬"并非孤身一人。

卢次伦没有去唐锦章家，昨晚，他和舒基立约好，只等松柏坪厂房奠基仪式结束，他们即去张家大山。张家大山是老园区，前些天，他和舒基立专程到那里，物色谈妥了10名青年茶农，说好今天赶到那里开课红茶制作技术培训。卢次伦匆匆赶回永记歇铺，尚未进屋，舒基立迎了出来，他告诉卢次伦，刚才，张家大山那边传信过来了，原来说妥参与培训的茶农不想学红茶制作了。

第五章

天堑

儿时，在屈子《九歌》中，卢次伦第一次看见了这条河流——"沅有芷兮澧有兰"，淡雅悄放，馥郁静芳，桂棹划开幽谷的纵深，欸乃声中，远山青黛迎迓而来，绿风入怀，满襟皆是兰芷幽芳。

光绪十年（1885 年），当他坐上那艘溯流宜市的木船，眼前呈现却是一番完全迥然景象，巉岩高耸，高峡如劈，猛浪雷崩呼号，纤夫橹手吼出的号子声，被粉碎的巨浪抛向峡谷上空，震耳欲聋——

> 澧水河，
> 船行难，
> 弯有千千，
> 滩有万万，
> 宜市开船山碰山，
> 步步走的阎王殿。
> ……

那是卢次伦第一次识见如此雄奇险恶的深山峡谷：山，几乎占尽了整个视野；河流穿凿于山与山褶皱深处，眼见山穷水尽，忽又柳暗花明，木船即要抵达宜市，前方突现万丈深壑，两岸悬崖如劈，峡谷仄逼处，宽仅数丈，抬头仰望，只见陡壁极高处，蓝天一线，窄如韭叶。站在船尾掌棹的艄公告诉他，这里即是湘鄂边民视为鬼门关的湘北第一天堑——黄虎港。

两条深峡，一条自西，一条由北，在黄虎港合流，合流处，一堵巨大的礁石拥浪峙立，两股湍流挟着来自深山的蛮荒与桀骜，潮头呼喊在礁石上爆炸粉碎，粉雪纷扬，翠玉迸飞，雷鸣峡谷天外。于宜市，黄虎港是一道天造的封锁，上苍纵深一刀，咽喉割断，南北分野，使多少欲渡湘鄂的历史悲壮在此上演。雨季山洪暴发，舟楫难渡，困羁两岸的山民，只能望峡兴叹。枯水季节，人们才可凭借木筏渡河，而后，攀缘对面的陡峭——一面石灰岩的绝壁，从峡谷底至山顶，计有先民开凿的石磴一千余级，人在石磴上攀爬，惕慄胆战，不敢回首下视。石磴每隔十级供有一尊石刻菩萨像，岩崖步步险象，祸福安危仅在须臾，行人恐惧无助之际，唯有祈求菩萨庇佑，平安无虞，攀越天堑。

宜市有民谣这样描述："到了黄虎港，爹娘都不想。"地方志《石门县志》这样记载："黄虎港，两岸峭壁数百丈，中夹一水如矢出，值骤雨暴涨，势如弩箭怒发。"当地《唐氏杂钞》云："两岸绝壁，波谲涡危，舟一失势尺寸，辄糜碎土沉，下饱鱼鳖，若陆行登高，临上俯视，绝壑万仞，杳莫测其所穷，肝胆为之悼栗。"清代著名诗人田光锡有《黄虎港》诗云——

西北岩峣接浑茫，畏途巉岩多羊肠。

安得天遣姱娥女，一一负去填东沧。

我闻邑西三百里，土人以虎名其岗。

凿险盘纡通一线，下临石湍更奔忙。

攀萝扪壁复伛偻，平生意气失轩昂。

我见言者犹酸哀，使人焉能不胆丧。

……

北去鄂西，南下洞庭，黄虎港如一道扼守的咽喉，过往行人必经于此。由于峡深险恶水流湍急，时有木排船只被那堵峙立涡流中央人称"鬼见愁"的礁石撞击沉没。缘于此，每年农历三月十八水神诞辰那天，这里要举行一场祭祀水神的盛大仪式。大清早，来自大山深处的山民们齐聚河边沙滩，将宰杀的猪羊抬上柏枝扎成的祭台，巫师身着青色道袍，先是焚香请神，念白禳文，继而舞剑施法，口中念起诀语——

赫赫扬扬，日出东方。

吾持此符，普扫不祥。

捉怪使天蓬力士，降妖用锄疫金刚。

口吐三昧之火，眼飞门邑之光。

降伏妖魔，化为吉祥。

念罢，只听一声断喝，巫师纵声一跃，跳上一张八仙桌上，广袖劲舞，寒光出鞘，眼花缭乱中，一排象征鬼魅的纸塑纷纷人头落地。整场祭祀活动的高潮是巫师施法过后的"跳丧"——它是流传湘鄂西北大山中土著民族的一种特殊舞蹈，本用于悼亡死者丧仪。湘北边地土家人视死为人生苦难解脱，固当亲人亡故遂以歌当哭，以舞伴灵。祭祀水神现场的"跳丧"，原意本在对水难死者的悼念，实际上，在其后演变中，它成为一种娱神，一种充满竞技表演吸引眼球的群体性欢娱。"跳丧"一般为四个青壮汉子的对舞，舞蹈分由多种套式：牛擦背、兔儿望月、天鹅抱蛋、金鸡展翅、凤凰点头、大王（老虎）下山，等等。舞者先是在地上起舞，辗转腾挪，进退奉迎，继而跳上一张预先摆放好的八仙桌上，四个汉子，各据一角，竞相对舞，随着围观男女们的欢呼吆喝，八仙桌由一张叠至两张、三张，甚至八张，这时，汉子们站立高空之上，区区方寸之地，抬腿伸胯，摩背展臂，时而金鸡独立，时而独臂擎天，时而交颈相搏，极尽夸张炫技之能事，其胆略技艺之高超，丝毫不亚于一场高难度惊险刺激的高空杂技表演。那些围挤在八仙桌四周的男女，这时需要把脸仰起来，下巴高高仰向天空，方能望见头顶高处那些剽悍的身影，发自由衷的欢呼盖过了谷底的涛声，因为太过惊险女人发出的尖叫穿透河谷雾岚，直逼崖顶云端。祭祀从清晨开始，至日薄西山暝色四合，整整一天，人们围绕水边，面对黄虎港——奔突的湍流、涡流中的礁石、浪花高处的悬崖，焚香、跪拜、献供、舞蹈，最后是送神歌。12名未婚女孩，头顶蓝色蜡染头巾，腰束卡花围裙，手牵手一字排开站在水边，悬崖如屏，青黛高照，夕照之下的水光，金鳞闪耀，跃上一张张粉色的脸庞，歌声从水边响起来了，河滩一下静下来。刚才“娱神”欢呼雀跃的人们，伴随歌声，眼神开始凝聚、专注，脸上呈现庄严、肃穆、神圣，屏息衔口，凝目熠熠，贯注于眼前那条波影诡谲的河水——

采我芳蕙，置水之滨，
流波依依，载汝水神；
春深花容，结伴成行，
至恭至谨，慰尔精灵。
……

清明还有一些日子，湘潭客到宜市来了。

湘潭客来宜市当天，易家饭铺门前挂出了“湘潭茶庄”的旗幌，丈二杏黄布幌，挑在檐前高处，无风自摇，甚是惹眼。第二天，宜市十字街头搭起了戏台，台前扎一道松柏拱门，两边悬一副大红对联：

匪患剪除边陲澄清民复康乐，
山河回归春茗又香额手称庆。

横批高悬一行醒目大字：湘潭茶客恭请宜市父老乡亲赏心看戏。

原来，年前，澧州、石门两县联合行动，集结保安团兵勇千余众，对为患多年的湘北边地土匪进行了拉网式剿灭。湘潭客说，为了庆贺锄匪，酬答地方，这次他们要请宜市老百姓过足一回戏瘾，连台演唱一个星期的“杨花柳”。“杨花柳”是流行湘鄂边地的一种地方戏种，以俚俗鄙语插科打诨取悦观众，“金丝吊葫芦”的花旦真假嗓子，正腔、柳子腔、八字调、“狗扯羊”诸样调式，加之大筒胡琴花鼓穿插伴奏，更得边地山民深深喜爱。

宜市一带戏场流行一种习俗——“打加冠”。正戏上演前，一个粉白鼻梁的“三花脸”，腰束粉带，手持笸箩，满脸嬉笑走上台来，走到某人面前，一段"见人头"顺口溜，捕风捉影，添油加醋，吹捧夸张，极尽阿谀奉承之能事。被"打加冠"的多为当地有头脸的人，"三花脸"瞄准他们，自然并非真的尊崇景仰眼前的此位"大人"，而是看上了他们衣兜里的银子，而那些被"打"的"大人"，众目之下，受人"吹打"，不能不说是一种别样的尊荣。至于那些毫不吝啬奉送上来的"加冠"，无论确有其实还是子虚乌有，又有谁会去较真理会探究？对于被"打"者，"加冠"实如搔痒，当手指搔到某处不便言说的隐秘，其感觉感受自是美妙难与说。至于那个满脸嬉皮的"三花脸""打"者，玩的全然一笔无本买卖，"加冠"本属虚拟，无论怎样慷慨赠予均不会有损他一发一毫，他要玩的就是这顶虚拟的帽子。金枝玉叶，珠光宝气，华胄显贵，倾国倾城，将一项本属赤裸裸的行乞，摇身一变成为一种别具民俗风情的行为艺术，不能不说这是一种民间智慧的卓异创举。

听说街上搭起戏台，宜市方圆十里，人们纷纷赶来了。开演第一天，宜市街头，只见一片人头攒动，来自四方山野的乡民，婆婆姥姥媳妇丫头爹爹公公后生伢儿，扶老携幼呼朋唤友，其热闹景象，堪称宜市有史以来第一场盛会。

自然，"打加冠"的第一个对象是湘潭客。一声"湘潭茶客老板加冠——"嘹亮喊出，湘潭客被请上戏台来了，亮出一只手，故意将手中一串制钱"叮当"一声丢进笸箩，而后，站定台中央，双手抱拳朝台下四方环绕一周连连拱手：各位父老乡亲，宜市是敝人的第二故乡，敝人经营宜市白茶多年，这片山水于我可谓三生有缘情深义重，今年春茶眼看就要采摘，为致谢各位父老乡亲多年来的合作，敝人特意出资在此搭起戏台，利用春茶采摘前的闲暇，让乡亲们一饱眼福。同时，敝人还想借这个机会，告诉各位乡亲一个好消息，今年我湘潭茶庄收购春茶的价钱，比往年提高了许多，其目的就是要给予各位父老乡亲更多利惠，收购茶庄仍设在易家饭铺载厚兄那里。说着，湘潭客手朝街南方向指过去，人们纷纷把脸扭向易家饭铺，果真看见一面挂在半空的黄色幌子，上面"湘潭茶庄"四个大字，金粉填彩，阳光下，异样惹眼招目。

湘潭客说话时，有人忽然想起卢次伦——

那个姓卢的"广客"呢，怎的不见了人影？

听说易家兄弟去年险些就把他"办"了。

湘潭客这一场戏唱下来，宜市茶叶哪还有他的份？

人到一方，先拜土地，不抱个大腿在怀里，能做成生意？

不是说"广客"下了好些茶园的定金？

"反水"了，张家大山那边去年就"反水"了。

距离宜市三十里外的龙池河。

一户挨近山脚的吊脚木屋里，卢次伦满脸疲惫，身子倚着板壁，眼睛则发着逼亮的光，盯着篾簟上一茅草覆盖小堆。紧邻草堆的地上搭了一个苞谷壳叶垫底的地铺，舒基立身子蜷缩在被褥里面，发着轻微鼾声。

那是一个茶叶的渥堆，按照"祁红"渥堆方法，此前，舒基立接连做了两场渥堆，均告失败了，揭开渥堆，他没有闻到那股熟悉的苹果香气，也没有看到那种类似红铜的深绛颜色。其时，卢次伦正在湖北鹤峰、五峰一带踏勘茶园联络买家，因由易载厚暗中挑唆，去年，张家大山茶园率先"反水"，今岁开春以来，湘潭客更是大造声势，明争暗夺茶园卖主，宜市附近一带茶园几为垄断。如此，他必须走出去，突围湘潭客的围堵，去更远处谋求出路。前天，他在鹤峰接到舒基立渥堆失败传信，次日凌晨，他赶到龙池河。舒基立一脸沮丧，望着他，他安慰说，不要紧，失败乃成功之母。他要舒基立再做一次渥堆，并亲力亲为参与制作，茶叶经过杀青揉捻进入渥堆发酵，温、湿、色、气，须时时严密观察掌控。舒基立连着做了两场渥堆，几乎一个星期未有合眼，卢次伦要他先去睡会儿，舒基立估摸着，按渥堆时间推算，早饭前后，渥茶该达酵熟，出现苹果香气。临躺下，舒基立犹不放心，他嘱咐卢次伦，天开亮口时，必须叫醒他。

深山春夜，仍是寒气逼人，卢次伦生了一堆火，虽说昨日一口气赶了120里山路，身子感觉极度疲困，但他不敢丝毫懈怠，生怕一合眼睡过去，误了大事。鸡叫了，窗外出现朦胧曙色，舒基立酣睡正香，卢次伦不忍叫醒他。鼻子凑近草堆，鼻翼扩张，轻嗅，深吸，寻觅甄辨，唯恐错漏空气中一丝气味，然而，没有期待中的那种苹果的香味。天大亮了，实在坐不住了，卢次伦叫醒了舒基立，舒基立悚然惊觉，一跃而起，坐在草铺上，两眼明直，鼻孔张大，鼻翼轻轻一下一下翕动，显然，他是在寻找那种熟悉的气味。忽然，舒基立从草铺上跳下来，奔近篾篁，蹲下，鼻子凑近渥堆，舒基立脸上现出疑惑，继而出现警惕，他扒开一束茅草，鼻子伸进茅草底下，卢次伦不出声，两眼紧随舒基立举止行动，就如一只探洞的猎狗，舒基立鼻子扎进草堆里，脖子前趋，背弓着，身子一动不动。一只鸡在屋后高叫，卢次伦紧盯着舒基立的脸——舒基立的脸埋在草堆里，他听到自己的心跳，听到草屑在舒基立鼻子两侧摩擦发出的细微之声。终于，舒基立站起来了，两眼发直，看着篾篁上的渥堆。

卢次伦把舒基立揭开的茅草重新覆盖好：要不，我们再等等。

舒基立不出声，望着脚边的渥堆发呆。

早饭时分，一个中年男人气喘吁吁找到山脚木屋来了，那人一只手上拿了一张红色字纸，另一只手里则捏着一把色相类似腌菜的茶叶。男人说，他是平峒的一户茶农，前天，两名红茶师傅到他家"沤坯"（渥堆），不想一堆好生生的茶叶结果沤成了酸腌菜，说着，男人将手中捏着的那张红纸递到卢次伦面前——那是他去年向茶农立下的红茶改制立约，如因红茶改制失败所致茶农损失，买方当按其市价，悉予赔偿。男人满脸焦急等着答复。卢次伦不出声，看着红纸文字。一个星期前，他要舒基立来龙池，两名助师则去平峒，两处试点，同时进行，意在争取茶园，以便有利日后改制铺开，令他万没想到的是，两处试制均告失败。去年四月回乡醵资，他瞒着父亲，卖了家里一处田庄，才凑了一千两数额，一年花销开支下来，如今手头所剩无几，他不知道下一步该怎么走，舒基立站在一边看着卢次伦，平峒男人额头布满汗滴，样子像要哭，卢次伦眼前一片迷惘，心底生出难言的疼痛，不过，当他将目光朝向那个平峒男人时，呈现脸上的则是一抹蔼然的笑容，他要他放心，说，这就和他去看现场。说着，脸转向舒基立，他要舒基立不要走，就在这户人家里待着等他。

从龙池河到平峒往返60里山路，卢次伦赶回来时，时已日暮。舒基立没有走，坐在篾篁边上，望着眼前的渥堆发呆，卢次伦走进屋里，居然没有发觉。

因为急着赶路，卢次伦出现在舒基立面前，呼气粗蹙，满脸汗渍。看见卢次伦，舒基立站起来，神情恍惚，仿佛刚才经历了一场梦游，眼睛停驻卢次伦脸上，无形中，嘴唇隐然开始颤动——

卢先生，我想走。

明天就走。

原来说好的奖银我都不要。

卢次伦看着舒基立。两眼发愣，发直。

舒基立脸低垂下去，眼睛看着篾簟上的渥堆。

卢次伦身体僵直。

无形中，他的身子开始战栗，寒噤一般，隐隐在抖。

两天后再走，好吗？

再过两天，舒师傅……

卢次伦眼眶里有了濡湿。

舒基立说，他都是严格按照祁红渥堆技术操作的，没想到事情会是这样结果。卢先生，我实在无能为力，您还是另请高明吧。卢次伦抓住舒基立的手，一颗泪滴漫过眼眶，终于滚落下来了：舒师傅，事情不会是这样的，一定不会是这样的。他从渥堆上抓起一把茶叶，摊在手上仔细辨看，和先前平峒男人拿来的一样，茶叶颜色发黑，且透出一股酸腐气味。祁门地处皖南，与大山深处宜市相比，春季温湿度显然偏高一些，会不会正因为这样，以致三场渥堆连续失败？刚才从平峒返回路上，卢次伦一路思索着这个问题，他把心中疑虑告诉了舒基立，并提出一个大胆设想，人工增温增湿，以促成渥堆发酵成熟。

当晚，卢次伦和舒基立开始做第四次渥堆。这次，他们没有像以往那样，将杀青揉捻后的茶叶堆在篾簟上，卢次伦向主人借来一只板桶，将茶叶放进桶内，用茅草覆盖好后，又在屋中支起一口大锅，添满水，然后，锅下生火，火舌殷红，沸水作声。屋内，水汽氤氲，白雾飘浮。夜深了，卢次伦要舒基立去铺上躺下休息，舒基立没有动，脸转过来，朝卢次伦默声看过一眼，接着，眼睛复又盯着板桶里面的渥堆。天开亮口，熹微从木窗浸漫进来，忽地，卢次伦仿佛突然遭到电击，一跳，从椅子上站起来，他仰起脸，眼睛似乎在急切寻找什么，对着头顶的一团白汽，他满脸严峻，张大鼻孔，鼻翼痉挛一般隐隐翕动，突然，他失声叫出一声——

苹果香！

舒基立愕然惊醒。

卢次伦脸扑在渥堆上。

舒基立也扑上来了。

卢次伦的肩膀在抖。

舒基立的肩膀也在抖。

嗅。吸。

再嗅。再吸。

苹果香！

是苹果香……

因易家兄弟阻挠，卢次伦的制茶工厂去年便搁置下来。其间也有人怂恿卢次伦施工开建，说，只要唐锦章唐老向着你，他易家兄弟敢把你怎的？床上的虼蚤——跳得再高，也顶不起一床被窝来！卢次伦笑笑，摇头，逢坚避刃，遇隙削金，流行武林的这句话，不仅是逢险化夷的策略，更是一种生存智慧，他不想让人说他依傍了某人一棵大树，何况易家兄弟属性横蛮，与之强争，不定会招致意外损伤，暂行迂回、从长计议才是眼下明智之举。

卢次伦暗自庆幸，去年与多家茶农签下定契，抢在湘潭客之前，有了自己稳定的货源。岂料，继张家大山毁契后，又有几家"反水"了。信言无须墨，千金仅一诺。卢次伦简直不敢相信眼前的事实，然而，背信弃义者远不止此。二月，湘潭客来宜市，故意抬高今年白茶收购价格，本来，对制作红茶茶农心存顾忌，多有畏难，如今，白茶购价看涨，自然纷纷望风趋附。那些去年与他签契的茶农闻风哗变，一个个，大都毁约了。

宜市附近茶园几尽为湘潭客垄断。

早春的阳光，普照两颊，好鸟在望眼高处鸣唤，每一片新萌的绿叶上无不丽日明媚。卢次伦的心里却如严冬下的天空，暗云密布，凄风惨淡，冥冥中，仿佛逼入绝境，四顾无门，进退无路，举步前瞻，不知自己下一步该向何处迈步。尤其，连续三次渥堆失败，他几近崩溃绝望，舒基立站在面前，提出要走，倏忽一下，他的眼眶湿了，一颗泪滴，终究未能止住，从脸颊滚落下来，他感觉到了它的冰凉，感觉到了它砸在手上粉碎的那一瞬间整个身体的震荡和疼痛。他就要哭出来了，纵声豪哭，泪水如决堤的洪流，携带淤积心底的悲愤苦难，呼啸呐喊，一泻千里。不过，最终，他没有哭出来，看着舒基立这位从数千里外请来的制茶师，他不能哭，第一颗泪滴无法挽回，坠落下去粉碎了，但他决不能再让第二颗滚落下去。

卢次伦选择了另辟蹊径。

逼迫之下，从宜市走出去，跋山涉水，前往平峒、龙池、狮山乃至湖北鹤峰、五峰一带去收购茶叶。没有厂房，制作只能以麻雀战办法，由舒基立带领培训过的技工，走乡串户，现场扎点制作，卢次伦则和几名雇员，在平峒、龙池等几处茶区分设茶庄，收购茶农制作好的"毛红"。相比汉口销售的红茶，"毛红"只是粗坯料，出售洋行尚需一系列工序加工，精制成"米红"。如今，厂房设备无一具备，卢次伦只能借鸡下蛋，先将"毛红"收上来，而后运往汉口，请老乡陈修梅出面，找工厂再行加工，精制成"米红"。他知道这样做无异于将口袋里的银子掏给别人，但眼下，舍此他别无选择；"宜红"草创第一步，他只能以这样的方式走出去。

四月将尽，卢次伦终于制得 5000 斤"毛红"，租下一条篷船，准备运往汉口出售。

本来，卢次伦大可不必急着单船发货，多船批量启运，不仅可降低成本，且下设各茶庄连续收购，亦可减免茶源流失之虞，但卢次伦手中一千两本银已全部用光，继续收购再无本金。无奈之下，他只能走"短快"一路，速进速出，加快本金周转流通，从小本小利做起，蓄积资本，逐步做大资本经营。

装载船上的"毛红"以枫杨木箱包装，每箱内装 25 斤，总计 200 箱茶叶，排列整饬，累叠码放。昨天山中下过一场春雨，今早放晴，天青云白，山峦新翠如洗。因为是宜市第一船红茶启运，早上，松柏坪河边来了许多看热闹的人，唐锦章、吴永升及平峒、龙池河几处茶园主，特意买来鞭炮祝贺，卢次伦站在船头，朝围在河边的人们连连拱手，青缎帽檐春阳著辉，两颊明媚，溢彩流光，昔日黯翳郁影为之一扫。爆竹齐鸣，纸屑如雨，立在船尾的艄公一声"开船——"，茶船离岸，乘风顺流而去。

装载"毛红"的茶船及船上艄公橹手，都是唐锦章荐举给卢次伦的，黄虎港波诡涡危，尤其峙立河中的巨礁，非有熟识水情行船经验丰富者不可胜任驾驶，唐锦章推荐给卢次伦的几名船工，尤其这位艄公，漂水行船几十年，可谓历尽风浪险阻，宜市方圆几十里，堪称第一把舵手。昨天傍晚，艄公来到永记歇铺，找到卢次伦，说是傍晚要去黄虎港礁石前行一个祭拜仪式，卢次伦随艄公来到黄虎港沙滩，面对浪中礁石，艄公跪下，焚香，叩首，口中念念有词，他要卢次伦也跪下，虔诚膜拜，祈求水神保佑平安。之后，艄公指着浪中礁石，说，行船走马三分险，黄虎港行船不是三分险，是险万分。您瞧，西、北两股水流在这汇合，同时冲向河中心礁石，船乘上流急水而来，要想躲过那堵巨礁，绕过礁石旁边的旋涡，船上的人，必得见机行事，密切配合，船下急滩，前篙点石撑住，后棹奋力内扳……

想到即将启运的茶船，卢次伦在心里默默祈祷。

唐锦章要卢次伦放心，说，他推举的这个艄公，进出黄虎港几十年，从没出过事。

然则，卢次伦的茶船出事了。

船下黄虎港险滩，峡谷突然刮来一股飓风，艄公立在船尾大吼稳住，本来前方船篙点住礁石，船只眼看就要撑出涡流，飓风突兀而至，船头猛一下打横——

船翻了。

恍惚中，听到有人在喊。卢次伦睁开眼，艄公一身精湿跪在卢次伦身边，脸上不知是河水还是眼泪：卢先生，您的茶船……卢次伦身体斜侧躺在地上，贴着沙涂的脸上，满是自己呕吐的积水和湿漉的泥沙：那两位船工呢？卢次伦声音微弱，发颤。都泅上岸来了。卢次伦看着艄公，眼窝一下涌满泪水：只要人没事就好。卢次伦要爬起来，艄公慌忙止住，说他喝了许多水，身子不能动，他让那两个人回宜市去找担架去了，不一会儿就会过来。卢次伦还是支撑着爬起来了，说，不用担架，自己能走，他这就回宜市去。卢次伦站起来，身子有些摇晃，脚颤抖着，迈出去，走出一步，忽又收回，站住。

河中央礁石上，布满正午的阳光。一块茶箱的碎片在礁石前方的旋涡边缘打着旋转。

卢次伦两眼发直，望着那堵立在水中央的巨礁。

艄公要卢次伦坐下，说，担架马上就会来了，让他们抬着他，回宜市去。

卢次伦默声摇头。

船翻了。一千两本银全搭了进去。身无分文，一身痛伤，回去宜市他还能做什么呢？

回不去了。

他已经回不去了。

吴习斋敲开了永记歇铺卢次伦的房门。

屋里没有点灯，卢次伦坐在黑暗里。

吴习斋帮卢次伦点亮了搁在桌上的油灯。

吴习斋说，他从津市回来，傍晚刚到家，听说卢先生的茶船出事了。

卢次伦两眼黯然，看着面前这位陌生的年轻人。

卢先生，您的事我都听说了。怎么，您要走，回广东老家去？吴习斋发现卢次伦身边的藤编提箱：卢先生，您不能走，您千万不能走！

卢次伦坐在那儿，一动不动，形同泥塑。

油灯下，吴习斋眉清目秀，面色白皙，宝蓝长衫外套杭纺暗花马褂，脚上，深口独鼻青布鞋，露出鞋口的官布白袜洁白无瑕。

开始，只吴习斋一人在说，说他在津市做学徒，说卢次伦救治的那个女人就是他大姐，他要卢次伦留下来，先别急着回广东。广东老家我也回不去了呀。卢次伦突然站起来。仰脸屋顶，嘶声喊，喊着，颓然坐下，泪流满面。

那天晚上，吴习斋在卢次伦房间一直坐到深夜，临走，他告诉卢次伦，他不回津市去了，他决定留下来，说，他家有许多亲戚，尤其他父亲在宜市颇得人缘，他可动员劝说他们，把茶叶先赊给卢次伦，待销售后再行结算。听着吴习斋说话，卢次伦脸上始而疑惑，继而犹豫，渐渐地，双眸运转，生出光辉，忽然，卢次伦站起来，抓住吴习斋的手——

吴先生！

您就叫我习斋吧。吴习斋腼腆笑了，笑出一口糯米细牙。

第二天，吴习斋果真带了卢次伦，上门亲友家，每到一户，居然都说妥了，答应将自家茶叶赊给卢次伦。下午，吴习斋带卢次伦进入一条纵深峡谷，前行数里，眼前忽现一袖珍平原，四围山峦如屏，一道小河，清澈见底，从平原中间无声流过。卢次伦不胜惊讶，小平原上全为野生古茶树，前方不远处，矗立一堵白石，走近了，才发现是一块巨大石碑，令卢次伦更为惊讶的是，石碑上刻着的"南国天香"竟为乾隆御笔。吴习斋告诉卢次伦，当年，土王田九峰给康熙贡献宜市白毛尖后，宜市白毛尖便成为朝廷规定的皇室贡茶，每年制作贡茶用的就是这片野生古茶林的茶叶。

在茶祖岭，卢次伦见过那株人称"老茶祖"的千年古茶树，不过仅独木一株而已，这儿却是如此连绵广大一片，虬枝曲接，老杆遒挺，新翠拥戴蓬举，举目所望，乃至阳光亦为一片蓊绿。走近一株茶树，卢次伦采下一芽，拿在手上，打量端详。陆羽《茶经》记载，茶以野者上，紫者上，眼前茶林，皆为野生，紫毫翠旗，若以它们"制红"，必为茶中上品——卢次伦不禁心头掠过一阵窃喜。他向吴习斋打听茶林主人，见吴习斋笑而不语，脸上刚生的窃喜转又黯淡。吴习斋说，这片野茶林就是他们吴家的，卢次伦眼神惊疑，吴习斋笑了：怎么，您不肯相信？我现在就可唤人来采摘，用它制红，保您去汉口香盖茶市，一炮走红。

连续几日，卢次伦随吴习斋跋山越岭，所到之处，竟无一失败。舒基立率制茶技工奔赴山野各地，"制红"再度步入正轨。卢次伦则和吴习斋一同，每日奔忙于茶园业主之间，验货立据，雇运归堆，不出十天，新制"毛红"竟逾千斤。曾经崩溃的心底复又生出勇力和希望，但也不乏担忧，依凭吴习斋的人缘说合，虽也临时赊得一批货源，但毕竟不是长久之计。茶船运销汉口，一趟少则数千上万斤，仅凭亲友实难满足货源需求，茶争一日，制争一时，必须抓住头茶采摘，铺开收购，否则，季节错失，将造成难于收拾局面。扩收要本金，运输要资费，雇工要酬劳，那艘租用沉没的船只亟须予人赔偿。经历数日赊茶，卢次伦深感仅凭吴习斋的热忱，实在难于解除当前困难，眼下，他急需要钱，并且，急需要一大笔钱。

一天夜里，卢次伦独自来到黄虎港滩涂，月圆如盘，悬在山巅，卢次伦望着月光下那堵水中的巨礁——

道光元年（1821年），程子衍茶船触礁，一船八人，仅一人逃生；同治元年（1862年），罗致中船载梓油过黄虎港，艄尾触礁人货两空；光绪元年（1875年），也是这般峡谷突然来一股飓风，橹手白允亮一篙点偏闪失，坠入旋涡……

那天，艄公说以上这些时，他仿佛看见了那些船只，桨折断了，船被礁石撞成碎片，人被浪头打入旋涡，来不及发出的呼喊，伸出涡流的双手，瞬间被更大的浪头吞没。

望着前方礁石，卢次伦犹在那场噩梦情景，第一船宜红触礁倾覆，他被几近逼至绝境，然即便如此，开发宜红的初衷无时无刻不在心底强烈鼓荡。他要除掉眼前这堵礁石，为宜红走出深山，开创未来，他必须首先除掉它，用古人焚火破石法——如此巨礁，位置激流旋涡，以薪柴焚烧显然不够现实，用火油，该用多少油料？

购买火油需要钱，"毛红"收购需要钱，两样均迫在眉睫，可是，他却身无分文。

吴永升告诉卢次伦，说是来了一位远客，自称卢次伦表弟，在歇铺等了一天，候见卢先生。卢次伦疾步往院里走，迈入前堂门槛，一眼望见正厅上方站了一个年轻后生，青衿长袍，对襟马褂，宝盖缎帽，褡裢斜挂。卢次伦不禁疑惑，这是哪儿来的"远客"？趋走上前，正要开口问询，年轻后生转过脸来，卢次伦瞠目大惊——

杨素贤！

杨素贤轻声叫了一声月池哥，脸颊不由绯红。卢次伦见前廊有人走来，将杨素贤赶紧引至自己房里，将床前椅子搬到杨素贤身边，又递了一杯茶到杨素贤手上。杨素贤没有坐，将手上茶杯搁在桌上后，取下褡裢，揭去帽子，解去马褂套袍。这时，一个昔时的杨家小妹复现眼前，在卢次伦眼里，杨素贤生性胆小，长大更兼含蓄羞怯，眼前，她居然女扮男装一个人从几千里外来了。一个大家闺秀弱女子她是怎样一路颠沛找来的，如此不畏艰难跋涉而来，究竟为了怎样紧要紧急事情？

卢次伦一如以前，称杨素贤小妹，看着她长途劳顿样子，他并不急于问询，他要她坐下，喝茶。杨素贤这时从身上掏出一封信来，卢次伦接过，是孙文的信，信中孙文告诉卢次伦，原来，去年四月，他寄去孙眉的信因邮轮出事，孙眉并没有收到。前不久，孙眉从美国茂宜岛回来，孙文问及这才听说。当天，孙眉即去广州恒昌钱庄办了一千两借银的汇票——

月池兄，你我生逢民族危难之际，拯救变革中华前途命运，于我辈，责无旁贷义不容辞。兄有志实业建设，且以振兴民族强大国家为宏愿，实令愚弟钦佩。兄向与弟言，士不可以不弘毅，今兄在湘北，事业开创艰难可想推及，然以兄之勇毅坚韧，克难问胜犹可想见，弟愿借以上曾子言与兄共勉，期待兄之盛业早闻捷传，功成之日，共品宜红。

看着纸上文字，卢次伦衔口凝眉，情态显出恍惚，似乎置身于一场梦境，灵魂想象脱离身躯，飘飘然去了不知名遥远地方。忽然，他回过神来，目光投向杨素贤：几千里陌路，你是怎么找来的？杨素贤说，沿途路线是孙文告诉她的。杨素贤说罢，咧嘴而笑。卢次伦却一脸担忧：你父母亲能放心让你一人来？杨素贤笑着摇头。卢次伦吃惊看着杨素贤：他们不知你来这里？杨素贤说，是孙文二哥给她想的主意。临出门，她只说是随孙文二哥一起，去美国檀香山看望姨妈。

卢次伦两眼看定杨素贤，不出声，许久，他转过身去，将杨素贤搁下的茶杯端起来，递到杨素贤手里：素贤，你比我更有勇毅和坚韧！

第一次，卢次伦以"素贤"称呼。

杨素贤脸一下红了。

傍晚，杨素贤要去宜市街上走走，依旧穿了那身长袍，走在街头，长裾清垂，领袖高举，流盼投足间，俨然一副倜傥清俊风度。杨素贤满眼新奇，履足目遇，不时发出诧讶赞叹之声。手抚某只木窗上的雕花，留恋不舍，不肯离去；眼望翘檐高处飞越的白鹤，仿佛见到久违的亲人；她有意加重脚步，倾听青石板上发出的跫音；掬起一捧河水，对水自照，浅尝一口，笑靥如花。山如屏围，立在檐瓦背景高处，河面，清粼深处，山峦与木楼倒影重叠，晚霞浏丽如软缎，令水底倒影迷离如幻景。杨素贤看天空云彩，看云彩下的木楼，看山色重围下的小镇，神情似乎恍惚，目光分明带了痴迷——

我这是不是来到了武陵渔人曾经的地方？

卢次伦手指前方山峦，说起深山茶园，说起宜市茶叶的传闻逸事。忽然，杨素贤想到先前歇铺老板告诉她卢次伦茶船出事的消息，两眼不无惊惶，看着卢次伦。卢次伦点头，淡笑一下，说，是有这么回事。

杨素贤提出要去黄虎港看看。

一轮硕大满月已然升至崖壁之上。卢次伦和杨素贤坐在河边沙滩上。相近咫尺，呼吸相闻，杨素贤感觉心底忽然一阵慌乱。他不说话，神态专注，望着河中央那堵礁石，似在想什么。她把眼睛移向对面绝壁，目光沿崖壁攀缘而上，脸上不禁袭上惊惧赫异，这里并非武陵渔人寻觅的桃花源，山险水恶，地偏人疏，在这里开创事业，需要怎样的勇力与不屈精神。

素贤。卢次伦脸转过来，看着杨素贤。

杨素贤心头遽然一阵炙热。身体犹如一个巨大的回音壁，一声轻唤，浑身共振，满耳皆是强烈共鸣。

卢次伦在说话，声音不高，语气平静，眼睛深处却透着一股执拗与坚定。说，他的前途命运已经和宜市连在一起，割离不开了，他已下定决心开创茶叶事业，他的前面会有许多艰难和挫败，但无论怎样，他将矢志不移不改初衷一直走下去。

杨素贤对迎着卢次伦的眼睛。她在聆听。眼仁上，水银一样的流明在闪。睫毛高巅满是月光的银辉。嘴唇张开了，似要说什么，终究却又未发出声音。

他看着她。他在等待她说话。她说不出。潮水一下涌满心头——窃喜、惊讶、感动、忧虑，到底说什么好呢？去年 7 月，卢家张灯结彩，张罗着迎娶，她家也一样，上下一片喜庆，可就在喜日临近前一天，新郎不见踪影，跑了，对她家，这不啻一桩让人耻笑的丑闻，她的心底尤其感到从未有过的屈辱。这次，她来宜市，内心深处其实另有一个隐秘，他对她究竟作何打算？她必须亲自找他，澄清明白。

一声"素贤"轻呼，已将所有她想知晓的一切包含其中了。

她低下脸去。

她的脸在发烫。

卢次伦的眼睛是温煦的，温煦深处分明更有深长意味。眼前的杨家小妹，此前，虽有父母之命，但在他内心，实未有过心仪向往之情，今天，当她一身男装突然现身面前，他的内心，倏忽间被震动了。冥冥中，他觉到他的命运自今天开始已经和她连在一起，事业初创，举步维艰，天远地偏，她有勇气和他站在一起，应对困境和挫折吗？他需要向她表白，更期待她作出抉择。

卢次伦看着杨素贤。

杨素贤脸低垂着。

头顶，一轮碧月，硕大无朋。

《澧州地方志·舆地篇》其中一段文字，如实记载了当年卢次伦黄虎港焚火破礁的那场壮举——

黄虎港，二水中流，有巨礁耸峙，波诡涡危，险恶无可名状，舟楫至此，多摧折隳毁。南粤茶商卢次伦于光绪十五年（1889 年）春携火油焚礁，以油浸衣被，覆敷礁石上，尔后持火焚烧，待石炙烈红，施以冷水，以此松懈解析峙石，历时十余日，礁石终为之崩摧，天障却除，自此，行船往来运途畅通。

杨素贤原本计划到达宜市将孙家兄弟银票书信交与卢次伦后即回香山，那天晚上，她和卢次伦坐在黄虎港沙滩上，当她听到卢次伦要用火油焚爆激流中那堵巨礁，忽然间，改变了主意，她要留下来，目睹那场惊天动地的壮举。

点火焚礁那天，宜市方圆十里男女老幼都赶来了。老翁扶杖，妪婆牵手，女人发髻擦过麻油油光发亮，年轻丫头两鬓插了野花，蘸过露水的刘海溢彩流光，亮若星辰，张家渡一帮船工纤夫特意雇了一支鼓乐来，锣鼓爆竹唢呐铙钹，其场景犹如隆重盛典，热闹赛过节庆狂欢。

那天，卢次伦早早起床，洗盥毕，特意换上一套新装。打开门，卢次伦愣立住，杨素贤站在门边，不是昨日长袍圆帽，她换回了原来的女儿装，斜襟短褂，粉色披肩，月蓝软缎镶边长裤，刘海下，双眸浏亮，正笑盈盈看着他。卢次伦不胜诧异，嘴里发出一声"你"，忽又噤住，目光躲闪，似乎不敢朝杨素贤身上直视。杨素贤却莞尔笑起来，不是说好今早一起去看炸礁的吗？卢次伦连忙点头，忽又摇头，口中唯唯，急步朝前院走，杨素贤跟随其后，看到卢次伦慌乱样子，她不禁脸颊一阵发烫，心底却涌过一阵从未有过的甜蜜。歇铺老板吴永升开了前院大门，转身正欲进屋，发现杨素贤迎面走来，一下愣住站在那里，卢次伦朝吴永升笑着点头问早，吴永升两眼发愣盯在杨素贤身上。

这是？——吴永升满脸惊疑。

杨素贤蔚然一笑：吴老板早上好，我叫杨素贤。

不是那个后生？……吴永升似乎不敢相信自己的眼睛，两眼瞪大，目光怔直。

卢先生，这是？……吴永升将目光转向卢次伦，卢次伦张开嘴要说什么，口齿忽作拮据。吴永升目光复又回到杨素贤脸上，显然，他是在努力搜寻那个长袍圆帽的年轻后生，试图将他与眼前这位亭亭玉立的姑娘二者联系起来，目光注定杨素贤脸上，惊讶，困惑，迷茫，摇头。

卢次伦站在一边，他不朝杨素贤看，一边脸颊明显泛红。

月池哥是我姨表哥。杨素贤朝卢次伦觑去一眼，又说——

我是他未婚妻。

第六章

初 试

1662年，年轻貌美的葡萄牙公主凯瑟琳远嫁大英帝国查理二世。婚礼大典那天，银车良骏千里迢迢而来，白金汉宫满室华服不禁同时瞪大眼睛：公主的嫁妆居然有一套中国景德镇青花瓷茶具和221磅中国星村桐木关红茶。

婚礼当天，晚宴之后，凯瑟琳王后特意在皇宫御花园举行了一场别开生面的集会。烛光辉映中，王后随身携带的烹茶师设案置几，洗盏煮水，当一只只精美的景德镇青花瓷捧至眼前，馥郁异香中，王公贵戚们禁不住嘴里发出一片惊呼。此前，他们只知咖啡、果浆、奶酪为世上饮品，眼前一汪深湛，琥珀一样的成色，无以名状的异香，浅啜一口，齿颊留香，细品回味，一缕绵远清妙，缥缈萦系，令人如临仙境——中国红茶，这是一种怎样奇妙的饮品呢？

因为凯瑟琳王后那天晚上的御花园茶会，饮茶之风很快在白金汉宫流行开来，能手捧一盏景德镇青花，品饮中国红茶，成为标志时尚高雅的象征。王室贵族竞相效尤，乃至伦敦街肆，一夜茶风，吹遍寻常巷陌家。因为第一个将中国红茶带到英国，凯瑟琳王后在英伦民间很快便获得了"饮茶王后"的称号。1633年，一个月华皎皎的夜晚，国王查理二世与凯瑟琳王后在皇宫后花园草坪上举办婚庆一周年盛典，桂冠诗人埃德蒙·沃尔特手捧茶盏，现场赋诗，赞美这位美丽而高贵的饮茶王后——

花神娇媚的秋波，
嫦娥广寒高处的月桂，
二者盖世无双，

却也难与这一脉馥郁媲美。

迢迢来自东土，茶为群芳之最，

奕奕焕彩皇室，堪称花中王魁……

其时，中国茶叶在异域伦敦，只是一种仅限王室贵族享用的奢侈品。17 世纪 60 年代，每磅中国红茶在伦敦售价 6—10 英镑，而当时一个英国男仆一年的工资只是 2—6 英镑。17 世纪末，伦敦茶叶价格虽有下降，但每磅售价最低仍需 16 先令，相当于一个男仆两个月工资。如此昂贵的售价对于英伦广大市民实为可望而不可即，但英吉利人天生拥有附庸优雅斯文的秉性，昂贵的售价并没有阻挡他们对于优雅高贵的向往，何况来自东方的异香实有一种让人无法抵御的诱惑。1657 年，商人托马斯·加韦在伦敦开设了第一家茶馆，首次向公众兜售中国茶叶，并在一张洒金的招贴纸上标榜，罗列出中国茶叶 14 种药用价值，诸如治头痛、结石、尿砂、水肿、脱水、坏血病、嗜睡或睡眠多梦、记忆力减退、腹泻或便秘、中风，等等，不一而足。时光进入 18 世纪，中国茶叶在苏格兰、英格兰、大不列颠英伦三岛，不仅只是优雅高贵的象征，它与黄油、面包一起，成为三岛人民日常生活所需，一夜之间，伦敦街头冒出两千余家茶馆。"当时钟敲响下午 4 点，世上一切瞬间为茶而停下。"流传伦敦街头的民谣虽不无夸张，然下午茶于英国人的魅力与诱惑却由此可见一斑。1755 年，一位到英国旅行的意大利人如是记述了他在伦敦目睹的情状，"即使是最普通的女仆每天也必须喝两次茶以显示身份，她们将此作为条件要求，事先写入契约中，因为这个特殊的条款，顾主每天需要付出的此项金额与意大利女仆一天的工资相当"。

因为喝茶，仅 1710 年至 1760 年 50 年间，英帝国向大清中国流出白银 2600 万英镑（如按两计量，须在此基数上乘以四）。英帝国白银原来源于非洲、美洲三角贸易——先以本土工业制品、烈酒海运至非洲销售，再用售资购买非洲黑奴运往美洲卖给农场主，而后，以交易所得购回白糖、棉花、咖啡，剩余换以白银运回帝国，18 世纪 70 年代后，美洲白银产量持续减少，而帝国每年因为进口中国茶叶须外流白银 250 万两之多。这时的中国茶，不再只是捧在手中的一碗香茗，在一批洞察敏锐的帝国精英眼里，它已经成为一种别具杀伤力的利器，锋芒所指，正在深入刺中帝国经济的命脉。

1773 年夏，沃伦·哈斯丁斯肩负乔治三世挽救英帝国财政危机的重大使命出任第一任印度总督，在加尔各答大丽城大厦总督大楼里，一天，哈斯丁斯一边品着武夷红茶，一边观看风靡欧洲的茶事家庭剧《茶迷贵妇人》。忽然，哈斯丁斯心底跳出一个大胆想法：他要以另一植物抗衡中国茶叶，将帝国损失的白银赚回来，重建白银帝国的辉煌时代。

"只有茶叶成功征服了世界。"21 岁的都白尼站在萨瑟兰郡的莱尔格墓地上，眼望刻在威廉·查顿墓碑上的两样植物，无意间脑海中跳出了上面那句话。艾伦·麦克法在他的著作《绿色黄金·茶叶帝国》中，对于沃伦·哈斯丁斯提出与中国茶叶抗衡的另一种植物，及其后来引发的那场战争，并未予以议论，但从上句肯定的句式中可以看出，作者对此已然作出道德判定。都白尼摇头，嘴唇咬起来，淡蓝的双眼闪现质疑的光。你怎么了，侄子？姑母玛格丽特·查顿问。都白尼不说话，年轻的脸上，透出一股与年龄不相称的严峻与倔拗，紧咬的嘴角悄然上噘，一抹似笑非笑的怪笑悬挂其上，手伸出去——五根瘦长的手指将那片刻在墓碑上方的茶叶抓住，紧紧抓在了手里。

来汉口之前，都白尼并不喝茶。他喝咖啡，产地牙买加的蓝山咖啡，不加糖，不添奶酪，他喜欢那种略带苦涩的纯正滋味。一天，玛格丽特姑母将他唤到家里，摆出一套景德镇青花小盖碗，那是他第一次喝茶。姑母说，那是中国的"祁红"。姑母问他茶的味道怎样，他摇头，笑，凝眉蹙额冥思苦索，实在不知该怎样回答。姑母要他沉静心，慢慢细品，茶是奇妙之物，需要用心去品，才能觉出其中滋味，他试着按姑母说的细心品味，终究没能品出姑母说的美妙。姑母说，东方中国视喝茶为一种修性，其中真谛，自然不会一天修来。姑母笑了，此时，她的目光宛然衔山一抹夕照，让他既感觉温情脉脉，更满含期待深情，她告诉他，威廉·凯瑟克就要从怡和洋行大班退休了，她希望他能前往中国汉口——世界茶港，东方芝加哥，姑母相信，不久后，他会成为一个杰出的茶博士的。

　　都白尼坐在怡和洋行大楼二楼临江那间办公房里，时钟刚刚敲过8点，江面映进的朝阳色近暖红，泻在桌前橡木地板上。都白尼手里端着青花茶盏，面江而坐，样子显得持重而沉静。诚如当年玛格丽特姑母所言，来汉口十多年间，都白尼如今已是一位名副其实的"茶博士"了，不仅外形相色一望便知，尤为值得称道的是，对于茶之滋味嗅觉，他的那只峻高鼻子，完全堪与一只猎犬媲美。安徽"祁红"略带蜜饯味的异香，印度"大吉岭"麝香葡萄酒的清雅别味，锡兰高地"乌沃"的薄荷、铃兰高香——都白尼不仅能一嗅便知其伯仲，而且，对于其析辨甄别，无不以准确判断。都白尼成了识茶的天才，并且，他还成了嗜茶爱茶的内手。每天，他的一日之计是从祁红早茶开始的，挂在前厅墙壁上的挂钟敲响8点，佣女玛丽将一只景德镇青花小盖碗送上来了，日出江花，窗映澹明，看碗边一脉浮香袅袅冉冉，浅啜一口，唇齿俱化，通体皆是祁红异香。下午茶则用印度大吉岭，甘肥餍饱而后佐以一盏葡萄酒般的醇香，既得祛除厚腻之清爽，又获饱和餍足之沉醉，肥甘醇香，可谓二趣兼得。晚茶便是锡兰高地的乌沃红茶了，华灯初上，垂帏焕彩，盛在灯影里的乌沃灿若金箔，光轮隐约，浮泛茶盏中央，金碧漾荡，形同金殿上王子的加冕，刺激的铃兰深香，如来自雪山的妙龄女郎，回味把玩，幽幽心会，此乐何及？

　　从窗口望出去，穿越咏秀亭六角翘檐上的碧色琉璃瓦，远处，汉江万安港新码头船桅林立风樯蔽日，搬运春茶的人力车夫或肩挑背负或驱策车载，其阵容声势蔚为壮观。正是春茶上市季节，那些来自湘、鄂、皖、赣的茶船相邀浮江而来，繁盛有如过江之鲫，真可谓"十里帆樯依市立，楚中第一繁盛处"。汉白玉餐桌上，佣女玛丽将午餐端上来了，大班都白尼是一位名副其实的"食用主义"者，对于口福享用具有不懈追求。餐桌上，杯盘碗盏琳琅陈列，品类堪称繁盛，他先是喝过一道浓汤，佐以一杯舍利酒，继之以两道甜点小吃，同时佐以龙脑香槟，之后是各类肉食，牛羊肉或鸡鸭火腿，再是咖喱饭或咸肉，接下来是野味，布丁、糕饼、车厘冻、鸡蛋糕或牛奶冻及奶酪饼、冷盆、面包、白脱油和一杯葡萄酒，最后以橘子、楂子、葡萄干、胡桃肉和两三杯红酒作为结束。

午餐享用毕，佣女玛丽将一杯新泡好的下午茶端了上来，都白尼接过茶盏，不喝，习惯地将那颗高削的鼻头向茶盏边沿凑拢去，忽地，他眉心一阵颤动，眉梢数茎淡金色的尾毛一下立起来，其情态犹如一只猎犬突然嗅到了猎物的气息，警觉、惕疑、激灵、亢奋，有一刻，那只高大的鼻头从茶盏边沿脱离开来，相距两三寸许，它一动不动，对着茶碗，就那样呆在那里，忽地，它抖了一下，紧接着，又贴拢去了，贴在青花碗沿上了，鼻翼一翕一张，轻吸，深嗅，轻吸时，气息清浅纤细如游丝一线，深嗅则如入深山幽谷，深沉之间魂灵仿佛去了域外天边，不知什么时候，那双淡蓝色的眼睛闭上了，与此同时，嘴也闭上了。

佣女玛丽立在一边，眼神露出诧异，看着眼前的主子。有一刻，她的一只脚挪开了，看样子是要走出去，但那脚只挪出不足半步即又缩了回来，她把目光再次投向都白尼脸上，这时，眼神除了诧异，更添了神秘和好奇。此时的都白尼仿佛进入一场梦游，飘在鼻尖的那缕茶香，云白，细软，轻盈，曼妙，都白尼鼻翼寂翕，报着的嘴角似有一抹不易察觉的笑貌。佣女玛丽屏住气息，换了研究的眼神盯着主子嘴角那儿，它分明是在笑，但那种笑的神情又实在叫她无法形容，她感觉这时候主子正在走向一片辽远地方，那里应该是一片陌生的境地，并且，那里应该生长着无限美妙的风景，甚至，她觉得她的主子眼下分明就是一名朝圣的信徒，一步一步，满怀虔诚与神圣，正走在通往金顶的道路上。都白尼的唇角战栗了一下，佣女玛丽吓了一跳，她不敢再待在那儿，拿了茶托转身往厅后走去。可是，当她前脚刚跨进后厅门槛，大班都白尼的喊声忽然传过来了，且一声比一声高——

玛丽，玛丽——

头顶粉色绢帕的日耳曼姑娘，急慌慌再次跑到小厅堂，都白尼这时候从椅子上站起来了，瞪着玛丽，神情显出急切，他连声问这茶哪来的？什么茶？产地哪里？叫什么名字？玛丽茫然摇头，说她就从那只平日装茶叶的锡罐里面取出来的。都白尼眉头拧起来，鼻头再度凑近茶盏，随之脸上呈现较之武断更甚的横蛮：怎么可能呢，你能骗过我的鼻子吗？玛丽呆直立在那里，无言以对，都白尼正待往下考问，这时，陈修梅拂开门帘子进来了，瞟一眼都白尼手中的茶盏，而后，笑吟吟看着都白尼的脸：都大班，这茶味道怎样？都白尼眼中闪过一丝警觉，继而，现出欣喜：陈买办知道这茶？陈修梅并不正面回答都白尼的问话，他只问茶的味道，脸上笑容盈盈可掬，笑容背后似又隐匿了某种秘而不宣的神秘。都白尼也笑起来，眼窝深陷处，两颗蓝色晶体莹光通透，发着奇妙的光泽。

白金汉宫水晶莲花吊灯下，维多利亚女王从那把镶嵌绿松宝石的银座上站起来，面呈蔼笑朝他走过来。他将手中献礼奉送上前，女王双手接过，打开锡盖，一缕异香，顿时飘满皇宫每一角落。这些年来，王室贡茶一直为怡和一家垄断，能为王室御贡，获利丰厚自不必说，更为紧要的是它是至高无上的荣耀，是任何金钱无法攫取的金字招牌。正缘于此，成为王室供茶商就如一场不见硝烟的战争，诸多商家明争暗斗，谋略手段无所不用其极。如果将手中这种奇香的妙品献给女王……都白尼的嘴角由不住咧开了，他冲着陈修梅连连摇头：不是大吉岭，也不是乌沃，更不像祁红。陈修梅将目光转向都白尼手中那只青花瓷盏，他告诉他，这茶是他今早上特意为他放进锡罐里的，它叫宜红。宜红？——都白尼倏然耸肩，嘴里发出一声轻嘘。陈修梅含笑点头，他本想接着往下说，向眼前这位自称茶博士的洋主子介绍那个湘北边陲的古镇——宜市，介绍那株千年的"老茶祖"以及那片乾隆御题"南国天香"的古茶林，就要张嘴说话，忽而，他又将嘴闭上了，换为满脸堆砌的盛笑。咸丰、同治以来，华茶外售价格一路下滑，洋人串通一气，故意抑压茶价，尤其这位怡和洋行大班，倚仗手中资本，坐拥一方，更以巧取豪夺为能事。本来，作为洋行买办，买进卖出他完全可以独作主张，但自这位大班来汉口后，举凡商务无论巨细从此再无他主张的权力，都白尼的眼神情态告诉他，宜红妙香已将其深深吸引，一手极力压价，一手哄抬销售，是都白尼惯用的伎俩，这次他不能让都白尼的伎俩得逞，为了襄帮他的小老乡在汉口茶市打开一片新天地，他要借用一回兵家惯用的诡道，先吊一吊都白尼的胃口，极尽可能，将他的胃口吊高，吊足。都白尼似乎窥见到了陈修梅此时的内心：依陈买办的意思，我该见见那位宜红的老板啰？都白尼浅尝一口盏中宜红，笑眯眯看着陈修梅的脸。陈修梅尽力让脸上笑貌显出属下的谦恭与奉迎，且有意识让语气不无幽默，显现自然轻松：都大班一向相信自己的鼻子，这事我看还是由您的鼻子来作决断吧。

　　都白尼坐在那把摆放大厅中央的小叶紫檀高靠背座椅里。半个世纪前，他的叔公威廉·查顿在广州十三行义和行的办公房里，仅只摆放了一把椅子，无论什么人进入义和行办公房，都得站着，听凭唯独坐在椅子上的查顿指令说话。都白尼办公房里也一样，只摆放有一把椅子，与当年威廉·查顿不同的是，都白尼如今坐的这把椅子比威廉·查顿当年广州义和行里的那把，其制作之精美，造价之昂贵，二者之别霄壤，不可并论同语。

　　都白尼不说话，嘴边浮一丝淡笑，眼神意味深长，打量着眼前这位年轻茶商——竹布斜襟长衫，青帮白底紧口布鞋，宝顶软缎帽檐下，修眉延鬓，双目澄明，两颊微笑，和煦中透出一丝不易察觉的庄重端严。与其说站在面前的是个初涉茶业的商人，毋宁说更像一位温良恭俭的白面书生。

　　卢次伦站在都白尼面前，刚才陈修梅带他进来时，按礼节他向都白尼行了一个拱手礼，都白尼坐在椅子上没有动，脑袋略略前倾，点了一下头。虽在先前陈修梅告诉过他，都白尼的办公房里只有一把椅子，不论何人进入房内都得一律站着，此时，卢次伦站在都白尼面前，心中仍有难于承受的不适感，他也在打量对方——这位称雄亚欧的洋行大班，想着即将开始的第一场交易对话，作为卖方，他应该先向买方介绍自己的商品，无须溢美自夸，更不必虚假其词。陈修梅私下已向他透露，都白尼对他的宜红已经表示出强烈兴趣，他想，接下来的商谈他完全用不着拐弯抹角，开门见山，按质论价，他相信，以宜红的品质，他的第一场交易将是一个良好开端。

　　都白尼开始说话，自然，话不离题，说的是茶叶。不过，他说的并不是宜红，而是印度的大吉岭、阿萨姆，锡兰的乌沃、汀布拉和努沃勒埃利耶，谈它们的汤色——琥珀、金箔、玛瑙、斯里兰卡红钻、阿鲁沙坦桑蓝、亚历山大变色丹泉玉，都白尼不停使用变换着形容词；说到香味，竟不断翻新跳出一连串用于心理感应的词汇，仿佛一名化学专家和营养学家，都白尼谈以上各种茶叶的科学成分和营养价值，无机矿物质，磷、钾、硫、镁、锰、氟、钙、钠、铁、铜、锌、硒，有机化合物，蛋白质，脂质，碳水化合物，氨基酸，生物碱，茶多酚，有机酸，维生素，皂苷，甾醇……

卢次伦呈现脸上的微笑无形中在走形，开始，他静默听着，渐渐地，那双澄明的眼睛浮现疑云，生出警觉，都白尼还在往下说。忽然，卢次伦说话了，卢次伦脸上依然呈现着先前的微笑，语气委婉且带着商量口吻：都大班，您能不能先不谈这些？

都白尼脸上显出质疑：怎么，我说得不对吗？

您说得很对，我想今后一定会有机会聆听，不过，现在我更想和大班先生谈谈茶叶交易的事。说话时，卢次伦看着都白尼，尽量让脸上显出亲和与诚恳。都白尼双手一摊：我这不是在谈茶叶的事吗？卢次伦说，他的两只茶船这时候正泊在万安港码头，茶船多停泊一天，就需多一天的用度开支，他想和都白尼及早商谈价格，达成协议。那个日耳曼女佣为都白尼沏来了一杯阿萨姆红茶，都白尼开始喝茶，他不朝卢次伦看，一口一口慢饮。卢次伦想说什么，嘴张开，一会，复又闭上。这时，都白尼脸抬起来，看着卢次伦：你的两船茶叶我全买下了。卢次伦脸上现出欣喜，正欲说话，都白尼接着说：价格按每担15两3钱。卢次伦不无吃惊：怎么只是这个价格？都白尼含笑点头。卢次伦说，以宜红的品质，绝不只是这个价，再说，价格理应由买卖双方共同商定。都白尼说，价格的最终决定权是由市场这位伟大的权威作出的。卢次伦脸上的微笑消失了，就像一片云彩被倏忽而来的一阵风刮走了。都白尼唇边浮着微笑，看着卢次伦。卢次伦两眼显出惊疑，同时，兼有惶惑和怔忡，像要从都白尼脸上寻找到什么，目光慎审而警惕，可以看出，此时，卢次伦的心底正在经历一场艰难痛苦的跋涉，最终，他的脸上复又呈现出笑容，一如先前那般醇和温厚的微笑：都大班，据我所知，汉口头茶价格并不像您说的只有15两3钱，茶价的事，我们是不是再行商量……

不。都白尼没让卢次伦把话说完，语气干脆而决断，在我怡和没有商量。

卢次伦愣住，身体僵直，寂然无声。

窗外汉江远处，传来货轮拉响的汽笛声。

卢次伦一只脚突然迈开出去了，步幅那么大，步伐坚定果决，迈开出去时，分明带了一股劲风。都白尼坐在椅子上的身体遽然颤了一下：怎么，卢先生这是？……卢次伦不出声，径直往前走。卢先生！都白尼喊了一声。卢次伦一脚已迈出门槛，另一只脚就要跟着迈出去，听到喊声，他站住了。都白尼身体挪动，想站起来，想到什么，复又端正坐好，望着卢次伦，眼神透出惊讶，但说话语气却充满威吓意味：卢先生真的要走？卢次伦看着都白尼，无声看着，笑了一下，脸毅然扭过去。

门外走廊，卢次伦的脚步声声声在耳，渐行渐远。

都白尼两眼望着门外，愣在那里。

走廊远处，脚步声消失了，听不见了。

端在手里的青花茶碗在倾斜，眼看碗里的"阿萨姆"就要流出来。

佣女玛丽赶紧上去，将都白尼手中的茶碗接了过去。

都白尼痴直望着门外，这才回过神来。

整个上午，都白尼心浮意乱，脸上显出少有的狂躁与暴戾，他对着玛丽无端发火，甚至，骂那个外号鳕鱼的"小班"蠢猪。午餐做好了，佣女玛丽小心慊慊来到身边请他就餐，他不去，不吃，他像一头拉磨的驴，围绕那把摆在办公房中央的椅子不停来回走动，后来，他来到窗前，不动了，望着窗外的江水发呆。近年，好几家公司都在暗中争夺白金汉宫茶叶专供，可谓无所不用其极，他能至今保住专供这把交椅，确乎堪称殚精竭虑费尽了心机，宜红的异香是他此前从未领略过的，如能以它作为皇室供茶，无疑，他的专供交椅又多了一块坚硬的基石。令他万没料到的是，那个年轻的中国茶商根本不入他的网罗，居然头也不回地走了。如此殊异品质的"米红"他当然不会放过，但他也绝不会因此放弃一个堂堂怡和大班的威严，去向那个不知天高地厚的年轻茶商委曲求全。他相信，在汉口他完全可以呼风唤雨，只要他暗中稍作布控，即便你有再好的茶叶，也将兜售无门，无人问津，最终结果，只能是你再次找上门来，乖乖拜倒在他的脚下。

都白尼立在窗前呆望江水时，卢次伦已回到汉正街一家客栈的房间里。卢次伦租住的那间房屋同样面江，此时，卢次伦同样立在窗前，望着窗外的江水。与都白尼不同的是，卢次伦没有发呆，凝眉冷隽，寂目肃然，极目江天，两眼澄明深处，有一种难以形容的旷远与深沉。从都白尼办公房毅然迈出第一步的一刻，他心里十分清楚，他失去了一个最大的买家，他的茶业之路无疑因此多了一份艰难，但他的脚决然迈出去了，尽管内心充满无奈痛苦，他别无选择，都白尼不仅有辱他的尊严，他的专横傲慢于公平全然不顾更令他愤慨难于承受。从都白尼办公房走出来时，他的心里确有痛惜，但绝无悔意，他相信，交易的前提和基础乃是公平与诚信，以宜红优异的品质，他一定能找到新的买家。

看见卢次伦从都白尼办公房里大步走出来，立在二楼窗前的陈修梅心底不由着实吃了一惊。在汉口，乃至上海，怡和洋行是中国茶叶市场最大的买家，眼下，卢次伦决然而去，即意味着他已断绝了自己的后路。自然，汉口茶市买家并非怡和一家，但实际情况则是，无论德、法、意、美，还是葡萄牙、西班牙，余者不过散兵游勇，依凭雄厚的资本，怡和在汉口茶市不仅一家独大，且以上诸多国家洋行无不仰其鼻息，看怡和眼色行事。近年来，湘、鄂、皖、赣、川，五省茶叶汇聚汉口，三百余家茶商栈行竞争激烈可想而知。此前，他巧设换包计让都白尼意外品到宜红，今天，他又引荐卢次伦亲见都白尼，其目的就想帮衬这个小老乡，让他抓住怡和这棵大树，岂料最终却是这样的结局。与都白尼打交道须要隐忍，与之巧妙周旋，甚至，有时需要借力打力，诚信公平、和气生财诸如此类的中华商道在都白尼那里实在显得幼稚天真。十余年商海历练，都白尼既有猛狮一的刚愎贪婪，犹有狐狸一般的机巧狡诈，兵者诡道，与都白尼言商，实在需要派上孙子的这句话。

晚傍，陈修梅偷偷一人来到卢次伦租住的客栈，一路上，他已经想好了对付都白尼的"诡道"。明天我想带你去见一个人。灯光下，陈修梅面带微笑，看着卢次伦。

谁？巴诺夫。您说的可是那个沙皇太子尼古拉的表亲 J.K. 巴诺夫？陈修梅点头。嘴边一抹浅笑。靠近卢次伦耳边低语。你不仅要做一名忠信商道的儒商，还要学会做一名出色的猎手。陈修梅蔚然而笑，眼中闪烁狡黠的光芒。卢次伦没有笑，更无陈修梅期待的惊喜，眉峰堆砌，双唇缄默，寂寥站在那里，眼睛望着窗外夜色中的江水。

喝茶。

喝的自然是"老茶祖"。

陈修梅从碗里的宜红，说到沙皇太子尼古拉表亲 J.K. 巴诺夫，说到那条遥远的北上茶路。

中国自古主要有三条茶路。一为海路，肇始荷兰茶商和英国东印度公司，茶船由闽粤沿海航出，经由南洋西抵欧美；一为高原茶马古道，分由滇藏、川藏两条路线，运载工具主要依靠马帮，茶路延伸入不丹、尼泊尔、印度、终至西非红海海岸；一为草原万里茶路，1638 年，俄驻华使臣斯达尔可夫从中国带回丝绸、瓷器及 64 公斤茶叶晋见沙皇，中国丝绸、瓷器的精美并没有让这位沙俄最高统治者倾倒，使臣带去的中国茶叶却让他一尝成癖，欲罢不能，从此，从贵族到民间，中国茶叶将俄罗斯——这片远东极寒的广袤地域完全征服。一位俄国学者在其著作《外贝加尔边区纪行》中如是写道："不论贫富年长与年幼，都嗜饮砖茶……不论你什么时候走到哪家人家，主人必定用茶款待你。"中俄万里茶路，以汉口为起点，借道汉水北上，经洛阳，过黄河，越大漠，至中俄边塞口岸恰克图，继而从伊尔库茨克西行，穿越西伯利亚，抵至莫斯科、圣彼得堡，乃至贯通北欧诸国。1864 年第二次鸦片战争后，清政府与俄罗斯沙皇签订了《中俄天津条约》《中俄北京条约》和《中俄陆路通商章程》等条约，使得俄商有了在华直接购茶经商的权利。J.K. 巴诺夫 1869 年来汉口，曾任俄驻汉口总领事，说一口流利汉语，五年后，创办阜昌砖茶厂，他不仅拥有皇亲国戚的显赫身份，而且拥有 200 万两资本银的雄厚资本，他在鄂西羊楼洞一带直接收购茶叶鲜叶，机械加工制作砖茶。其时，与巴诺夫一同在汉口开办砖茶厂的另有顺丰、新泰两家，以上三家在19 世纪 90 年代前拥有资本银 400 万两，15 台蒸汽动力砖茶机，7 架茶饼机，数千名中国雇工，年产值近 5000 万两，1878 年，三家茶厂在汉口生产砖茶15.3 万担，年贸易出口额在 2300 万—4200 万两之间。在汉口，巴诺夫与都白尼既是洋人伙伴，同时又是利益争斗的对手。都白尼经营茶叶走的是二手贩卖之道——从华人茶商手中低价买进"米茶"（精制成颗粒状的红茶），而后，运往西欧高价出售；而巴诺夫走的却是"购、制、销"一条龙经营路子，他直接在鄂西羊楼洞一带收购鲜叶，自行制作成砖茶，而后，运往俄罗斯本土销售。

陈修梅从客房告辞出来时，卢次伦本想说句感激之类的话，不知怎么，话到嘴边却没能说出来，都白尼的脸浮现眼前，上吊的眉峰，傲视的眼神，挂在嘴边的浅笑——哪里有利益，哪里便有怡和，怡和的海轮遍布世界每一港口，中国黄金水道长江的航运专属权已为我怡和一家买断——都白尼的声音回响耳际。陈修梅迈出门槛走出去了，卢次伦立在门口，那句本已在嘴边感激的话居然最终没有说出来。

从都白尼办公房窗口斜望过去，红墙巍峨高处，一排矗立的烟囱，那是巴诺夫的阜昌砖茶厂，都白尼啜了一口茶，眉头纠结起来，眼神质疑盯着手中茶盏。那天，陈修梅跟他的茶壶里仅只放了一泡的宜红，如同对一个女人的溺爱贪恋，不期然偶尔一次邂逅，其内心一方守持竟全给虏获了去。过去，餐后一杯大吉岭香氛余味恍若神遇，而此刻，那种麝香葡萄酒的醇郁似乎变了味。陈修梅说，让他的鼻子作最后的断定。是的，他的鼻子于茶确乎具有先天异禀，它能在缥缈的空气中敏锐捕捉到某一细若游丝的异芬，它能从纷纭芜杂中将某一缕特异芳香准确析离出来，它能甄辨入微仅凭遥远一嗅便知茶之高低尊贵。大吉岭的浮香盘旋于盏沿，他不嗅它，鼻子离开茶盏，朝向空中，空茫而吸，他在缅怀昨日的那缕异香，企图再度捕捉到它，哪怕余留空气中仅有的一丝——那是一种怎样的妙香呢？浅浅一啜，心辄为之迷离，身在妙香中柔软，心随浮香一缕悄然飞升，眼前景观则清淼潋滟一片通明——女王维多利亚一定会被它沉醉的，整座白金汉宫一定会被这种难以言诠的异香所倾倒。都白尼起身，离座，走近窗前，遥看江天。

一边嘴角由不住笑咧开了。

忽又想到那个陈修梅引进来的年轻茶商，云白脸庞，青黛双眉，黑而浏亮的眸子，乍一眼看颇似聪明样子，却原来一个十足蠢到家的家伙，区区一无名卖主，不看买方脸色行事，竟敢当庭别门而去。殊不知如今整个汉口茶市，"米红"外销几为怡和一家垄断，俄罗斯人根本不从中国茶商手中购买茶叶，美利坚人虽在茶市设行贸易，但他们要的大多是绿茶，原有购买"米红"的荷兰人终因资本不足，无力与怡和抗衡，败北撤往闽浙一带。可以断定，一番周旋之后，那个年轻茶商最终必得再踅回他这里来。那时候，他会乖乖站在他面前，就像诸多中国茶商一样，低眉顺眼，俯首听命，任由他操控摆布。好吧，你嫌 15 两 3 钱价格太低，到时候那我就把它再往下压 2 两银子，你不同意么，那好，悉听尊便。

都白尼眉头忽提起来。远远地，一个蓝色身影——是昨日陈修梅引见的那个年轻茶商，径直往巴诺夫的"红房子"内走进去了。都白尼神色显现警觉，甚至，脸上显出紧张，旋即，又笑了，且笑着频频摇头，挂在嘴边的浅笑不无嘲讽，且大有隔岸观火的幸灾乐祸——这时候看你笑着进去，一会儿必定哭着出来，巴诺夫会买你的"米红"吗？待你尝够了沙俄皇亲的固执与傲慢，转身再回到那两船卖不出去的"米红"船上，那时候，你恐怕只有哭的份！

果然，不大一会，年轻茶商从巴诺夫的"红房子"里面出来了，巴诺夫跟在旁边，两人似在说着什么，年轻茶商居然满面笑容。都白尼想叫陈修梅来，去巴诺夫那边探询究竟，转念一想不妥，想到前日偷偷放进茶罐的那泡宜红，都白尼不禁眉头皱起来。午饭过后，都白尼将那个鳕鱼"小班"叫过来了，悄声吩咐一番。一会儿，小班回来了，站在小厅堂里，面呈慌张，语言塞促，且一边说话一边额头沁出无数汗滴——那两船"米红"搬到码头上来了？都白尼眼里露出惊讶：搬运工排在码头上，要往巴诺夫那儿搬？来华经商多年，都白尼早已练就处事不惊指挥若定的大将风范，然此刻，脸上惊慌昭彰一览无余，他朝立在一旁的小班挥手，示意他赶紧退下去，他需要冷静，需要独处一室缜密思考，他开始在厅堂踱步，坚硬的皮鞋底部在橡木地板上叩出顿重的回声。他使劲摇头，怎么可能呢？巴诺夫自己经营着砖茶厂，他要那两船"米红"干吗？忽然，都白尼刹住疾走的脚：不，巴诺夫久经商场，对茶叶可谓深谙此道，他一定是从中窥见了商机，何况，这头"北极熊"长期以来与他暗中作对，他会不会借那两船"米红"，有意在他背后横插一冷刀呢？都白尼仰起脸，眼睛望向头顶上空的天花板，有一刻，他像是愣住了，嘴朝天花板咧开，眼神迷惘空茫，伸长的脖子鹅颈一般呆直在那儿。突然，他浑身一阵激灵，两条螳螂长腿疾奔冲出去，他大声疾呼那个刚才被他挥手赶下去的小班。小班闻声赶来了，满脸张皇站在面前，他要他马上去万安港码头，越快越好，务必找到那个年轻茶商，他不能让那两船"米红"落入巴诺夫手里，它是他的制胜利器、未来福音，他要把它送进白金汉宫去，送到维多利亚女王手中，用它摘取皇冠上那颗最璀璨的明珠。

都白尼要那个一脸雀斑的女佣玛丽跟卢次伦沏了一杯茶，安徽祁红，茶盏中，一轮一轮乌润的"宝光"，蜜饯的芬芳悄袭而来，卢次伦并不啜饮，手持茶盏只拿了鼻子在盏沿边轻吸。这次，都白尼仍然谈的是茶，不过谈的再不是斯里兰卡乌沃和印度大吉岭、阿萨姆，他谈宜红，谈宜红殊异的香味，先是白描：兰香，蕙香，醇郁，绵远；进而喻比——像丝绸，像竹风，像高山流云，像妙龄女郎；甚至用上幻象通感。他说，嗅觉接触宜红异香那一刹那，身体就像一片云彩飘浮起来，两耳如闻仙乐，眼前呈现仿佛海市蜃楼。

卢次伦不出声，面带浅笑，看着都白尼，心下不免惊异：都白尼居然如此能说、会说，联想前日景象，不由觉得可笑，如陈修梅说的，都白尼就是一只狡猾的狐狸，对付这只狐狸，必以一个好猎手的本领。都白尼还在谈"香"，淡香，浓香，高香，苹果香，蜜饯香，兰花香，层出不穷，不一而足。卢次伦浅饮了一口茶，问：都大班您知道茶叶的香味都是怎样形成的吗？

都白尼愣了愣，看着卢次伦。

茶叶香味形成取决于土壤、气候、光照、制作，以及茶叶树种诸多要素条件。卢次伦话语不徐不疾，眼神温暖而诚恳，他说，宜红产地四山屏围，山岚雾霭，清流蜿蜒，得天独厚的小气候，加之成土母岩紫红岩石形成的酸性砂壤，利于茶叶生长发育，制作宜红的茶叶为大叶树种，叶肉肥厚，内蕴丰稔，为红茶制作的上好材料。还有，该地制茶有悠久历史，唐代诗人刘禹锡任朗州（常德）司马时，所著《西山兰若试茶歌》就记载了该地用"炒青"制作绿茶的史实。宜红制作除了采用一般红茶制作工艺外，且自有一套秘制方法。都白尼眼中露出好奇：想不到卢先生对茶叶还有这么多的研究，不过，我并不想制作红茶，我只是买，因此对你的制作秘方没有必要去探究，眼下我只想要卢先生告诉我，两船宜红运到这儿，一共花去了多少成本？

卢次伦若有所思看着都白尼，转而，莞尔笑了：首先是当地的茶税厘金，每担3两2钱1分，其次是茶叶运到汉口缴纳的海关正税和子口税每担5两3钱，再次，茶叶从采摘到制作每担共计成本是1300多文，办运、装卸及办运人等食宿等项开支每担计用银2两3钱，另加上地方保安卫团费、慈善费、码头捐、教育附加捐等，以上诸种累计每担成本在13两5钱左右。卢次伦一笔一项，据实坦诚而言。都白尼含笑点头，忽而，双目吃定盯在卢次伦脸上：给你让出一倍利润，每担按27两成交。都白尼语气果决利落，说罢，想叫陈修梅进来，办理验货付银手续。卢次伦看着都白尼，含笑不语。都白尼眉头拧起来：卢先生还嫌少？卢次伦点头。那你要多少？卢次伦说：如果都大班真要有诚意，就给出一个整数，50两纹银。都白尼瞪大双眼，因为惊讶，嘴豁然张大。卢次伦却笑了，刚才微笑抿着的双唇这时也笑咧出一条修长的细缝来：听到这个价目，我知道都大班会感到惊讶，因为时下汉口茶市的头茶价格也就28—30两之间，不过，我能揣想，都大班吃惊过后更会欣喜，因为我的宜红，都大班可以将英国王室供茶的专有权牢固握在手里，至于这笔生意的意义价值，我想都大班比我更清楚。我在这里替都大班算了一笔账，从汉口运抵伦敦，每担红茶成本8—10两银，如今伦敦每担红茶售价18—20英镑，换算成大清纹银即是80余两，而凭我宜红殊异品质，在伦敦完全可以50英镑一担售出。都白尼张大的嘴如同定格，对着卢次伦的脸，看定卢次伦的眼睛——蔚蓝之上闪过一道又一道流光，站在眼前的这个年轻茶商居然对伦敦茶市，对白金汉宫供茶专属权如此了解，所举无不精准翔实，尤其，买卖双方成本利润掌握于胸，核算无懈可击！在汉口十余年，他与中国茶商交道可谓久矣，但如眼前这位却是第一次遇见，他面貌温厚诚恳，内心却分明有着过人的机敏和智慧。此前，他曾设想，四方碰壁后他会怎样拜求在他面前，眼前情形却全然变了，他站在面前，面呈微笑，不卑不亢，他不紧不慢说话，声音不高，每一句无不言之有据，诚笃信实，而在他听来，他的每一句话无不在他心底发出轰响，生出强烈震荡。

今年宜红仅只是初试上市，其后规模会迅速拓展扩大，以湘鄂西北得天独厚的茶叶生产条件，试以每年宜红输出 10 万斤，每担在伦敦市场售出获利 20 两银计算——卢次伦不说了，打住话头，目光温婉而醇和，看着都白尼。

都白尼眼神迷离恍惚，坐在椅子上的身体纹丝不动。

忽然，都白尼站起身往里屋去了。

卢次伦开始喝茶，一小口一小口，慢饮。

佣女玛丽神色慌惴，眼睛在卢次伦与都白尼进去的里屋之间来回逡巡。

几乎没有声响，都白尼站在了卢次伦背后。

卢次伦没有抬头，继续喝着茶。

你说你能把宜红做到 10 万斤？都白尼忽然问。

卢次伦肯定地点头：我想三年之内会达到这个数，三年以后很可能超出 10 万，20 万、30 万都有可能。

距离卢次伦两步之外，都白尼寂立站定在那儿。他不朝卢次伦看，眼睛望向窗外，望向辽廓江天的长江水道，鼻准下端，鼻翼隐然张开，两只眼球呈现冷色的钢蓝，皙白的两颊显出冷峻与坚硬，犹如凛冽苍茫中的雪山，傲然卓然，威然凛然。

卢次伦将茶盏搁在身前茶几上。

听到青花瓷盖发出的清音，都白尼警觉转过脸来：卢先生这是？……卢次伦站在房屋中央，竹布长衫衿裾静垂，漆眉之下，眸子乌润含笑：都大班如有彷徨，我这还须回到巴诺夫先生那里去。

说罢，卢次伦迈步往外走。

不不，都白尼连连摆手，接着大声喊——

陈买办，陈买办……

第七章

茶 会

清初地理学家刘献廷《广阳杂记》载，汉口旧时有天下四聚之美誉——"北则京师，南则佛山，东则苏州，西则汉口"。明代吏部尚书张翰《松窗梦语》这样记叙汉口："大江以南，荆楚当其上游……其地跨有江汉，武昌为都会，郧襄上通秦梁德黄，下临吴越，襟顾巴蜀，屏捍云贵郴桂。通五岭，入八闽，其民寡于积聚，多行贾四方，四方之贾亦云集焉。"而在清乾隆年版的《汉阳府志》中，则以如下的行笔描绘这个两江交汇几省通衢的地方："商船四集，货物纷华，风景颇称繁庶；居民填溢，商贾辐辏，为楚中第一繁盛处。"水陆通汇的便利，形成汉口自古营商风习，以至乡俚流传这样的民谣——

> 要做生意你莫愁，
> 拿好本钱备小舟。
> 顺着汉水往下走，
> 生意兴隆算汉口。

汉口原名江夏，镇肇始于明成化年间汉水改道。汉水原自龟山南注入长江，明成化年间，其主流改道自龟山北的集家嘴注入长江，因其交汇两江襟带南北的地利，至清嘉庆年间，这里发展成为与河南朱仙、江西景德、广东佛山并称的中国四大名镇。英国记者戴维·希尔在《中国湖北：它的需要和要求》中称，汉口存在的主要理由就是贸易。而19世纪西方观察家则以为，在西方人眼里，茶叶是汉口存在的唯一理由，如果不是茶叶贸易，实际上没有一个西方人会来到这个城市。据《江汉关贸报告》载，1861 年，汉口出口茶叶 8 万担，次年，21.6 万担，以后逐年增加。从 1871 年到 1890 年，每年从汉口出口的茶叶达 200 万担以上。这期间，中国出口茶叶垄断了世界茶叶市场，1895 年，汉口出口茶叶货殖达 14965355 海关两。汉口因茶而兴，汉江边龙王庙至丹水池长 30 里的汉口码头，泊满茶船，每日奔走在汉江边的码头工人和运输茶叶的船工多达 10 万之众。19 世纪中期至 20 世纪初，汉口不仅成为中国最大的茶叶交易市场，且以国际化都市形象，成为饮誉世界的东方茶港。

近代汉口商贸发展，带有畸形繁荣的殖民色彩。1861 年 3 月 7 日，英商上海宝顺洋行行主韦伯、英官员威司利、通事（翻译）杨光及随行 45 人乘坐一艘英国造轮船，从上海抵达汉口，会见汉阳府及湖北藩司，要求在汉口通商。3 月 11 日，英驻华海军司令霍布、驻华使馆参赞巴夏礼，率一支由四艘军舰数百名水兵组成的舰队抵达汉口，霍布此次前来，意在汉口建立租地，以便通商往来。次日，霍布率两艘军舰从汉口溯江上行至洞庭湖畔岳州，16 日返回汉口，当日霍布、巴夏礼在湖北藩司官文所派出的炮队保护下，沿汉水上行，最终选定于两江咽喉之地江滨建立租界。3 月 20 日，湖北布政使唐训方与英驻华使馆参赞巴夏礼在汉口镇区末端处共同丈量了长 250 丈、纵深 110 丈，面积 110 亩地方，辟为英租界，次日，双方签《汉口租界条款》（1898 年，湖北按察使瞿廷韶与英驻汉口领事霍必澜签订《英国汉口新增租地条款》，增地 337 亩，共 795 亩）。汉口英租界是继上海、镇江、天津、九江、广州、厦门之后，又一处英国在华口岸开设的租界。此后，法、俄、德、日诸国相继在汉口开辟租界，并有丹麦、荷兰、西班牙、比利时、意大利、奥地利、瑞士、秘鲁等 12 个国家在汉口设立领事馆。汇丰、花旗、麦加利、横滨正金等 30 余家外资金融机构，怡和、太古、亚细亚、卜内门、旗昌 100 多家洋行及 200 余家商号齐聚汉口。2.2 平方公里江滨，哥特式、洛可可式、巴罗可式建筑一时纷起，争奇斗胜，联袂比肩，拥江而立。金发碧眼，高帽礼服，跑马赛猎，酒会歌舞，黄皮车从夷玛街辘辘碾过，白兰地烈性的浓香飘浮江滨晚风之中。汉口——这个江流拥抱中的荆楚商埠，一夜之间，变为列国麋聚乐而忘返的"东方芝加哥"。

是茶叶，使之五洲世界认识了汉口。

追溯汉口历史叙事，无疑，茶叶堪称其最为动人的扛鼎之作，"石镇街道土镇坡，八码头临一带河。瓦屋竹楼千万户，本乡人少异乡多"。曾经，汉口以盐漕转运称胜内陆，每年由此转销淮盐达 3 亿斤左右，清同治、光绪后，茶叶商贸金额一跃而居八大行（盐、茶、药材、什货、油、粮、棉花、牛皮）之首。三月未尽，宗三庙、杨家河、武圣庙、老官庙、集家嘴、万安港——汉正街沿江码头上茶船云集，如过江之鲫，茗香荟萃，千娇争宠，那是一场别开生面的展览赛事，更是一场兵不血刃的较量与博弈。"华茶"与洋行俨然列阵两大营垒，运筹布阵，争锋周旋，锱铢毫厘生死予夺。由是，春日的明媚与夏天的绚烂便围绕茶叶——这一唯美典雅的东方主题，铺陈赋事，撰写出一幕又一幕足以令人动容的故事。

都白尼站在二楼走廊口穿衣镜前，凝神聚目于镜中自己那只突出的鼻子，陡峭的鼻翼如山崖险峻切割，两孔洞开，有长鲸吸海气象，尤其是鹰钩的高端，一抹深红，如巴林鸡血石，色泽饱和，润光霞蔚。都白尼不禁笑了，两颊笑靥着实鲜美生动，亲昵可爱。显然，那笑是对那只镜中鼻子的嘉许，宝爱、溢美、骄矜、服膺、钦佩、艳羡、独步无双、叹为观止——都白尼的笑靥简直就是一首无声的赞美诗，无论使用怎样的形容，均无法表达对那只鼻子的喜悦之情。

昨天，他刚从伦敦归来，5000 斤宜红，一趟伦敦转手，让他赚了近三倍利润。更令他惊喜的是，凭借宜红异香，他竟然荣幸得到了维多利亚女王的亲自招见，御花园内，他坐在女王身边，相距仅在一步之间，试想，这是一种怎样的殊荣显耀啊！女王一边品着他送去的宜红，一边亲切微笑和他说话，可以看出女王对宜红十分喜爱。果然，从白金汉宫出来时王室事务大臣告诉他，今后宜红可以长期作为王室供茶，当时，事务大臣虽没有明言王室供茶专属权非他莫属，但女王和事务大臣两人脸上的笑容已经向他透露，只要有宜红，白金汉宫供茶专属权便牢固掌握在他手中。至高的茶耀与巨大的利益，鱼与熊掌兼得，追根溯源全赖于它——这只敏觉天赋的鼻子，对镜瞩目，怎不叫他对它充满感激与崇敬呢？

似乎敏锐嗅到什么，镜中鼻子倏忽一颤：那天卢次伦与巴诺夫会不会是串演的一出双簧？巴诺夫自己开着砖茶厂，并且，都是从羊楼洞直接买进鲜叶机械制作，他怎会买卢次伦的"米红"？出入"巴公房"，卸载茶船上的茶叶，卢次伦所做会不会是故意演给他看的一套把戏？都白尼盯着镜中鼻子，这次，眼神不由带了质疑警惕，像电影慢镜头回放，都白尼眼前浮现当时一幕又一幕，他眉头堆砌，愈砌愈高，峻峭的鼻翼如惊蛰出土的鸣蛙一张一翕。突然，他冲到窗前，脑袋伸向窗外，样子像是要朝楼下呼喊什么，嘴张开了，就要发出喊声，复又猛一转身，趔回穿衣镜前，两眼紧盯着镜中鼻子，这时，只见它一下变成了寡白，高端红艳顿失，鼻准、鼻翼、鼻根，整个鼻子苍白如一根水洗白葱，且扩张的鼻翼痉挛般在战栗。

手隐隐在抖，五指并握，朝掌心靠拢，攥紧，攥成一只冷硬的拳头。

都白尼的办公房在走廊东端，刚才一路登上二楼时，他情绪饱满心情大好，以致来到走廊楼梯口情不由己站在了那面立式穿衣镜前，那一刻，他的心底充满了一睹自己风姿神采的渴望。他想看看他的鼻子，那只无与伦比的上帝造物，还有眼睛，两颗天蓝色的洞察秋毫的星球，眉毛自然是英武而俊美，毋庸置疑，此刻，他的脸上，每一方寸地方，无不洋溢着得意与喜悦。此次回伦敦，他还得到了一个巨大收获，他被推举为伦敦商界总干事，并被下院提名为下届国会议员人选。得知以上消息，那天，他特意去看望了玛格丽特姑母，他向姑母详述女王接见的情景，并如实转达了以上两则消息，姑母看着他，眼中噙满泪水：你是我们威廉家族的骄傲，是大英帝国的骄傲，你已经超越了你的叔公，正在开创威廉家族辉煌的时代。姑母的话于他并非溢美虚夸之辞，如今，他执掌下的怡和公司，与叔公时代简直不可同日而语，它的子公司遍布世界各地，经营涵盖仓储、运输、金融、保险、燃油、纺织、食品等领域，尤其是茶叶经营独占鳌头，占据世界茶叶交易百分之八十的市场份额。以上种种，无不皆大欢喜，想及怎不叫他踌躇满志、扬扬自得呢？

都白尼的心情瞬间变了。

如是，卢次伦和巴诺夫真如以上推断，两人串演了一出双簧——都白尼疾步冲进办公房，奔至窗前，江边码头泊满茶船，循着茶船林立的桅杆望去，巴公房如一艘停泊江边的巨轮，彤红庞大的体积，中央哥特式尖顶如一根刺向天穹的箭镞，高高刺举在那儿。都白尼望着远处的巴公房，面无表情，心底则如大地之下的火山熔浆，沸腾奔涌，呼啸雷鸣。

来汉口十多年，与中国茶商交道何止千百，每一场交道每一笔交易他无不以财阀霸主自居，中国茶商无不拜倒在他脚下，听凭他掌握定夺，贸易价格，自然是一言堂，一锤定音，他一人说了算。在汉口，乃至世界茶市，他是最大的买家，是茶叶市场最大的王，他的脸色神态就是市场行情，他随便脱口而出的一句话就是今天茶市挂出的价格。协商、洽谈、讨价还价，在他的经营记忆里从来没有过，遑论受人摆布掉入圈套？

当时，卢次伦提出 50 两价格，自己怎么就依从他了呢？如果坚硬如初，事情结果绝不会是这个样子。就宜红品质论，50 两价格虽不为高，但在他的茶贸史上则是开先河第一例，且是他心理无法接受的。更有，50 两价格一出，汉口茶市会不会因此产生连锁反应，茶商要求涨价，茶市价格出现反弹？

都白尼脸转过来，看着房屋中央唯一摆放的那把高靠背椅子。慢慢地，走过去，屁股在椅子上坐下来，两颊肃然，身子凛然不动。恰在这时，鳕鱼小班进来了，小班带来一个消息，卢次伦将在汉口举办一场茶会，请所有在汉口的洋行和外国人，茶会的地点都选好了，在汉正街大火路汉泉茶馆。都白尼眉毛拧起来，不说话，看着站立面前的这个心腹鳕鱼。于都白尼，陈修梅和小班可谓左右手，陈修梅经年洋行商务，经验繁富，经营不失为一把好手，但陈修梅虽身披洋行外衣，骨子里难保不是向着华商同胞，上次换茶一事，即可见其向背用心。这样，一方面他需利用其经营才干，另一方面，他尤须提防其背后反叛；眼前的这个小班，资历尚浅，经营商务难免显出稚嫩，但他是他的亲信，两人分工各有侧重，陈修梅主管商务经营，小班则负责商业情报收集及洋行间信息传递联系，对于两人利用关系，则相互处于掣肘，最终受控于他一人掌握之中。

说话时，鳕鱼小班看着都白尼，脸上显出警惕和紧张。都白尼衔口无声，心底疑云骤起波澜翻腾，眼前则闪出卢次伦的影像：他清雅而立，就在这把紫檀椅前面，宝盖圆帽，马褂长袍，双眉舒展，唇颊带笑——他要在汉泉茶馆举办茶会？他要请汉口所有洋行外国人去喝他的宜红？他是要用宜红的异香诱惑汉口所有洋行的口味吗？还是想让所有洋行为他的宜红叫好，而后，趋之若鹜，全部成为他的抢手买家？不，这个年轻中国茶商看来头脑并非这般简单，他知道怡和乃世界茶叶市场最大买主，汉口茶市实为怡和一家操控。他更清楚，我都白尼并非仅以他一次雕虫伎俩即能长此完胜，待我警觉之后，必将施以惩戒，对宜红我志在必得，这毫无疑问，但对其施以围困打压同样也属必然，显然，卢次伦是想通过如此茶会，营造影响声势，借以突破我的操控围困。一个区区几千斤交易的中国茶商，在他眼中不过草芥之一粒，竟想和他争衡，简直就是一只蚂蚁与大象斗阵。都白尼鼻孔深处发出哼的一声，原来严峻紧闭的嘴唇，忽而咧开，一片薄而怪诞的冷笑，袭上嘴角。

因为嘴角袭上的那片薄笑，都白尼此时脸上神情显得骄矜而傲慢，鳕鱼小班见都白尼一直没有吭声，站在那里，眼神不无惶惧，看着都白尼的脸，或许，他是等候都白尼的吩咐，可都白尼凛然坐定那儿，嘴角挂着那片怪笑，就是不出声。小班一只脚在动，几经犹疑之后，终于，那只脚迈开出去了，转身离去之际，小班朝都白尼脸上最后望去一眼，都白尼依旧寂默如故坐定那儿，小班来至门口，一只脚就要迈出去，都白尼忽然把小班叫住了。

他要小班去汉正街上的工艺店做一块招牌。

惠罗俱乐部？小班望着都白尼，似乎没听明白。

都白尼并不复述，只作点头。

小班站在那没有动，眼珠骨碌急遽在转，或许，都白尼的吩咐太出意外，令他费解：卢次伦的茶会，惠罗俱乐部招牌，二者实在风马牛不相及，无论怎样也想不出其中有丝毫逻辑联系，大班怎么突然作出这样的吩咐？

都白尼自然不会向他这位属下作任何解释，刚才的吩咐，是他脑海中突然蹦出的一个意念。就在此前的刹那，他突然想到了他的叔公，想到了叔公在广州的欧美俱乐部，同时，他还想到了中国的一句古话，即以其人之道，还治其人之身。卢次伦不是要把汉口的洋行洋人都要请去喝他的宜红吗，那好，他就先下手为强，将驻设汉口的洋行外商，法国的、德国的、荷兰的、挪威的、美利坚的、西班牙的、意大利的，联合拢来，结成阵营。他相信，就华茶购买一事而论，他们同属一个利益共同体，何况，以怡和的资本实力，他完全有能力驾驭这个利益共同体，掌控汉口乃至整个世界的茶叶市场。想到此，都白尼禁不住霍然站起来，见小班还愣在那儿，他朝小班使劲一挥手，要他赶紧就去办理，招牌要做得气派，"惠罗俱乐部"五个大字全部烫金。

从汉口回宜市后，卢次伦即刻着手筹备明年春茶制作。汉口第一场交易，令他心下产生巨大震撼，面对洋行资本垄断，华茶欲在国际市场争得公平地位，必有优异品质和强大实力。明年宜红不可再行借鸡下蛋办法，它须有自己的工厂，初制、精制、包装、商标，全皆自我制造，全力以赴，精制精造，以创造宜红殊异品质。在他心底，已立下明确目标，宜红不仅要有上乘质量，成为中国红茶中的著名品牌。同时，它还须拥有巨大生产总量强大经济实力，唯其如此，方可在洋行垄断的国际市场立住足跟，与之争衡。

明年春天的宜红茶会，卢次伦的初衷，它既是宜红的庆生——今年宜红初试入市，产品制作实为借船出海，明年自行制造，乃是宜红真正的诞生。同是新生宜红的发布认证，好酒不怕巷子深的古训已不再适用汉口茶市，洋行列国下的国际化大市场，好酒也要大声吆喝。届时，他不仅要把在汉口的茶业同人请来茶会，而且，要把在汉口的所有洋行外商请来，同品宜红，赏茶论茶。他要通过此举，让宜红殊异的品质获得广泛市场认同，就像当年楚庄王言下的那只南山大鸟，一飞冲天，一鸣惊人。

限于资本短少，宜红制作工厂仍是租借外屋，设备器具则一应俱全、新置到位。立春刚过，商标早已订印，图案是卢次伦亲手设计的，背景为一片茶叶，椭圆象形，叶脉、叶锯绘以工笔，居中"宜红"二字同为他亲笔，结体雍庸，意象高古，笔意直逼"二爨"意境。包装箱也早做好了，仍以枫杨木作为外封，但做工精美，箱盖采用阴阳咬缝暗榫，并且，两端配以叶形铜提，以便装卸提携。

惊蛰才至，卢次伦即着手新茶制作准备。首批宜红选择全以御碑峪古茶林茶叶，制作工艺上，尤为精益求精，鲜叶全为"翰锋"芽头。卢次伦特意称算了一下，每斤精制出的宜红须用 4.5 万个芽头，"米红"制作技艺繁复精细，仅手工一项，即有抓、抖、搭、拓、捺、扣、甩、磨、压等十大手法，毛红制成后精制工序更其繁复，先后由毛筛、抖筛、分筛、紧门、撩筛、切断、拣剔、补火、清风、拼和等十余项工艺流程。从渥堆发酵，到分筛撩筛，每一工序卢次伦务必亲临监督，甚至，亲力亲为，第一批宜红赶制出来了。夜晚，卢次伦来到舒基立住房处，舒基立从屋后取来山泉，煮水冲泡新制出的宜红，卢次伦端着舒基立递上的茶碗，没有喝，先是静默观看，继而以鼻轻吸，之后，浅尝辄止啜抿一口，良久，脸仰起来，凝神注目舒基立，他问舒基立碗中宜红的香味，舒基立笑，冥思苦索：祁门香？苹果香？兰花香？舒基立看着卢次伦，笑咧开了嘴，摇头。

卢次伦醺笑满眼，说：南国天香。

首批宜红包装中，有一罐锡制包装，尤为精美另类，那是从"老茶祖"树上采下的由舒基立亲手精制的宜红极品。去年，伦敦回来，都白尼曾与卢次伦说起，设制一款精美小巧宜红包装，都白尼没有告知他那款包装的用途对象，但从其郑重其事的神态，他能揣想那是特意为维多利亚女王订制的礼物。设计此款包装时，卢次伦颇是花费了一番心思，几易设计方案，最终形成眼前的样子：包箱为锡皮制作，上刻精工云纹錾花，九龙盘绕，中衔日轮，箱盖居中"宜红"二字特以红铜浇铸，箱缝加以皮纸黄蜡密封。包装精美不失典雅，整个装箱堪称形式内容完美统一的艺术精品。

三月未尽，卢次伦不等大批茶船启运，先期携舒基立、吴习斋一同赶至汉口，着手宜红茶会筹备。请柬一个月前即已发出，汉泉茶馆租金也予预付，卢次伦嫌茶馆原用茶具瓷质、造型不尽意图，特意赶赴江西景德镇购置白胎细口青花。舒基立与吴习斋各司有职，一个忙着外商联络，一个做着内务筹备。宜红茶会时期定在 4 月 16 日上午，先天晚上，下了一场小雨，清晨，江雾依依敛去，一轮朝日自水天相衔的远方分娩涌出，顿时，临江而立的汉泉茶楼辉光普照，金芒四射，镶嵌屋脊的鸥吻，垂悬梁柱的蝠坠，翘檐高处的鱼形瓦铛，栏杆环绕的凤尾镌刻，乃至每一扇窗户竹制卷帘上的图案花纹，无不一一着辉，璨光万道，金碧闪亮。

早膳用罢，卢次伦早早来到汉泉茶馆。今天，他特意着了一身新装：红顶青缎瓜皮小帽，云青苏织深衩长袍，外套对襟团花马褂，脑后，垂一根乌丢丢长辫，额头，印堂生光，朗若新月，尤其一双眼睛，沉静中隐含热烈，黑眸闪烁，莹光辉映，浏览顾盼间，期待殷殷。一切均已就绪，卢次伦选择茶楼前堂右侧坐下来，且自己泡了一杯宜红，一边慢品静啜，一边恭候客人们来临。新买的景德镇青花盖碗精致清雅，秾郁一盏红亮，异香氤氲生发。卢次伦眼前浮现表弟孙文面容，同时，杨素贤一双清明流转眸子犹在目前。去岁4月，杨素贤携孙文信函来宜市，孙文并在信中期待，功成之日，共品宜红，此时，若两人能同聚汉泉，共同分享宜红诞生喜悦，该有多好。

卢次伦正值浮想，吴习斋从门外进来了，站在卢次伦面前，面色不无慌张：外面怎么一个人也不见来？卢次伦莞尔而笑，说，不要紧，就快来了。此前，卢次伦吩咐吴习斋一个任务，待客人来至门前时，由他燃放鞭炮——两大箱爆竹，他要以最隆重的礼仪迎接前来赴会的客人。舒基立的任务是在茶会上向客人们介绍宜红——工艺制作，香味特点，尤其，生产宜红的特殊地理环境、气候条件、人文历史背景，与吴习斋相比，他显得从容淡定，独自据了窗边一方小桌，悠然饮茶。10时到了，门前居然不见一个客人。吴习斋再次从门外跑进来：卢先生，这……怎的？……由于情绪慌乱，说话竟然一时语塞。卢次伦脸上倒是没像吴习斋那样呈现慌乱，神情依旧镇定，但无意间眉心纠结目光由原有的暄暖和悦变而冷峻疑惑，他随吴习斋来到门外，日暖春光中的汉正街上，一家家茶馆，早茶方罢，午茶在即，壶中瘾君们或三五相邀，寻香而来，或饮啜餍足，呼朋唤友离去，唯有汉泉门前，人迹罕至，身影杳然，不见有一人前来。宜红茶会——书写在一只巨大红灯笼上的四个颜体大字，墨泽饱满，笔意酣畅，阳光映照中高悬门顶，贴在大门两壁的楹联同为颜体，出自卢次伦亲笔——

宜与江风邀羽客，

红授春阳论江山。

卢次伦仰目注视门壁上的楹联，就在今天早上，他站在这里还在为自己撰书的这副茶联暗自得意，茶联藏头宜红，可谓匠心独运，尤其造语连句意境阔大，气势恢宏高迈。而此刻，他的心境与早前却已判若两人，大通巷福音堂敲响了午钟，钟声清越激扬，直逼江水白云高处。卢次伦眉头愈锁愈紧——一个月前的邀请，数以百计的请柬，时至此刻，为何连一个前来的客人也没有？

都白尼站在窗前，望着江面铺陈的日晖，唇边，一抹笑意，似有若无，有几分诡谲，更有几分不显声张的暗自得意。与卢次伦晤面第一眼，直觉便告诉他，站在他面前的这个年轻中国茶商绝非一般逐利蝇营之辈，他的那双眼睛，隐然含笑，澹澹清明，看着你时，它是温暖的，诚挚、亲和、礼让，甚或不乏谦恭，然细察之下，它的内里则分明蕴含了洞明幽微的睿思与聪慧，第一回交道，原想像其他华茶商人那样将其操控于股掌，不想一不留神反倒被对方牵住了鼻子。在汉口举办茶会，以此招徕买家提高身价，仅此一个点子，足见其谋略识见绝非一般目光短浅者所能想象，甚至，在茶叶贸易史上堪称开先河之笔，不过，这些在他都白尼眼里实在算不了什么，这时候你卢次伦一定坐在汉正街大火路上的汉泉茶馆，翘首以待宾客前来参与你的宜红茶会，殊不知早在一月前，你精心筹备的茶会便作了幻象一场的空中霓虹，在你心中，虽也五彩耀目，但其结局终作一场空欢喜。

都白尼不禁而笑。脸上呈现既有三分自得，尤有七分轻慢与不屑。那天，他吩咐"鳕鱼"去做一块"惠罗俱乐部"的金字招牌，招牌很快做好了，纵4米，宽60公分，金光闪耀，果然气派非常。招牌挂出当晚，惠罗大楼顶层大厅灯火辉煌，一场隆重盛大的鸡尾酒会拉开帷幕，各国驻汉口领事馆官员、洋行大班、外商大亨、夫人小姐，聚集大厅，燕尾服与蕾丝帽，白兰地与香槟，乐池奏响爵士乐。觥筹交错声中，夫人小姐跳起欢快的舞步。作为酒会东道主，他满面盛笑，频频举杯，为每一位与会者祝酒，就在他的举杯祝酒声中，卢次伦的宜红茶会变成了一道泡影。

玛丽端着茶盏进来了。自打陈修梅让他第一次尝试宜红，从此，他便被那缕无法言状的异香俘虏。前不久，伦敦传来消息称，和他一样，如今女王也是专饮宜红，这令他每每沉溺宜红馨芬之际，更添了身似飞升的无限遐想。步尘玛丽脚踵之后，鳕鱼小班进来了，他告诉都白尼，那个姓卢的茶商——宜红老板来了，要和大班见面，这时候正在外厅等候。都白尼闻听脸上显出讶异，旋又洋溢得意之色，他要小班出去告知卢次伦，就说他不在，昨晚起程已回伦敦。

小班很快出来了，站在卢次伦面前，说都白尼昨晚已回伦敦。卢次伦不吭声，两眼直视小班脸上，忽然，卢次伦站起来，一只脚随即迈进来。卢先生这是要去哪？小班眼神显出惊惶，一时不知所措。卢次伦不朝小班看，径直往里走，穿过廊门，"噌噌噌"登上二楼，来到东端一扇拱券式红松门外，站定，"笃笃笃"，三声敲击，不待门内反应，径直推门而入。

都白尼正在品茶，看见卢次伦迎面走进来，手中茶盏忽一抖，茶汤倾斜溢了出来。

都大班不想见我？卢次伦面呈笑意看着都白尼。

都白尼形态尴尬，以拂弄茶水打湿袖口为掩饰，躲避卢次伦直逼过来的目光，不过，很快便恢复了常态。他不说话，偌大的房间，安坐中央那把紫檀高靠背椅上，脸上似笑非笑，一对蓝灰色眼球凝然不动，直视卢次伦，发着幽幽蓝光。

卢次伦站在都白尼座椅前面，缎帽端庄，长袍静垂，脸上依旧保持原有笑貌：都大班，您不必回避我，我知道，是您搅了宜红茶会的局，我到您这儿来，并非向您兴师问罪。您操纵洋行外商，欺霸汉口茶市，甚至，您企图让整个世界茶叶市场为您一人掌握主宰，我无意改变您的想法，更无力阻止您的行为，今天特意登门，我是想告诉都大班一件事。说到这儿，卢次伦有意停顿话头。都白尼脸上，先前那片似笑非笑的笑容倏忽不见了，两眼分明显出警惕。卢次伦声音平实和缓：今年宜红制作技术较去年更臻成熟，品质将更加上乘，并且，产量将比上年增长至少三倍。都白尼饮了一口茶，将茶盏搁在座椅前方几案上，脸偏起来，一笑：卢先生是要和我谈生意吗？卢次伦微笑点头：此次我来汉口有三天逗留，都大班如真诚和我合作，可先验证今年新制宜红品质，而后，双方协议签订协约。

都白尼看定卢次伦，眼神慎审，奇谲，似乎要从对方脸上寻找出什么，随之，一边嘴角翘起来，挂着一片浅淡笑容——

卢先生觉得我会和你签那份协议吗？

卢次伦点头：都大班乃精明之人，事关巨大利益，我想都大班不会坐失良机。说罢，卢次伦转过身去迈步即走。

都白尼叫住卢次伦，从椅子上站起来了，说，伦敦茶价下滑，去年宜红伦敦销售除去长途海运开销收益仅能保本，今年如再购买，价格必须下降，方可签订协议。

卢次伦两眼含笑，打量着都白尼：宜红在伦敦盈亏都大班心中最为清楚，卢某秉性诚笃，为人为事向以诚信为准则，以市场行情茶叶品质论，宜红价格实为公平，都大班若另有企图，蓄意压抑宜红茶价，卢某只能在此告知您，免谈。

说罢，卢次伦头也不回地走出去了。

第八章

官 堆

清光绪十八年（1892 年），历经三年经营积累，卢次伦开始建造宜红大本营——泰和合茶庄，地址依旧是溇水之北的松柏坪。茶庄奠基动工那天，宜市老街居民无不前来鸣炮庆贺，甚至，连易家兄弟也来了。往年住店易家饭铺收购白茶的湘潭客自打前年来过后，再也不见了踪影，卢次伦的"红色革命"最终赢得胜利，民众信奉的真理永远都是现实主义，一斤茶叶卖给卢次伦"制红"比卖给湘潭客至少能多出两到三文，利益抉择当前，宜市方圆数十里茶农毫无悬念一夜"归红"，湘潭客无奈败绩遁形远去。由是，卢次伦一跃而为湘鄂边陲茶业界最大的老板，他开始在两省边地铺设茶庄，产量迅速攀升。这一年，宜红生产达 5 万斤，原来借鸡下蛋——租借场地制作加工的经营模式显然再无法适应宜红发展，他渴望能有自己的工厂，亟须构筑一座集加工、储运、办公于一体的宏大建筑。

卢次伦为他建造的茶庄命名"泰和合"："泰"者取自《易经·泰卦》，"天地交泰，小往大来"。寓意否极泰来、红运当头，兼有君子泰然自得、泰而不骄之义；"和"源自《礼记·中庸》，"和也者，天下之达道也，致中和，天地位焉，万物育焉"，同时兼有君子和而不同之义；"合"则取万物合而后成，同心同德之义。三字合为命名，有天地交泰、万物中和、六合同春之义。那一年，卢次伦正值而立，意气焕发，雄怀郁勃，将新建茶庄命名泰和合，既是对宜红未来的美好寄寓，更可视为发自由衷的追求心声。

茶庄建筑气势恢宏，主楼四周外墙为条形青石垒砌，大门青石镌花，券顶高一丈二尺，上刻缠枝卷草瑞祥图案，门额绘碧桃、莲蓬、玉兰丹青朱红彩绘三幅，寓意吉祥，形容生动。大门前，辟出一片广场，青石铺地，可纳千众，门对巨楠，蓬盖蓊茂拥戴高举。主楼前后三进，均以两层结构，第一进为正厅，两侧设半月形石拱门，分别为人事、经济两部办公处；由左侧月门登二楼，其上走廊环绕，16间小楼阁依次而列；过大堂，经天井至第二进中堂，此为接待宾客地方，其上建有一座望楼，八方三层，雕梁画栋，蔚为壮观。望楼取名三泰楼，缘意"天、地、人三泰"，因意赋形，建成天、地、人三层建筑，第一层为地层，其八面朱漆抱柱上雕刻八只飞狮；第二层为人层，八面楼屏分别绘汉钟离、张果老、吕洞宾、铁拐李、韩湘子、曹国舅、蓝采和、何仙姑八仙图画；第三层为天层，每面楼屏绘天泰八卦图画。第三进为卢次伦起居办公所在，与前两进建筑风格迥异，既无绘画雕琢，亦无朱漆粉彩，黛瓦粉壁，石础木牖，一派清雅素净。

主楼东侧为储放茶叶的库房。隔着一条石板街，制作茶叶包装的裱糊铺、百货行、骡马行依次而立。西侧檐檩联袂屋瓦衔接，黑压压一片房屋，那里是专事分拣茶叶的地方，当地人称"赶楼"，春茶制作繁忙季节，来自四面八方数千众"赶茶"男女同聚屋下，每日茶歌不辍，其劳作场面，甚是热闹。

当地建造风俗，主楼上梁有一道隆重仪式，那天，卢次伦黎明即起，一身土蓝新装，晨岚散去，青岫淡出，软风扶苏，好鸟和鸣。前来贺梁的乡亲们来了，卢次伦侍立青石大门外，脸上笑靥淳厚，双手相握，连连拱手，迎迓作礼，放置大堂中央的楠木大梁两端系了红绸，两架长梯依墙各立一边，身着青布长袍的司仪清过嗓子，颈脖挺直，喉头提起，一声"吉时已到——"于是，站在长梯上的两边男子，各执红绸，开始抬步往上登梯，此情此景，那架承载房梁上升的木梯除却工具的原义，更兼了更上一层步步高升平步青云等等诸如此类良好寄寓。站在梯上的男子每往上攀登一级便会故意停下来，笑嘻嘻望着主人，口中念着"千两黄金作成梁，一步一步攀向上。一步登上银千锭，再步攀高金万两"之类，由是，凭借特定现场的喜庆氛围，原本善意的勒索变为俚俗的溢美，醉翁之意不在酒，自然，最终结果那些沉甸甸的包封会源源不断送达赞美者的怀抱。

房梁抵达梯子最上一层，此时，抬梁的人会停下来，接下来一道仪式叫赞梁，这是整个上梁仪式中的高潮。此前的抬梁高升表演的是一折武场——

戏谑与诙笑，鼓噪与喧腾，故作萌态与有意卖噱，其场景无不充满乡鄙俚俗的欢乐；与上情景相较，此时的赞梁则是一场文戏，全场端肃，群态庄穆，那赞梁的须由一当地宿儒充任，不仅年高，尤得德劭，赞辞自有固定的格式，犹如八股——破题、承题、起讲、入题、起股、中股、后股、束股，修辞整饬，音韵合辙，文采飞黄腾达，造语抑扬跌宕。赞梁者皓首鹄立，一声"赞曰——"出口，坠在脑后的辫梢与垂于唇下的长髯同时开始摇晃，步随赞词节奏韵律，摇晃幅度与快慢也便随之变化，时而向左，时而朝右，时而后仰，时而前倾。一段赞词念将完结，这时，那句末最后一个字便会被有意唱成一个无限延宕的尾声，或低回婉转，或余韵悠长，或循环往复，袅袅不绝如缕。这时，那根坠于脑后的辫梢与垂在唇下的长髯便加大摇晃幅度，往一边摇过去，摇过去，其神态，如醉者慢舞，如梦境幻游，以至观者提心吊胆，担心那颗摇晃的脑袋就要从两肩之上滑落下去。

　　那天，充当赞梁的是宜市当地的一位七十高龄的老先生，还没天盖的堂厅挤满了人，老先生站在堂厅中央，白髯飘忽，青袍长垂，俨然一副青青子衿风度。他没有袭用当地固有的那套赞辞，自出胸臆的杜撰完全可以看作老先生的内心写真，遣词造语，连句结韵，其情感之真挚，寄寓之殷切，胸臆抒发之壮怀激烈，尤见其老骥伏枥志在千里之拳拳之心——

　　二月春分，嘉叶秀目，雁来消息，海国流芬。携朝日以构架，驭长风以攀登。高步凌云，浮云涤荡，群山踊跃，百川和应。采春色于东阿，输异芬于芳邻，挂云帆于江浦，载东风于远瀛。筚路蓝缕，矢志以赴，宏图在握，履步履新。昨日谁谓东亚病夫，今朝看我捷足先登。裁紫云于九霄，挽霓霞为长缨。朝日采采，恰当宜红，独步青云，辉煌问鼎……

　　自然，对于老先生的赞辞，那些围观如堵的乡民们实在无法听懂其中奥义，不过，这并不影响他们对老先生赞辞的理解，他们从老先生整肃的仪态，轩昂的气宇，飘忽飞扬的白髯，星光映熠的眸子，以及那身修长的青袍，端庄在顶的青缎圆帽——他们完全懂了，那是一种心灵通感的颖悟，一种磁场效应的心领神会。至于赞辞本身，拟比赋陈，渲染描摹，丽缛的辞藻，精短的造语，洗练隽永的词风，不无艰涩的喻指，所有这些，于他们又有什么关系呢？

老先生的嗓音清越而悠扬，兼以抑扬婉转顿挫延宕，那是一种别样的音乐，一种个性独具的清唱。围堵在堂厅四壁的人情不由己敛息了声音，无数双眼睛同时聚焦于老先生清癯且矍铄的脸上，同时，也有许多眼睛从老先生脸上脱离开去，转向被赞的主人——卢次伦此时站在距离老先生两步远地方，一如众人，他的双目也凝聚于老先生脸上，静默中透着肃穆，凝然贯注中情思似又逸离而去，寂然缈然，去了邈远辽阔的异方。

就在几年前，宜市还仅只是几十户居家荒远小镇。一条狭窄石板街道，长不过百余米，两旁木楼腐朽，窗牖歪斜，几家出售日用杂货小店，门可罗雀，寂寥相望，遇逢灾年匪患，小镇尤是一派萧肃凄败景象。短短几年间，宜市忽而变成繁华市镇，街道一下拓展至千米，人口激增至五万，商贾往来，水陆贸易，成为湘鄂两省边界最热闹兴盛的集镇，商旅日拥，灯火夜放，其繁华景象大有盖过津市大码头之概。

临河新辟的石板街道，百余户吊脚木楼因岸蜿蜒联袂，酒旗横斜，灯笼高挑，窗外，水流碧蓝，桨声欸乃，春夏茶叶运输繁忙，每日百余只茶船竞相争渡河上，帆影拥趸，橹声浮江，朝晖夕映，甚若过江之鲫。昔时，从黄虎港至澧水合流三江口，二百余里河道，礁春岩、滴水洞、火烧溶、鹰嘴尖、涧涡、急漩滩、观音倒坐莲，百余处险滩危岩，波涡暗礁，船夫闻之色变，每一处均被视为鬼门关。三年间，卢次伦斥资数千两，除障排险疏浚河道，终使昔时行船者视为畏途的澧水如今船行无碍航运畅通。

不仅水路如此繁忙，陆路运输亦然。建在泰和合大楼东侧的骡马行为单层棚舍建筑，连片数十间马厩，其中畜养骡马近千匹。通往鄂西南茶区全为崎岖山路，运输只可借用畜力，而从津市驮运汉口返载货物较之溯流船运也更为便捷。也是在近三年，卢次伦不仅下大力铺设了一条自湖北五峰渔阳关至津市西洞庭码头长七百余里的青石板骡马干道，且连通各茶区近五百里道路同时尽皆贯通。茶运季节，山岚翠涛深处，骡马结队，清铃荟萃，蹄声繁促，催鞭激越，苍岭黛崖之上，堪称殊异一景。

泰和合大楼竣工那天，卢次伦在三泰楼"天层"特意置酒，宴请宜市父老乡亲。席间，他殷勤把盏，淳和而笑，一个个举杯敬酒。走到曾为"泰和合"赞梁的那位长者面前，卢次伦淳笑满面，奉手举杯，老先生站起来：菲饮食，而致孝乎鬼神；恶衣服，而致美乎黻冕；卑宫室，而尽力乎沟洫。禹，吾无间然矣；次伦，吾无间然矣。老先生手执酒杯，看着卢次伦，声情并茂朗声而吟，人们不知道老先生在说什么，面面相觑，吟到最末一句，老人加重了语气，朝卢次伦颔首而笑。有人发现，此时，老先生眼中居然有了一层泪光。

卢次伦连连摇手：老先生千万别这样说，这些年，次伦在宜市即便做过一二，那也是宜红的功劳。

三泰楼上，卢次伦正在为大家盛情敬酒。

张家渡码头。杨素贤手牵三岁儿子鸿羽从船上走下来了。

三年前。杨素贤从宜市返去香山不久，卢次伦接到父亲病危家信，匆匆赶赴回家，原来是父亲设下的一个骗局，家中正在为他准备婚事，婚期已经选定，猪羊都已经宰好了。有过上次脱逃经历，这次卢老父亲对儿子严加防范看管，甚至晚上睡觉卢老父亲也将自己的那架雕花木床搬到了卢次伦房门外。对于婚事，卢次伦心底并无抵牾，只觉得它太过突兀，此时正当"制红"季节，各项事务繁忙异常，自己不在现场，舒基立、吴习斋两人可否安排妥帖照顾得过来？到家第二天，他提出要去杨家看看，他要面见杨素贤，他的即将过门的媳妇。去年四月，杨素贤去宜市，他已将自己将在宜市开创事业、未来将会遭遇诸多艰难困苦告知对方了，这次，他要最后一次求证她的态度，探知她是否立定决心作好应对未来一切的准备。出乎卢次伦意料，来到杨家，杨素贤悄悄告诉他一则消息，她向父亲特意要了一处田庄作为陪嫁，并且，杨家父亲也将此事告知亲家卢老父亲了。杨素贤说着，拿出一样东西，卢次伦惊讶不已，那是一张银票，票额整整一千两。杨素贤把银票放在卢次伦手里，不说话，两眼温存看着卢次伦。看着手上银票，卢次伦先是愕然，继而怔忡，旋即，眼窝湿了。今年宜红收购运输，正苦于手头资本短少，若以目前资本，宜红一年至多只可做到百担产量，而要在汉口占据市场，拥有与洋行抗衡实力，必须据有强大产业支撑：素贤……卢次伦声音发颤，两眼莹湿看着杨素贤，要说什么，杨素贤朝门外睃去一眼。外面，跟随监视卢次伦而来的卢老父亲正在和亲家说什么，杨素贤赶紧伸出一个手指，示意卢次伦止住了话头。

新婚第三天，卢次伦赶回宜市，动身前夜，卢次伦与杨素贤约定，只等宜红初告成功，他即接她去宜市。事业开创他需她这个贤内助，而她同样渴望与丈夫一同栉风沐雨，分享人生的痛苦与欢欣。

两个月前，卢次伦给杨素贤去信，告诉他在宜市"制红"已获成功，茶庄泰和合大楼就要竣工，嘱她将二老及儿子举家迁来宜市，因宜红创业，他无法在家恪尽孝道，只能接父母来宜市以尽赡养之责。妻儿突然出现眼前，令卢次伦不胜欣喜，尤其看到三岁的鸿羽，一脸率真站在眼前，更是喜悦疼爱：不是说好让二老一同来的吗？卢次伦看着杨素贤，问。杨素贤没出声，脸上虽现笑容，头却不觉低垂下去。想到二老远在数千里之外，风烛残年自己却不能承欢膝前，卢次伦不禁心生戚然。问及二老身体，杨素贤眼眶一下湿了，说，前不久一天，父亲猝然倒地，离世走了。

月池吾儿如面：

获悉你在湘地边鄙茶业有成，乃父颇以为宽慰，昔正翔（郑观应字）赴任招商局前特来家少叙，论及西人以"兵、商"二战制裁掠夺我华夏，令乃父识见大开，至此方知你之抉择实为民族家国当务必须……

鸿羽伏在杨素贤膝头，墨漆一对眸子异泽闪忽，定准父亲，杨素贤一如儿子，两眼哀戚，寂默看着眼前丈夫。卢次伦眼窝濡湿，脸仰起来，朝向窗外远山，一颗泪滴从眼窝滑落下来，坠在腮边，他寂默咬住嘴唇，不让眼窝泪滴再滚下来，最终，数颗泪滴不禁滚落，坠落进碎在手中的信纸上。

堂前设了香案，新月初上，屋瓦鬃黑，月色虚白自窗棂侵入，斑斓散落案前地上。香炉旁边，另设茶几，青花茶盏，锡制茶壶，炭火殷红，沸水作声，卢次伦面南跪地，取出新制"老祖茶"宜红，洗盏，温杯，醒茶，冲泡，茶香氤氲，雅淡萦绕，茶盏云白，浮光嫩红。卢次伦手持茶盏面南举起，一遍一遍，虔诚奠茶，面容端严肃穆，嘴轻轻在动，站在一侧的鸿羽嘴附在杨素贤耳边悄声问：爹地是不是在跟爷爷说话？杨素贤默声点头。鸿羽满眼好奇：怎么听不到声音？

陆象山称，居家应有三种声音：读书声、孩儿声、纺织声。闻读诵声犹圣贤在耳，不觉神融；闻孩儿声自然籁动，发乎天然，不觉情移；闻纺织声则勤俭生涯，一室儿女有《豳风·七月》景象。如今，卢次伦的"宜红清舍"里三种声音都有了。妻子杨素贤自小勤于纺绩，此刻，她坐在织机上，飞梭经纬，唧唧连声。每年春夏，茶庄进茶区采购茶叶需用大量包装，所用布料自然为布行购买，杨素贤来后，特要卢次伦为她寻了一台织机来，说是日织一尺也算可省一分开支；离织机不远处，鸿羽正伏在一张方桌上诵读王维的《辋川闲居》——

一从归白社，不复到青门。
时倚檐前树，远看原上村。
……

童声清稚，琅琅似磬，卢次伦朝织房走进去，一只脚跨过门槛，另一只正待跟进来，忽作迟疑，留滞在了门外，站在门边，卢次伦含笑看向正伏案诵读的儿子。鸿羽初来宜市那年，他没有让他上学，只让他在身边学习识字，第二年，他将儿子送进了茶庄兴办的义校，前不久一日，义校先生告诉他，儿子不仅天资聪慧，且小小年纪天赋诗才，一天，先生指着门前的山峦，要鸿羽学习作诗句，不想鸿羽信口便来了四句：门外看青山，山上草色青，不是先生挡，望过岭上去。当时，他听了不胜惊异，毕竟儿子还只是个刚满五岁的孩儿呀。

卢次伦轻脚缓步朝内走，行到鸿羽旁，鸿羽抑扬作声，竟浑然无觉——青缎圆顶小帽，恰好与那张方桌相高，结在帽顶中央一颗顶结，红如樱桃。卢次伦自侧面默声打量着鸿羽：双眉清秀，眸子粼粼含光，薄薄的双唇，自人中而下一道鼻沟，两岸壁立，纵深一线。卢次伦一只手油然伸过去了，轻轻抚在了鸿羽头上，鸿羽惊觉，发现立在身旁的父亲，脸仰起来，眼波闪烁，面生窃喜：爹地，您不是答应今天教我骑马去的吗？卢次伦颔首而笑，将鸿羽一只手牵起来：走，爹地带你骑马去。

泰和合茶庄第三进，也就是卢次伦的居所，实为一独立建筑，在这里地势出现缓坡，往上即是渐次抬升的山体，居所建筑便立在这道缓坡的山体上，瓬瓦挑檐，居高临下，厂房、街道、河流、隔河对岸的文峰，及至远方天际的山峦，皆在鸟瞰眺望之中。卢次伦为自己居住的这一进建筑取名"宜红清舍"，并自书刻制了一块铭额悬挂其上。如今，宜红清舍中，不仅有陆象山说的读书声、孩儿声、纺织声三种声音，且更有马铃声、茶歌声、船工号子声竞相传来，或脆亮，或热烈，或粗犷豪壮，闻之着实令人畅怀。

光绪二十年（1894 年），泰和合茶庄生产宜红逾 10 万斤，此后产量逐年攀升，至光绪末，宜红汉口销量达 30 余万斤。泰和合茶庄茶叶运输分水、陆两路，光绪中期，茶庄分设湖北五峰、鹤峰、长阳及湖南石门西北一带茶区，分庄达百余处，这些分庄收购的茶叶运输，泰和合总部全赖骡马驮运，另有枯水季节，溇水搁浅船只无法航运，南下津市码头等待航运长江的茶叶也须骡马驮运，成群千匹的骡队数以百计的马夫行进在湘鄂边地崇山峻岭之中，宛若一支浩荡行军，驮运的每一只马匹均配了全副的"响头"：笼头、绊胸、肚带、背垫、后鞧、驮鞍。骡队领头的那匹马叫开梢骡，颈脖下系一只碗口大铜铃，并有若干小如桃核的铜铃围绕大铃铛连缀一圈，骡蹄迈动，大小铃铛随之奏响，清音叮咚，击打遗落山崖峡谷，不啻云中挥落一曲琶音。赶骡的骡夫，手执一根软皮鞭子，骡队中不乏俏皮顽劣之辈，时有脱队寻花旁去，这时，骡夫便将手中那根软皮鞭子望空中猛一挥击，鞭梢掠过处，尖啸爆发，惊如裂石，以致那意欲脱队的马匹闻之慊栗，迅即归队乖乖就范。

泰和合大楼前右方向，临河一排架梁廊装（无墙）建筑，那里是茶庄的船厂。初夏水涨，宜红开始启运南下，每日百余茶船进发往来溇水河上，茶船分大、中、小三种型号，大者可载十吨，中型载七八吨，小的可载四五吨，茶船均以红芯椿木打造，以竹芯调和桐油石灰镶补罅隙，船身涂以层层老桐油，故而船体坚固，油光可鉴。从宜市到津市江边码头三百余里水路，近年虽经疏浚，峡谷滩潭仍在难免，下行过滩，尤其逆水行舟，橹手与纤夫发出的号子，高遏行云，震荡山谷，闻之令人肃然震撼。

清明未至，茶歌先发。赶茶厂房那边，男女茶歌竟日不辍。赶茶厂房设于泰和合主楼西侧，黑压压连绵二百余间房屋，所谓赶茶即是将此前经过焙、碎、扬、筛之后的茶粒进行分拣，簸去杂物，剔除零碎，依据颗粒成色、大小、形状，最终使之成为纯净的"米茶"。赶茶分"内赶"和"外赶"，"内赶"为长期雇佣的熟练员工，"外赶"则为临时招募，制茶繁忙季节，四山男女蜂集而来，多时每日至五六千之众。这时，茶歌之声便油然而生，先是发轫于某个角落，继而发展成为对唱与和歌。湘鄂边地，自古民风烂漫率真，那些生长于斯的山歌野调宛如山野草色水声，无不充满天然的鲜活与原始的真趣。茶歌中最为精彩动人的是两人对唱的盘歌——

说你聪明会唱歌，

天上明星有多好？

一升芝麻多少颗？

一匹绫罗多少棱？

你把根由告诉我。

且听那解盘的如何唱的——

七岁唱歌到如今，

没有上天数星星，

芝麻论升不论颗，

绫罗论尺不论棱，

你出难题吓哪个？

泰和合茶庄正门前方，那株巨杆虬枝古楠上，悬挂一口铜铸大钟，上铸"泰和合"三字。食堂早膳用过，上工钟声清越而起，茶庄所有职役鱼贯而出，依次步入各自岗位。卢次伦从宜红清舍信步走下来，深蓝粗布长衫，青色瓜皮圆帽，脚上独鼻深口皂底布鞋，乃是妻子杨素贤不俗的制作。对于卢次伦的衣着装束，也曾有人讪笑，说他如今拥金据富仍是往日一身金不换，其简陋也未免太过，话传到卢次伦耳朵里，总以哂然一笑置之。晏子一袭狐裘数十年不换，至裘敝洞穿依依在身，朗健行步便装清风，如此又何陋之有？步随铜钟清音，卢次伦开始每日例行的早班检视，从管事部开始，依次巡视过去。泰和合茶庄现已成为一庞大经济体，商务繁忙，事工庞杂，门类头绪错综复杂，然卢次伦竟如老子言治大国若烹小鲜。整座茶庄，数千人众管理秩序井然，茶庄下设管事、工厂、文书、司账、管钱、运输、总务、研讨、赈济、分庄 10 部，每部下面依据各自情形又分设子部若干，如工厂部下面，即设有秤量、碎茶、车扬、筛簸、分拣、烘焙、官堆、包装、验收、品题诸子部。每天早上，卢次伦从宜红清舍走出来，第一件事便是亲历各部。

来到品题部，卢次伦往往会坐下来。这是一间清雅的房子，镂花木雕窗子，临窗一面墙壁上挂木刻陆羽《茶经》，大厅轩敞明净，横中置放一排宽大木凳，上陈白胎细瓷茶碗数十只，及细篾精工簸箕 10 只，紧挨木凳数只火炉殷殷正红，坐在火炉上的白铁鹦嘴壶里清泉活火汩汩而鸣。坐在品题部里的为茶庄特聘来的茶叶品鉴专家，依案而坐，将分庄送来标记有等级字号的茶叶取出一撮，放入瓷碗，冲以沸水，而后盖上碗盖，数分钟后，将盖子揭开，用竹箕将碗中茶叶挑起，旋转一遍翻身，目视，鼻嗅，口尝，而后，复又将碗盖盖上，数分钟后，碗盖再揭，复以竹箕将碗中茶叶挑起，仔细审视之后，茶叶丢入一旁木桶，这时，再看碗中汤色，或赭红，或绛深，或明黄，或澄亮，而后作出最终裁判，论定品级，一锤定音。无疑，在泰和合诸多部门中，品题部堪称权威，正缘于此，卢次伦对品题一部极为重视，自然，其要求也更为严格，亲立条规，自春茶制作至秋茶收庄，其中半年时间，品鉴师不可饮酒，不准吸烟，不许食膻腥辛辣，以上规定，对于嗜烟酒者，不喑残忍酷刑。对此，卢次伦曾对几位瘾君子的品鉴师说，品题房是宗门禅房，品题则是清修一课，没有清修的功夫，跨不得这道门槛，而从这道门槛迈步出去的，无不得了释迦牟尼的真谛。舒基立负责品题部工作，平日，他不仅是一位大快朵颐的天才，且是一位资深烟民。无烟无酒无膻腥的"三无"日子，舒基立真可谓度日如年，烟与酒肉唤起的向往时常令他想入非非，深陷其景不能自拔，那种享用时的销魂愉悦与无以伦比的快感，就像一柄利刃，那么残忍地割锯着他敏感而脆弱的神经。自然，以上只是他私下的体验而已。作为一位制茶、品鉴师他更清楚，拥有一副味觉良好的舌头和一只嗅觉灵敏的鼻子对于茶叶品鉴何其重要，而质量则是决定宜红成败的命根。何况，卢先生也在和他们一起过着"三无"的"斋戒"生活——春茶制作开始，卢先生即吩咐厨房为品题部开了一桌"小灶"。从第一餐小灶开始，卢先生便和他们同桌用餐，这令舒基立心里分外感动，不过，每当卢次伦来到品题部时，舒基立还是故意拉长了一张苦脸：卢先生，这嘴里都快淡出鸟来了，这分明是在受戒啊。卢次伦看着舒基立的嘴，一笑：舒大师傅想要破戒了？那好吧，今晚就为舒大师傅破一次例，特设一道酒宴。

晚餐钟声响过，舒基立与品题部一行同伴走入西边小餐厅，但见卢次伦已站在那里，舒基立朝桌上觑去，两眼唰一下顿时发亮：满桌鸡鸭鱼肉——鸡鸭整只清蒸，外浇香油，红中泛黄，油光腻亮；鱼为整条黄焖，东坡蹄肘，虎皮红烧肉，天鹅抱蛋，一碗碗，满桌纷呈不一而足，且桌上放了一只酒坛。不过，围绕酒坛摆的不是寻常的泥金小酒杯，而是青花小茶碗。舒基立盯着那些青花小茶碗，眼里不无惑疑，莫非卢先生今天要特意犒劳我们，小杯不解饮，大碗喝酒，一醉方休？他拿眼朝卢次伦脸上瞟去，卢次伦蔚然笑着，也不说话，提起酒坛倒出一碗酒，端在手里：各位劳苦功高，卢次伦在这里要真诚感谢大家，特意敬大家一杯。舒基立感到诧异，卢次伦平日滴酒不沾，今天怎么居然喝起酒来了。卢次伦招呼大伙就座，并一一为就座者面前倒上酒，这时，舒基立的鼻子轻轻嗅了嗅——这酒坛子里装的原来不是酒啊，分明是天字号的宜红茶嘛，他端起茶碗尝了一下，旋即，拿筷子去夹桌上的虎皮红烧肉，先是疑惑，继而惊讶，眼前满桌纷呈原来不是真的，鸡鸭鱼肉，原来仅仅只是袭借了外在的赋形，酷肖神似，以假乱真，究其内在无不均为豆腐与面粉制作。舒基立筷子夹着一块虎皮红烧肉，眼睛看呆了，他为这满桌匠心的精制而惊叹——活色生香，惟妙惟肖，处处无不精巧生动，简直不失为艺术荟萃；他更为卢次伦煞费苦心匠心独运的晚宴深深感动，卢先生对他，对品题部及其所有属下，无不礼遇宽厚，然对宜红——每一道工序，每一个环节，却是孜孜以求一丝不苟，涓滴细微无不精心与严格。舒基立将那块"虎皮红烧肉"送进嘴里，吃罢，端起茶碗再饮一口：宜红胜美酒。他莞尔而笑，把茶碗伸向卢次伦，叮当一声相碰，卢次伦也饮了一口茶，笑眯眯打量桌上——素馔慰群伦。

答联堪称工对。

官堆部设在一间轩敞宽大的厂房里。经由品题部鉴定等级字号的茶叶，再过碎、车、筛、拣、烘一系列工序，至此，茶叶变成纯净的"米红"。此时，装箱之前的茶叶须由官堆部严格按照等级字号予以合堆，这道工序叫官堆，宜红等级分"天、地、玄、黄"四个大的等级，每一大级之内又分一、二、三、四级别，茶叶进入官堆，一年制茶至此即告完成。这天，泰和合茶庄要举行隆重的庆典，宜红主人卢次伦一反平日粗布便装，杭纺长袍，青丝马褂，圆顶宝盖青缎帽子，正厅神龛前，神农、陆羽二位先贤高高在上早已端坐那儿，三牲隆礼备至，红烛青香竞放。卢次伦顶礼膜拜，虔诚跪地，鞭炮声中，神农、陆羽二位歆享敬献。此时，泰和合所有员工和二位神灵一样，茶庄特备丰盛"官堆宴"，美味佳肴，饱餐口福，痛饮一醉方休。

这天，卢次伦一年中唯一一次破例饮酒。来到舒基立席前，卢次伦手执酒杯，奉向舒基立面前：舒大师傅，这次可是真正的酒哦。卢次伦嗬嗬而笑，舒基立面对举在面前的酒杯，笑得更是春风沉醉。历时半年的斋戒，时日漫漫无尽头，向往不息，那是一种怎样的熬煎！此刻，就像一名囚徒，终于获救，走出囹圄春色扑面好鸟传唱——面对卢次伦伸过来的那只酒杯又如何不叫他心花怒放？卢次伦浅饮一口，舒基立则举杯仰脖一饮而尽，卢次伦正欲再向桌上其余人等敬酒，眉梢忽倏一动，趁着席间哄笑喧哗，他匆匆一人来到一处房间，那房间门楣钉有一块红铜铸作的字牌，上刻"验收部"三个字。

验收部对官堆好的茶叶要进行最后的检验，检验标准除色香味鉴定，还须进行容积与重量的比例测定，验收合格之后，填写报告单，呈送卢次伦，经卢次伦核准签字后，茶叶才可交由装箱部装箱。每次，接到报告卢次伦必到现场查看，亲自过目确证无误，这才在等级报告上签字。这天，因忙于庆典，竟然忘了现场查看，直接在报告单上签了字，一般而言，经过验收茶叶等级品质不会出现差错，如万一疏忽出现闪失——卢次伦拿起手边天字号样茶，脸边顿起疑云，他先是拿鼻子去嗅，随后将茶粒在掌心摊开，一颗颗认真审视仔细辨别。忽地，卢次伦面呈异色，掌心中，一颗淡红那么触目，跻身一片乌润宝光之中——一颗本属玄字号茶粒，为何杂入了天字号官堆？卢次伦从装箱中再次抓起一捧，这次，竟然发现有多颗玄字号茶粒掺杂其中，卢次伦不及思索，转身夺门而出，前脚迈出门槛，忽又顿住——

昨天，经他签字的第一批天字号宜红已经装船启运汉口！

第九章

追红

那天，卢次伦从都白尼办公房出来前告诉对方，他在汉口只有三天停留，如果都白尼想要购买他的宜红，便请在这三天内上门与他签约，都白尼提出宜红降价，他留下"免谈"两字后，头也不回，径直走了。他胸有成竹，出于利益都白尼必定会找上门来。伦敦售茶与宜红茶会两件事都白尼均有意将陈修梅支开去了上海，或许，都白尼原想没了陈修梅从中耳目传信，他即会闭目塞听凭宰割，不想他却另有蹊径获得宜红在白金汉宫大受欢迎的消息。于都白尼，宜红乃一只鲜美肥羊，饕餮炙焰垂涎欲滴岂有不取之理？封闭消息，作梗茶会，撺掇外洋商行，其目的，不就是想将宜红操纵于股掌么？自然，他不会听凭于他的操纵，那天，他从都白尼那里回来，气定神闲静坐宜红汉庄楼上。去年，他在汉正街租下一处院落，既为宜红临时仓储，亦作汉口商务办事场所，他坐在汉庄二楼檐廊上，一边把盏品茗，一边望着远处惠罗大楼的屋顶，他在静候都白尼前来签约。他相信，有宜红巨大利益诱惑，都白尼到时一定会寻香而来。

三天过去了，都白尼没有来。

一个月后，宜红茶船抵达汉口，停泊万安港新码头，至此，卢次伦仍心存信念，都白尼定会前来购买他的宜红。茶船停泊三天过去，不见都白尼踪影，一个星期后，卢次伦禁不住心生焦急，茶船多滞留一天，宜红成本便增多一分，况且，汉口茶市历来抢的就是头市旺价，如此坐等只会错失"头价"，让宜红白白蒙受损失。无奈之际，卢次伦只得前去找都白尼，脚步迈出汉庄，即要前往，忽又站住。最终，他还是转身回屋去了，都白尼身为怡和大班，经年商海，鲸吞吐纳，何等场合不曾遭遇？设若如此找上门去，其结果可以预想。至此，卢次伦这才强烈感觉到，如陈修梅所说，都白尼确是一只狡猾的狐狸，他看中宜红价值利益，必欲取之，但他要主宰这场交易，凭借怡和强大的市场竞争力，坐定泰山，稳操胜券，最终让对方不战而败，以最低廉的价格乖乖就范。

这年，宜红共制"米红"一万斤，茶船在万安港新码头滞留半月后，都白尼那边依旧丝毫不闻动静，卢次伦知道，都白尼这是在以静制动，故作拖延，其目的，是逼迫他就范于他的圈套。曾经，卢次伦独坐宜红汉庄楼上，静候都白尼找上门来，如今，都白尼成了稳坐钓台的垂钓翁，时间成为他此时握在手中的暗器，他要利用这暗器与对方僵持，不动声色就这么耗下去，耗到最后，耗到底，直到鱼儿乖乖上钩。卢次伦则不能再等了，他一刻也耗不起，不足千两资本，全部押在了那几只茶船上，时间每拖延一天，便须赔进数十乃至百两损失。最终，卢次伦忍痛将一万斤宜红以每担30两价卖给了俄商顺丰洋行李凡诺夫，李在汉口开办有机制砖茶厂，此前，他从未在中国茶商手中直接购进过"米红"，李凡诺夫说，此次他之所以买下宜红，原因是他看中了宜红特有的品质，他想将宜红北运敖德萨，在那里开辟新的茶叶市场，30两一担除去成本，仅有微利。卢次伦一咬牙，还是卖了，想到都白尼的狡猾企图，即便贱卖，他也决不会去都白尼那里。令卢次伦没有想到的是，李凡诺夫买进宜红原是都白尼有意设下的圈套。惠罗大楼鸡尾酒会后，都白尼成为俱乐部盟主，饮酒寻欢的俱乐部成为都白尼利用的特别阵地，歌舞纵欢中，汉口洋行外商轻而易举归附旗下，巧借李凡诺夫，宜红得来毫不费功夫。实践证明，当初自己想出惠罗俱乐部创意，实乃慧眼独具、卓识超群。

卢次伦是在一个月后得知以上内情消息的。得闻消息，卢次伦当夜从宜市起程赶往汉口，到汉口后，直奔惠罗大楼都白尼办公房，站在都白尼面前。这次，卢次伦脸上没有了往日淳和温厚的笑容，站在办公房中央，寂默无声，两眼直视都白尼，卢次伦的突然出现令都白尼大出意外，尤其，那张坚硬的脸上冷冽无声直视过来的两道目光，令他顿感惊讶不安。他笑了一下，但笑容马上僵硬在了脸上，卢次伦开始说话，声音并不高，但每一句每一字无不击中心脏，令他呼吸困难心悸战栗。这是他来汉口十多年来第一次听到如此语言，它就如一把刀，青锋寒光，直逼要害，它就像一把锤子，每一锤击来，无不具备千钧之力。都白尼嘴张大，一对灰蓝眼球瞪圆，凸出，发着愕然的光，卢次伦的每一句每一字，砸在耳膜上，耳膜如一面巨大的回音壁，发出轰响，风啸，石崩，惊涛拍岸，溶岩迸发，山呼海啸，声音戛然而止。都白尼嘴依旧张大在那，对向洞开的门，身边一片空寂，偌大的办公房里仅剩都白尼和他坐下的那把高靠背椅子——

卢次伦走了？

都白尼眼神痴直望着那扇红松木门，一抹斜阳明如缎带从门外斜进来，一直斜到都白尼脚前，搁在座边的茶早已冷了，橡木地板上一处痕迹，那是卢次伦留下的足痕，远处传来大通巷福音堂晚钟声，都白尼如梦惊醒，身体倏忽一下从椅子上弹了起来。

卢次伦回到汉正街宜红汉庄不久，鳕鱼小班匆匆赶过来了，说，大班现在请卢先生过去，双方今天就签订协议。卢次伦虽没有感到吃惊，但眼前突然出现的变局却是他所未曾意料到的，都白尼态度忽作转变，并非因为他一席愤言直斥，更不会因揭示其卑劣丑恶而后幡然醒悟知耻悔改，他心底十分清楚，都白尼最终作出抉择，一定是他掂量到了宜红之于利益砝码的重量。

走进惠罗大楼二楼大班办公房，都白尼已将准备签署的协议展开摆放在那里。双方似乎心中早有默契，都白尼拿起笔，下笔前，朝卢次伦微笑点头，卢次伦举笔在手，同样报以都白尼点头微笑，两人几乎不用说话，同时在协议茶价下签上了"50两一担"。

协议签署，卢次伦从都白尼办公房往外走，都白尼叫住卢次伦，站起来，笑眯眯看着卢次伦，卢先生知道我为什么突然改变主意，和你签下了这笔协议吗？

卢次伦意味深长看着都白尼，不说话。

因为卢先生的人格令我钦佩。

卢次伦微微一笑，摇头：不，令都大班钦佩的是宜红巨大的利益。

外间，杯盏拳令笑声相竞，参与官堆宴的人们酒至正酣。

卢次伦愣立门口，耳边却是桨橹风声。几天前，溇水涨过一次水，昨日签发的100箱"天字号"宜红正是趁着水势，一夜骤雨，众峡归流，水疾如矢，此时茶船少说已到津市，追截茶船已不可能，然怎样办法才可补救眼前舛误？

宜红等级品鉴建立有一整套完备程序，先是下面各分庄收购"毛红"时，即由选派下去的"买手"（通过专门培训）鉴定等级，茶叶进入泰和合总部制作"米红"前，再由品题部复行鉴定，工厂按等级标示分批制作，茶叶装箱前特设验收一部，再行检验，以防万一疏漏，并最终报卢次伦亲笔核准签字，至此方可装箱发货。按理如此繁复周密的检索，等级品质断不会出现问题，但问题偏就出现了，苟责失职追究责任，显然不是当务之急，自责失察亦无现实意义。那天，卢次伦中途离席官堆宴出来，没有惊动他人，他匆匆写了一纸文书，吩咐门房交予总管吴习斋，简述以上情形，嘱其原定庆典宴散之后发放员工工资一事照章行事悉数付与，并将茶庄事要暂交管领，及至此次官堆失误，疏忽失察，过责概由他一人承负。

泰和合茶庄管事部下设有内外邮差，内差负责周边信息传递，外差备有健骡两匹，专事长途急信送达。从官堆宴出来时，卢次伦原想由外差快骑赶赴汉口，后来，他改变了主意，"玄"字号茶混入"天"字号虽寥寥几粒，不加仔细查验根本无法辨出，都白尼也未必逐箱查验，况且，错混的或许仅是他看到的那几箱而已，但官堆确实出现错误，宜红不仅是他一人心目中的金字招牌，更应是广大社会民众的一块金字招牌，倘微瑕未察最终岂不是消费者蒙受骗局，如是，他心中何安，诚信何立？倘有发觉"玄""天"混淆以次充好，宜红未来何以立足，宜红的身价声誉岂不是再无信实一落千丈？若是这样，其后果绝非100箱宜红价值损失，它关乎宜红生存未来，关乎他的人格操守事业成败，卢次伦直奔东街马厩，牵出那匹平日下茶区骑乘的雪骢马，纵身一跃双足登上马鞍——茶船虽是顺风顺水，然下津市，过洞庭，至城陵矶入长江口，途中多有迂回曲折，如今，他快马加鞭，翻越横亘40里北面大山，抄小道一路直插鄂西，而后奔宜都，下荆州，山道虽为崎岖险阻，然比之船行却大为捷径。雪骢步出宜市街道，卢次伦扬起手中竹根鞭，在马屁股上猛击一鞭，马蹄开始奔跑，风在耳畔发出啸声，他必须赶在茶船抵达之前，争先到达汉口。

　　宜红茶船抵达汉口万安港码头时，都白尼的劳德莱总督号海轮早已候在江滨。都白尼今日一身藏青，上装、西裤、皮鞋，严格按照"三一律"着装颜色要求搭配，内衫领口雪白，垂在领口下的领带则为赭红。清早，宜红汉庄来人告诉他，首批100箱宜红天字号已经运抵万安港，都白尼来不及喝早茶，叫上小班，匆匆赶来港口码头，码头停了好些船只，都白尼一眼便认出了装载宜红的茶船，疾步上船，径直来到船舱，站定，鼻翼扩张，悠长深吸。他笑了，眼尾，嘴角，笑纹如春水游出的蝌蚪，一尾尾，鲜活而生动，他轻轻摇头，继而，又频频点头，他又嗅到了那种令他痴迷沉醉的气息——不，令都大班钦佩的是宜红巨大的利益。卢次伦，那个年轻的中国茶商，他站在他面前，脸上毫无畏惧之色，甚至，在他的眼里，脸上，蔑视与鄙夷表露无遗，说心里话，他的倔傲、率正、疾恶如仇、不畏犯颜的勇气着实令他心里钦佩，自然，最终让他作出决定的是利益，觊觎白金汉宫供茶权利者至今大有人在，宜红是他的制胜之宝，其身上蕴藏有巨大商业利益。利益当前，必欲取之，哪里有利益，哪里便有怡和，何况半个世纪前，叔公就已经为他作出号召。

　　在一排码放齐整的茶箱前，都白尼双手伸出去，抚在枫杨木茶箱上，眼睛则凑近去仔细端详——淡蓝的商标，龙凤呈祥的图案，印在图案中央"宜红"两个楷体红字，下面，"天字号"验讫图章及"泰和合红茶号制造"左右罗列，鳕鱼小班见都白尼长时间站在那里不声不动，走近去小声问，大班阁下，劳德莱总督号今天是否出发？今天。当然今天。马上。现在。现在就出发。

　　发现自己原来站在宜红茶船上，都白尼愣了愣神，两眼郑重盯住小班：赶紧去把陈买办叫来，和宜红汉庄验货签收，你去花楼街青龙港江汉关办理海关报运单，两人分头行动，各司其职，不许耽搁，现在什么时候？上午9点，时间很紧，装卸码头工人中午不许休息，记住了，劳德莱总督号下午两点不得有误，一定准时出发！

　　从万安港码头回来，都白尼这才记起自己忘了喝早茶，佣女玛丽毕恭毕敬候在门口，椭圆橡木餐桌上，牛排、火腿、鹅掌、鸡丁、奶酪、蛋糕、胡桃肉、车厘冻、杭橘、舍利酒、香槟、牙买加蓝山咖啡，琳琅满目陈列眼前。都白尼不待坐下，随手抓过一块牛排，塞进嘴里，正要享用，门外远处忽传来一阵激扬马铃声。

他看到了那匹马，雪白，长鬃，喷着响鼻，显然，它累坏了，鬃毛因湿透贴在脖子上，背脊两侧大颗汗滴颤闪滚动。卢次伦站在都白尼面前，一身风尘仆仆，脸上因过度疲劳呈现苍白，一双眼睛则显出焦灼急切的光。都白尼见状，心底不由一紧，此君满脸难色慌乱而来，莫非是来与我翻悔，想要抬高宜红价格？都白尼迅速坐正身子，让脸上即刻遍布笑容，心底却在紧急布阵，当得知卢次伦连夜兼程赶来的真正缘由，都白尼一下愣在了那里。

非常抱歉，大班阁下，宜红错混是我的失责，您如不愿购买，我会全部召回，假若由此给您造成损失，概由我负责承担。

都白尼似乎没有听懂卢次伦的话，两眼发怔看着对方。忽然，他从沙发上一弹而起，刚才，陈修梅那边派人来告知，宜红已经双方验毕，现在码头工正在往劳德莱总督号上搬运。都白尼扔下卢次伦，一路疾奔来到江边码头，劳德莱总督号船头上空蓝白相间的米字旗正在缓缓升起，船舱中，100箱宜红已全部装舱完毕，船长兼舵手的亚历山大端坐驾驶舱里，眼睛盯着前方江面，就要拉响起航的汽笛。都白尼挥舞手臂大声喊，停开，亚历山大，亚历山大，停开！箭步登上海轮，将亚历山大叫到面前，告知情形后，叫来一名员工撬开身边一只茶箱。宜红装箱为特有的枫杨木，此种木质坚韧密致，防潮保鲜性能极佳，木箱内层及牙口钉眼均裱糊三层上好丝棉纸，外层则涂以煎光桐油。撬开木箱，内面是装茶叶的锡袋，此种锡袋专为密封茶叶制作，云南个旧多锡工，卢次伦特意从那里请来一帮锡匠，制作锡皮袋，每只型制规整，刚好装茶一担（100斤）。切开锡袋，都白尼伸手取出一把"米红"，摊在掌心，匀细的颗粒，乌亮的光泽，似兰似蕙的馥郁，都白尼两眼凑近掌心，仔细辨认，继而，将鼻子凑近去，深深嗅吸，他闭上眼睛，复又睁开，眉头揪起来，眼缝眯细，两眼再度凑近掌心，他开始摇头，轻轻摇一下，接着又摇了一下，脸上呈现迷惘懵懂，眼中则似有迷雾笼罩，最后，他把脸抬起来，目光投向身旁的卢次伦。卢次伦伸出一根手指，指头在都白尼掌心轻轻拨动。这时，一颗色泽略显黯淡、颗粒稍嫌粗糙的茶粒从中剥离出来。

这是"玄"字号等级的茶。卢次伦手指点着那颗茶粒，说。

都白尼将那颗茶粒剔出来，捏在拇指食指间，举在眼前，以一种怪异的目光，近瞅，侧瞧，审视，打量，仔细端详——

你骑马从宜市赶来？

卢次伦点头。

从宜市到汉口多少里程？

旱路 1200 余里。

山路？

大多是山路。

走了几天？

五天。

都白尼大声呼叫鳕鱼小班，要他马上派人将小客厅那把金丝楠木太师椅抬到他的办公房里去，那把椅子也是都白尼的专座。几年前，陈修梅从浙江东阳专程购买来，木料贵重自不必说，雕工制作堪称艺术精品，都白尼不仅坐在那把椅子上接待来客，他还喜欢独自一人坐在上面或黉夜静读，或听雨品茗，或沉思默想，或什么也不做，就那么一动不动待在椅子上。都白尼叫人将那把椅子摆在办公房中央，与那把高靠背紫檀椅紧挨着并排摆在一起：卢先生，请坐。都白尼伸出一条手臂，指向那把金丝楠木太师椅，卢次伦朝那把椅子看一眼，没有坐。卢先生，从现在开始，这把椅子专属于你，请坐，快请坐，我有许多话这时要和你说。都白尼看着卢次伦，卢次伦依旧没有坐：大班先生，我想好了，这批宜红我还是召回，100 箱，全部召回汉庄。都白尼摇手：不，卢先生，坐下说，不必召回，大可不必，100 箱我全买下了，依照原订协议，50 两一担，照付，分文不少你的。

卢次伦最终还是将 100 箱错混宜红召回汉庄去了，他要吴习斋派来五名"内赶"技工。一个月后，经过重新"内赶"的 100 箱宜红装箱包装，查验交货完毕，都白尼亲自前来宜红汉庄请卢次伦去怡和洋行惠罗大楼，在大班办事公房，都白尼亲自为卢次伦沏茶，请卢次伦坐上那把为他专置的太师椅，说，今晚他特意准备了一场鸡尾酒会，在大楼顶层的惠罗俱乐部，专为卢次伦一人，他准备了最昂贵的香槟巴黎之花，并专程从上海请来了俄罗斯艳舞。都白尼说，三年前的宜红茶会是他在背后搅的局，今晚他之所以特意为卢次伦举办专场酒会，其缘由就是为了弥补内心深处的那份愧疚。都白尼神情郑重，语气充满诚恳。卢次伦接过都白尼递过的青花茶碗，没有喝，也没有在那把椅子上就座：都大班，您的真诚和盛情我已领受，恕我实在不能赴您的酒会，您应该知道，我的泰和合茶庄才初始创造，资本短少，困难重重，诸多责任全系于我一身。如今正值春茶制作，茶庄事务繁忙，今晚我就要起程赶往宜市去。

都白尼看着卢次伦，不出声，眼神陌生，特别，似乎要从卢次伦脸上寻找什么：卢先生，你能如实告诉我一件事吗？都白尼似在思索一道艰深玄奥的难题，脸上呈现迷茫疑惑神色，两颗灰蓝眼球寻寻觅觅，仿佛就在卢次伦脸上，隐藏了令他无解的旷世秘密。卢次伦微笑看着都白尼：都大班只管问，只要我知道的，一定如实告诉您。

卢次伦走了。

都白尼看着那把摆在紫檀椅旁的太师椅，忽然，他疾步追至门边，朝走廊楼梯口大声喊——

卢先生，这把椅子永远属于你一个人！

回到宜市，未及走进茶庄，卢次伦听到一则消息，泰和合的制茶师傅跑了。

舒基立跑了？

是因为验收失察害怕追究责任（时舒为品题、验收、训练三部总干事），还是别有因由不辞离去？他不敢相自己的耳朵，舒基立怎么会跑呢？他千里迢迢把他请来，宜红草创历经多少艰苦，宜红之有今日成功又何尝不有他的巨大功绩？官堆宴席上，舒基立不是还在和他乐呵呵地说着玩笑吗？训练部数百名制茶技工尚在训练，研讨部茶园改良制茶技术创新方案尚待确立。汉口回来路上，他还想着宜红制作改进提高，两人亟须切磋，他岂可就这样一走了之呢？

舒基立从研讨部走出来时，恰好碰上走进来的卢次伦。舒基立并没有走，是当初与他一同来宜市的另一名制茶师傅走了。看到宜红成功，易载厚也要搞红茶，茶号匾额都做好了，叫德大生。舒基立语带愤懑，卢次伦的眼里则透着隐忧，他说他的那个同伴就是易载厚高价挖走的，他问卢次伦要不要想办法再把他挖回来。卢次伦说，不必了，人各有志嘛。

易载厚性情内敛，为人为事大多不事声张，但这一次他的红茶号德大生挂牌庆典却一反常态，张灯结彩鞭炮锣鼓自不必说，他还特意从300里外的澧州请来一套荆河戏班。更令宜市百姓称奇惊讶的是，那天，据说堂堂县丞也将亲临现场，并且，还要亲手为德大生红茶号揭匾。试想，在一个距离县府数百里之遥，榛莽塞途，山路迢远，如此边鄙荒远之地，山民何曾见过如此排场，更遑论堂堂七品县官亲自莅临？距离挂牌庆典还有好些天，宜市街头，那些来自四山的山民，以及当地土著百姓，或张目刺探，或奔走相告，或彼此呼唤高声应答。山民们感叹复感慨，咬人的狗不叫，半路杀出个杨泗将军，最后出招的才叫撒手锏，这回易载厚算是闹大了。想想看，县太爷都请来了，为他揭牌子，蚂蚁戴笼套，多大的面子啊！也有人为卢次伦担忧，易载厚这分明是要从卢次伦碗里抢食嘛，易家力厚势大，卢次伦远客一个，独在异乡，哪里是他的对手？

德大生挂牌庆典前三天，易载厚登门泰和合茶庄，亲手给卢次伦送来了请柬。对于易载厚此举，茶庄上下，无不一片责难之声。职员中，为卢次伦声讨易载厚居心不良者有之，替卢次伦谋略掣肘遏制易载厚者有之，陈述德大生于泰和合之利害规劝卢次伦庆典那天必须给易载厚施以颜色者更是有之。庆典那天，卢次伦特意换了一身烟色丝绸礼服，妻子杨素贤和儿子鸿羽同样一身新装。看见卢次伦携妻挈子而来，易载厚先是惊讶，继而面呈欣喜，县丞果真被请来了，同时还有水南渡司董张由俭（时宜市辖属水南渡司）及四乡缙绅人士。午宴开始，易载厚特意将卢次伦请上中堂首席，与县丞、水南渡司董张由俭同桌，给卢次伦敬酒时，易载厚面呈丰笑，但笑意之下，分明难于掩饰内心的窘迫与难堪：卢先生光临，令易某不胜荣幸。顿了一下，

又说，卢先生，你不会怪罪我吧？卢次伦两眼煦光，浅笑微微，一脸真挚诚
恳：怎么会呢，开发货殖，利民福祉，我要诚心为你祝福啊。

卢次伦与易载厚说话时，坐在一旁的鸿羽青目熠亮。盯在易载厚胖乎乎
的脸上，坐在县丞下方的张由俭见了，忽想起什么，来了兴致，对卢次伦说：
听说卢先生令郎颇有诗才，人称诗童，今天机缘巧合，能不能让鄙人也识见
识见？卢次伦连连摇手：不敢不敢，都是妄传。鸿羽一嘴把话接过去了：谁
说是妄传？我是能诗嘛！水南渡司董张由俭嗬嗬笑起来，伸出一颗拇指，蹉
在鸿羽鼻准高处：好，好，果然不同凡响。说着，身子凑过去，将一副肥腴
阔脸摆在鸿羽面前：那我要现场考考你的诗才。鸿羽脸一偏，双眸浏明，嘴
唇噘起来：考就考！张由俭笑态可掬连连点头：这样吧，你就以我为题，现
场赋诗一首如何？鸿羽从板凳上跳下来，走近张由俭身边，两线细眉渐次揪
起，一对犬牙白历历钉进下唇两边，他拿眼瞥着对方，自上而下瞥过一遍，
继而，脸仰起来，眼睛望向头顶上空，眼珠辘辘转动，口中唯唯在默念着什么。
这时，门外忽传来"咴咴"两声马叫，鸿羽一阵激灵，双眸熠亮，忽生灵犀——

十年寒窗黑统统，
一日出头当司董。
前呼后拥两乡丁，
胯下骑个嘚嘚犟。

张由俭像是没听明白，两眼发愣怔在那儿。席间突然一下没了声音，眼
睛几乎同时投向鸿羽，惊讶、诧异、惑疑、震惊，目光交集，神采殊异。鸿
羽站在张由俭跟前，脖子伸长，脸朝上仰，嘴角噘起，青眼瓦亮扑闪，盯着
张由俭巨型胖脸，神情活似一只骄傲的公鸡。张由俭犹在发痴，不过，脸上
赘肉分明在下意识中恢复知觉，边缘隐然颤动，居中悄寂隆起，情状类似梦
魇深处本能战栗，又像一方置之案头的鲜肉，虽经刀俎屠解，然某处神经犹
在縠觫抽搐。席间无声其实仅为极短暂一刻，然停杯住箸满席缄默众目瞪
瞪——时间在那一瞬息似乎一下凝固。有人无意识中支楞起耳朵——似乎听

到了从水南渡方向摇落而来的马铃声；有人嘴咧开了，眉眼悄张，忍俊不禁，仿佛看见了张由俭骑下的那匹"嘚嘚耸"，以及跟在前后一路吆喝的两名乡丁。最终，是那位县丞打破了席间的沉寂：胯下骑个嘚嘚耸——造语新奇，超脱窠臼，妙，妙！听得县丞喝彩，席间其他人众齐声附和。卢次伦坐在一旁，先是面呈惊讶，接着脸沉下来，瞪着鸿羽：都在胡诌什么？！声音虽不高，语气却透着威严斥责。不想鸿羽竟并不慑服：是这位伯伯叫我赋诗，怎么是胡诌？卢次伦连忙把脸转向张由俭，满脸赔笑：小子实在懵懂无知，还望司董大人海涵。张由俭不知是一时语塞，还是有意不予搭理，嘴皮虽频频在动，口中却不闻发声，脸上色泽在急遽发生变化，先是挨近两腮地方出现异色——两块瘢红，比朱砂更深，比赭石犹赤，色泽绛深类似猪肝，很快，瘢红下移拓展，自下颚至喉结，至脖梗，一会儿工夫，整个一截脖子全皆渲染，红涨赤紫有如一段刚才出炉的烤肠。

和凯瑟琳王后一样，女王爱喝茶，喝印度大吉岭二号，尤其下午茶。女王喜欢看大吉岭的汤色，盛在青花白胎小茶盏中，金晃晃，一轮轮宝光，大吉岭二号的醇香那么特别，它让你想到丝绸，轻盈，柔软，光滑，细腻，让你想到耳边天籁，云中飘来，轻吹一片，悠长而妙曼，它更像一条引领你的小径，循着指引，徜徉漫步，无形中，你听到溪水流淌的声音，你看到了儿时走过的那条小路，路边开遍野花，炊烟从前方远处冉冉升起，甚至，你听到了母亲呼唤你的乳名的声音。但是，自从尝到卢先生的宜红后，女王从此便离不开它了，那天，女王特地召见我，女王问我，世上怎会有这样奇妙的香叶呢？老实说，女王的询问我还真不知道，当时我只能是胡诌，我对女王说，宜红生长在一个神秘神奇的自然王国，独特的地理环境，加上祖传秘制方法，所以才有了这样奇妙的香味。那天，当都白尼得知卢次伦从宜市千里之外赶来就是为了告诉他宜红错混出了问题，深为感动之际，禁不住便把宜红在伦敦白金汉宫大受欢迎的情形据实告诉给了卢次伦，听着都白尼的话，卢次伦忍不住笑起来：大班先生胡诌得不无道理，不过，另有一个重要原因，就是制作宜红的原始野生大叶茶树品种，它叶肉肥厚，叶质富含天然养分，尤其，那些数百年乃至上千年的古茶树。都白尼显出惊讶：宜市真有这样古老的茶林？都白尼忽想到什么，抓住卢次伦的手：卢先生回去，以那样古老茶林的茶叶制作一批宜红极品，不以惯用的百斤木箱包装，小型精包装，专供白金汉宫王室。今年肯定来不及了。那明年，明年一定。都白尼两眼发亮，灼灼生光，明年白金汉宫要举行女王执政60周年典庆，听说今年就在着手筹备，这可是一个难得的商机，中国人有茶寿之说（视茶字上面草头为二十，以下八和十，加上最后撇捺，总数108，故108岁人称茶寿），我若以此为契机，来个预祝女王茶寿……都白尼为自己能突然想出这样一个金点子心底窃喜不已，他嘱咐卢次伦，极品宜红制作务必及早落实，不过，他没有将那个金点子告诉卢次伦。

惠罗大楼二楼。怡和大班办事公房。卢次伦被都白尼请上那把金丝楠木太师椅就座，都白尼亲密含笑看着卢次伦，他主动提出，从今年开始，提升宜红价格为60两一担，并承诺日后泰和合茶庄生产的宜红概由怡和洋行收购。对于都白尼的态度转变卢次伦自然心中欣喜，从大班办公房走出来时，卢次伦向都白尼行施以拱手礼告辞，都白尼起身相送，忽想起什么：卢先生，上次你对我的回答我还是不能相信，或者说不能明白，你千里单骑赶来汉口，究竟为了什么？都白尼眼里有猜疑，更有困惑。告诉你我的宜红混级装错了。真的就为这事？卢次伦点头。

春茶采制开始，训练部数百名制茶技工纷纷下赴分庄，准备"毛红"制作，然就在此时多处分庄传来消息，茶农们"反水"了，他们不再将茶叶卖给泰和合茶庄，说是德大生已给他们茶园下了定金。那些天，卢次伦每日颠簸鞍鞯之上，辗转奔赴分庄之间，情形果如其言，多处分庄茶园倒戈易帜德大生。卢次伦颇觉讶异，易载厚何来如此广大资本，竟给这么多的茶园下了定金？原来，易姓在宜市一带堪称大族，当年添平所土司武德将军余荫犹在（土司千户官覃添顺夫人易淑贞，诰封一品夫人，为易氏远祖姑母），藤蔓牵延，瓜葛编织，易载厚正是利用"亲缘乡土"这一传统中国的别样武器，近乎不动声色，使之宜市周边方圆数十里茶园归属自己旗下。易载厚的背后出手令卢次伦措手不及，完全打乱了原有计划，因有去岁都白尼预订宜红签约，今年，他本想扩大宜红生产，产量达 10 万斤目标，如今，茶源突然出现问题，不仅原有计划将成画饼，且茶庄运转一下陷入混乱，技师无茶可制，"买手"无茶可收，工厂面临关闭，不仅舒基立、吴习斋等高层管事忧虑不安，一般职员办事尤为陷入仓皇无序。正值上下一片茫然，一连数日卢次伦却不见了踪影，连同他的坐骑，那匹雪骢马，同样杳然不知去向，宜市街头一时谣言四起，人们纷纷传说卢次伦跑了，带着几年在宜市赚得的银子回老家去了。不过，在稍有头脑的人面前，那些谣言不攻自破，杨素贤从茶庄走出来了，身边跟着七岁的儿子鸿羽，母亲面呈蔼笑，仪态从容娴静，儿子更是一脸鲜活天真。时过一星期后，一天清晨，人们大多尚在梦魇，宜市街头响起清越的金属颤音，雪骢马蹄盏踏着青石板上的清晨，卢次伦坐在马上，脸色虽呈疲惫，眉宇却明朗舒张，两目之内分明有一种勇毅，如日出云缝，逼亮闪光。原来这一连数日，卢次伦去了鄂西南，易载厚抢去了宜市一带茶园经营，逼迫之下，他只可战略转移，将分庄向湖北五峰、长阳、鹤峰纵深拓展，值得庆幸的是，这一趟登门拜访，鄂西南一带腹地新增泰和合分庄二十余家。

德大生出事了。

进入三月，连续半月阴雨，原订将茶叶卖与德大生的茶园鲜叶采摘下来，因无烘焙设备，加之制茶技师匮乏，以致"制红"大多失败，当利益与亲缘发生冲突，茶农们毫无悬念选择了前者，他们纷纷奔向易家饭铺，要求德大生为其赔偿损失，易载厚不敢露面，若要真的赔偿，他就是搭上老命赔上老婆伢儿也赔不起，躲在后山老二家一口装红薯的地窖里，听着外面淅沥雨声，易载厚在心底怆然长呼——

天要灭曹，天要灭曹啊……

唐锦章撑了一把油纸伞从泰和合茶庄青石券门底下走进来了。

"赶茶"厂房那边，数千男女正在"赶茶"，茶歌悠扬，传唱互答。卢先生，你这里又是一重天啊！唐锦章眼观两边厂房，朝着卢次伦嗞嗞笑起来。卢次伦笑脸迎上来，隔老远，朝唐锦章拱手致意：普天之下，莫非王土，雨打芭蕉，皆是纶音。唐锦章笑着摇头，不，你这里砌有焙炉，你的分庄听说也都砌了，如是纵有淫雨三千，老天又岂能奈你何？卢次伦将唐锦章让进三泰楼后间会客室，涤器煮水，为唐锦章执壶瀹茗。唐锦章见状，作出阻止的样子：卢先生，现在你是赫赫一方大亨，县太爷见了也要礼让三分，瞧你这——我，一个老朽，实在承受不住啊。卢次伦笑容淳厚，谦恭诚笃且又不乏聪敏清明：唐老这样说就是见外了，当初若不是您老见爱相救，次伦何曾敢奢望能有今天？唐锦章打量着卢次伦：既然卢先生还能记住老朽，那我也就不再客套了，今天我来是有一事相求。卢次伦将泡好的茶盏递到唐锦章手里，唐锦章接过，轻嘘盏沿，浅啜一口，之后，两眼看着卢次伦，无形中，脸上笑貌敛去，眼神变而深沉凝重起来：卢先生，德大生的事想必你也听说了，载厚这个人哪……怎么说呢？唐锦章说话时不失时机观察卢次伦脸上神情变化，卢次伦一如既往面呈笑貌，看见唐锦章的第一眼，他便知道了唐老先生冒雨前来的目的。在宜市，司令官的令尊完全称得上一方神圣，但老人家并不以拥有这样一个响当当威赫赫的儿子恃骄摆谱，相反，老人家爱管一下周遭百姓的闲事，急人之所急，解人之所难，颇有行善布德正义化身之风范，故而，宜市一带山民便给老人家馈赠了"管得宽"如是一个雅号。卢次伦料定唐锦章会要他摒弃前嫌拉易载厚一把，解危难于倒悬，拯人急于水火，果如所料，唐锦章正如是在说，他要卢次伦把德大生订户的茶园接手过来，泰和合设有焙炉，阴雨制茶也不致影响，这样，茶农的茶叶也便不会再受损失，至于因为"制红"失误造成茶农的损失，德大生与茶农原有约定，自然那是他们的事。到时若果德大生实在无力清偿——唐锦章说到这，蔼然一笑：我知道卢先生宅心仁厚，多余的话我就不说了，我今天来只请卢先生能够答应我前面说的茶农的事。

唐锦章看着卢次伦，等待回答。

卢次伦为唐锦章续茶，含笑不语。

宅心仁厚。他以为，这四个字于他完全毋庸逊让可照单接受。然他仁厚并不愚笨，让他去充当一个冤大头这样的事他断然不会去做。茶农的事他自然乐意接受唐老建议，一季春茶那是茶农一年的指望，况且，此举非但有失地收复的凯旋得意，更兼有经营的利益可图，不过，此时此地，他还不能就这样当着唐老的面一口应承下来，他必须要易载厚亲自登门来亲口对他说。鉴往识人，于易载厚，光凭口头承诺还不行，还须形诸笔墨留存，他之所以要这样，并非是想借机观看一个落水狗的可怜丑态。投井下石，讥讽嘲弄，绝非他性格所为，然世事之变幻，人性之幽暗，屡经易氏交往经验，不能不让他有所考量。唐老，接受茶园的事次伦自然听奉您的，不过，这事牵涉商业利益，最好还须让易老板亲来一趟泰和合，当面与我说好，这样似乎更为妥当，唐老您觉得呢？

唐锦章笑着点头，卢先生言之有理，我这就去跟载厚说。

因为烘焙设施完备，连绵春雨并没有影响宜红制作，相反，这年宜红生产增长，销售达15万斤，尤其精装"专供"以斤论价，每斤售价高达二两纹银。

漫长的梅雨终于散去，山岭从雨水洗过的澄明中次第呈现，浓绿醒目，晨岚悠游，鸟鸣清秀，浪传宏声，阗寂一宿后的石板街醒过来了，双合木门开启的声音，店铺梭板卸下的声音，汲水汉子下河的脚步声，河边洗衣棒槌声，儿童啼哭声，狗吠声，鸡啼声，牛羊声，马铃声，鸟鸣声，坠露声，跂鞋声，呵欠声，哼唱声，喷嚏声，懒腰声，隔河道早声，檐下拉呱声，船古佬吆喝声，女人笑骂声，铁匠铺开砧声，豆腐坊舀水声，扫帚扫地声，锅碗瓢盏声……

众多清早醒来的声音宛若一首多声部晨曲，交相纷纭传来。卢次伦站在宜红清舍门前石栏杆边，望眼晨光中的宜市小镇，想到当年孔子闻韶，卢次伦不由会意而笑。其实，还有一种声音，读书声，鸿羽正在前厅朝读，每天卢次伦清早起床，都要把儿子叫起来，说，一日光阴在于晨，晨光不可负，最宜读书。几年下来，每日朝读已经成为鸿羽习惯，早上起床第一件事便是展卷读书——

大道之行也，天下为公，选贤与能，讲信修睦。故人不独亲其亲，不独子其子，使老有所终，壮有所用，幼有所长，鳏寡孤独废疾者皆有所养。男有分，女有归，货恶其弃于地也，不必藏于己，力恶其不出于身也，不必为己。是故闭谋而不兴，盗窃乱贼而不作，故外户而不闭，是谓大同。

　　卢次伦要求鸿羽每天清早的朝读必须是诵读，读出声，琅琅在口，抑扬入心，如此以便领略记忆。伴随清纯的诵读声，前方，古楠上空，传来泰和合茶庄第一遍钟声。依据员工作息，茶庄白天敲九遍钟，夜晚则每更一钟共敲五遍。青铜的颤音，如水面扩散的涟轮，在山光青翠之上一轮一波漾荡传播。晨岚散褪，山峦尽显，依偎群山怀抱的宜市如同刚从暗房洗印出的彩照，街面清露含光，檐瓦黛湿浏明，坐落山麓的泰和合大楼，围绕大楼厂房的屋顶，面街而立的商铺店家，毗邻联袂的板壁木楼白粉翘檐，朝日尚未出来，晨光浏明如绫子，谁家屋瓦上率先升起第一缕晨炊，软软一穗乳白，生长于黛瓦蓝天之际。无端地，卢次伦眼前浮出一幅画面，珠江码头，17岁的孙文身着青灰短装，手提藤条箱，站在船头，朝他挥手，那是一艘开往香港的客轮。而他则站在另一艘轮船旁，一会将随郑观应去汉口，表弟孙文朝他挥手时，他也把手举起，朝那个一身清瘦的表弟挥手致意，同时，两人相望会意而笑。此前晚上，表兄弟二人几乎整整一夜没睡，他们谈论郑观应的新著《易言》，谈鸦片战争，谈到西方君主立宪制度，孙文以为，中华未来，必得推翻腐朽帝制，创建一个崭新制度社会。而在他心底，则深为郑观应郑先生描绘的实业举邦富国强国感动，以通商为大径，以制造为本务，畅通货殖，发达经济，开启民智，淳化风俗，如西人摩尔笔下所绘。在两人遥相挥手相视而笑那一刻，他分明看见了那个心向往之的理想国度。

第十章

鸿羽

七爹来了。

在湘方言特定语域里，"爹"除却一般读音 die 外，它还有一个特读音——dia，一般读音 die 表父辈，而特读音——dia，则在辈分上更上一层，表爷辈。眼下宜市人们尊呼的这位七爹的"爹"便属后一种，也就是说，当你听到人呼七爹时，你所看到的这位站在你面前的男子在呼者跟前并非伯、仲、叔、季之类父辈，他是"爷"，是"祖"，是父辈之更上一层的尊者。

湘北方言尤其是宜市一带"土话"，其音义表达极微妙复杂，这不仅与封闭的自然环境有关，更因这一带本属土家原著，不仅历代管领行使自治，且有属于自己的独特语言，如称女人叫"马马得"，称男人"洛巴"，母亲叫"利牙"，女儿为"洛盖"，瞌睡叫"昂"，害羞叫"乳嘎"，土汉糅杂，山风浸淫，使得这一方的"说话"不仅音义繁复，且往往呈现话中有话弦外有音的旨趣余味。譬如，这七爹的"爹"，本义是表爷辈称呼，但用在此前这位身上，呼者称呼时有意识将"爹"拖出一个绵长转音，呈现出一种难于言状的韵味，由是，这个"爹"便有了变味；更有一帮年岁尚轻的堂客，喊七爹时，故意将那个"爹"叫得脆生水嫩，叫出一种花腔效果，并且，叫的时候，伴以眼角电闪异彩一瞥，于是，这"爹"又有了被嬉戏诙谑的成分，本义肃然起敬的"爹"便有了不恭、轻佻、调笑、嘲弄，乃至有了被侮辱与被损害的味道。

其实，论年岁，这位七爹并不年长，也就四十出头的样子，生一双萝卜花眼睛（其实只有一只）。关于那只"萝卜花"（眼球上生有白色云翳），不知哪位地方才俊专为它作了一则谜面——

悬崖陡壁一枝花，

不沾泥水不沾沙。

隔壁有个亲兄弟，

家务事儿全靠他。

旨意出发不无轻薄，然造语形容却是鲜活逼真。至于一个才过四十的男子，为何人皆称他七爹，宜市人则大多语焉不详，自然，也无人留心去诘难稽考，只知道这七爹曾在一些年前收过一阵猪捐（屠宰税），据说是因吃了"肥水"，结果把一项顶好差事给弄丢了。关于此事，宜市民间还传有这样一则民谣，专叙七爹收猪捐的事——

去年何等起翘（神气的样子），

挑一担篾笆篓，

到处收猪捐款，

哎哟喂，人人看见喊七爹；

今日这般甩杆（沮丧倒霉状），

吊两坨清鼻涕，

在屋烤粗壳火，

哦嗬呀，软得像八儿（男性生殖器）。

造语虽欠雅致，然形容七爹丢官前后情态神状惟妙惟肖，实为精彩之笔。按说这七爹也曾一度为泰和合分拣部"外赶"厂房里的一名员工。七爹人到了爷辈的份上，而家庭状况却是两只肩抬张嘴一人吃饱了全家不饿的大龄单身。七爹长相不俗，若不是那只萝卜花眼睛，完全可以称得上器型伟岸仪表轩亮，不过，七爹有一个致命的缺陷，就是他的那张嘴，屡教不改好抽那么一口。清廷自乾隆、光绪以来，明令禁止国人吸食鸦片，轻者施以枷杖，重者治罪投狱，甚至绞杀治死，七爹父亲正因为沉溺烟土而不能自拔，最终落得个死在县衙牢狱。

据说，在七爹祖上一代，家道颇为殷实，仅在宜市平峒一带水田就有近百亩，遗憾的是传到他父亲手里，百亩良田，就那么一泡一泡烟榻青灯被他父亲老人家悠悠点燃，最终化作了青烟一缕。七爹从他父亲手上接过的遗产，除了两间瓦屋，余下便是他父母亲手创造的这具肉身，田地是没有了，用宜市人的话讲，连打麻雀的土坷垃都没一颗了。即便如此，族中长者们仍对七爹寄予厚望，身段见长，脑瓜子好使，百亩地里一根葱——一颗好苗苗啊，长者们如是说，他们看好七爹——看这伢儿的"麦子"（长相），若不是右眼那点芜杂，硬是称得上登样（长相出众）嘛；猫儿看蹄爪，伢儿看极小，看样范这伢儿不像他爹，是个出息样范。

长者们的殷切厚望未能在七爹身上得到验证，不知什么时候，七爹把他老子饮恨弃下的那根"枪"接过来了，很快，两间瓦屋化为乌有，变成彻底无产者后的七爹烟资断绝生财无路，然瘾君子的呼唤犹如塞壬——那个海妖的歌声，声声在耳，情笃意深，令他纵有千般坚韧毅勇，亦难抵挡住那妖魔的歌喉，实在无力抗拒，亦是实出无奈，无产者七爹别无选择，只好当上了梁上君子，不想一日刚潜进到一户人家，竟被那家兄弟发现一把揪住。那时，七爹在宜市一带口碑已大不如前，山民们对其颇有微词，背地里，人们叫他"遍身懒"，甚至以"三只手"（扒窃）这样一个人皆共指的称谓作为他的代指，人赃俱获，那家兄弟也是出于共愤，将七爹来了个反手串花大绑，或许因为山路遥远，抑或是对政府公信力的怀疑。那家兄弟没有将七爹解往水南渡司董张由俭那儿，而是将其押到了七爹族中一班长者面前。那班长者们目睹眼前情状，先是瞠目以对，继而联想七爹一贯所为——懒惰，败家，嗜食鸦片，怙恶不悛，如此有辱门庭宗族的败类，不除实不足以慰祖宗于九泉，惩来者于婪后。

于是，那族中德高望重的长者，便吩咐寻一架木梯来，将七爹伟岸的肉体以一道一道绳索捆绑于木梯之上，并在梯的底端坠以一块石磨，之后，他们要对七爹执行一种最为原始古典的家法——倒插葱。溇水南岸平峒一带属溶岩喀斯特地貌，地下多有溶洞，当地人称天坑，其中一处形似漏斗，深不可测，说是连着了地下的阴河，天坑四周常年阴风习习寒气袭人，且有一股白色雾障从下升腾而起。那天，他们即要把七爹连人带梯以及坠在梯下的那块石磨一同插到那只"漏斗"里面去。眼看生命即要终结，且是那种令人闻之胆丧的倒插葱，关键时刻，七爹自然拼命挣扎，无奈束缚之下，手不能动，脚不能踢，整个肉身不能动弹，纵然身怀千钧之力又岂奈何？于是，七爹便呼喊，犹如一头即将宰杀的猪，尖叫，尖啸，凄厉惨绝，其声如利刃，直刺云端，直逼山川沟壑每一旮旯。

也是那天七爹命不该绝，正当他叫天不应叫地不灵悲怆绝望之际，救星来了。卢次伦去平峒察看一家茶园，听到喊声，且声音如此凄惶惨烈，于是，便循声急步奔了去，看见眼前情状，他先是惊呆了，继而，心底顿生一股悲悯，一个大活人，且是一个正值盛年的男子，岂可就这样葬身荒野，并且，竟以如此野蛮的方式结束其生命呢？他疾步上前，拦在了那架木梯前面，他要那几个抬木梯的男子把人放下来，并请立在一边那位德高望重的长者饶过七爹一命，放了七爹：天地之间，人乃万物之灵长，有什么可比生命更为宝贵的呢？佛以普度众生为信条，国以安民保民为旨归，一条鲜活的生命，岂能就这样将他了结了呢？卢次伦看着绑在梯上的七爹，许是因为恐惧惊吓，七爹的脸一片煞白，两只眼球瞪大放着恐怖的光，尤其那只"萝卜花"，惊恐之际，眼角居然坠有一颗赫然通亮豆大的泪滴。卢次伦见罢，心底油然而生一股至深慈悲。

然那位长者并不以卢次伦的诘问而动摇他所作出的裁决，他开始历数七爹的败行劣迹。说到族中人众好不容易为七爹谋得一份收猪捐的差事结果因他那张嘴好那一口竟把差事给弄丢了，老人更是气恨切齿——如此败类，不除何以对祖宗，这般德性，不诛何以淳风俗？老者一声断喝——插！几个汉子闻声将木梯抬起来，且将那坠有石磨的一端搁在天坑边上，之后，几个人跑向梯子另一端，一声呼吼将梯子的顶端竖起来。

刚才，看见卢次伦疾奔而来救援自己，七爹眼中顿时露出希望之光，此刻，眼见梯子竖立起来人与梯就要一同插进天坑，惊惶之际，七爹锐声尖叫，声音之惨烈，大凡有一丝怜悯之心皆不忍耳闻，两名男子正在动作，眼看着那块拴在梯子底端的石磨就要从天坑边沿的崖壁上坠下去。

卢次伦大呼一声"且慢"，急手拽住梯子，转而面朝长老，看着，突然，双膝跪在那老头面前。卢次伦说，他愿以泰和合整个茶庄作保押，救这梯上男子一命。说着，问绑在梯上的七爹，是否愿意痛改前非，洗心革面，七爹自然连称愿意，那长者断没想到卢次伦会跪在他面前。一个名动一方的万贯巨商突然下跪，而自家的茶园——每年那些白花花的银圆无不都是从他那儿获得。或许，那一刻，这位年高德劭的长者心里正在称量，天平的一端是家族的神圣与庄严，另一端则是他家的茶园与茶叶，最终，天平的砝码倾向了银圆一端。老头将卢次伦从地上扶起来，看着卢次伦喟然感慨：卢老板，这次完全是看您的佛面啊。说罢，脸转朝木梯，朝绑在梯子上的七爹愤然且鄙夷地瞥去一眼，啐出一口绿痰，拂袖而去。

泰和合茶庄在组织建制上，除设有工厂、管事之类10部外，另有一个特殊部门——劝良所，专门收容那些社会闲散无业游民，将其归治，施以训教，并视其体智特长，茶庄安排就业，促其改邪归正，成为自食其力一员。劝良所创办肇始，舒基立、吴习斋、包括唐锦章，劝谏卢次伦，要他不要设此部门，无恒产者无恒心，懒惰游民之流大多无可救药，可谓社会渣滓，仅凭一颗怀仁之心，恐难得回报之效。如同俗语所说，身上不痒捉虱咬，弄不好，甚或招惹出许多不必的麻烦。卢次伦却不这么认为，人皆有向善之心，一方社会本应负有改良风俗济困恤弱的责任，若任其这些人所为，其结果势必酿成为害一方的毒瘤，如今茶庄将他们收容起来，予以技术训练，纳入工厂管理，成为生产一员，劳有所得，安身自立，这样，无论于人于己还是于当地社会均不失为一件好事。即以拣工部为例，每分拣一盘茶叶可得制钱二文，熟练拣手一天可拣茶30余盘，得钱60余文，当下米价每升不过10余文，猪肉每斤不过20文，一天所得足以温饱。

不过，卢次伦也为劝良所订立了严格的条规：首先，凡进所人员，须由当地地正劝导，并有保人作保；其次，在技能训练中须有认真负责态度；再有，不可违背劝良所订立的各项条规，如有违反，初次劝告，二次警告，三次如有再犯，由地保直接驱出宜市。那天，七爹从木梯上解下捆绑绳索，卢次伦直接将他带到了泰和合劝良所，先是安排在拣工部学习拣茶，后进入训练部参与制茶技术学习。对于自己保下来的这个人，卢次伦自然多了一份关心，时而过问其训练生活情况。那段时间，七爹确也算得上争气，每每问讯，所得答复总令卢次伦满意而笑，心底颇有欣慰之感。七爹除一只眼睛生有萝卜花这一生理特征外，另有一个特点，用宜市话说，嘴巴皮会涮，话有三说，巧说为妙，七爹的那张嘴恰恰就具有巧说的天赋，就像一名搔痒的高手，某处羞于示人的"秘痒"，经他那么乖巧一搔，其解颐舒心真可谓妙处难与说。卢次伦虽胸怀磊落不信奉迎，便也并非圣贤。况且，圣贤偶尔也爱听一回颂歌，况且，七爹那张嘴——巧说的天赋，柔软光滑如天鹅羽毛，体贴入微似解怀轻风，圆润鲜活若晨露琶音，它根本就不让你感觉到它在溜须拍马曲意奉承，有时，听着七爹如是"巧说"，卢次伦居然由不住唇齿轻启，眉目开张，笑上眉梢之际，心下由不住对眼前的七爹，生出一股别样的爱意。

卢次伦准备派七爹到五峰那边一处分庄去，春茶即将开采，分庄制茶亟须技工。偏巧就在这时，七爹被人检举在一家地下鸦片馆里过烟瘾，烟榻之上，现场抓获。七爹纵有巧舌如簧，亦难抵赖自圆其说，劝良所条规中唯吸食鸦片一条无劝说警告悔改的余地，一经发现即逐出境。地保驱逐前，七爹要求见卢次伦一面，卢次伦不见，想不到自己一番苦心努力竟然最终付之东流，劣根何以如此难除，想将善根植入一个人的心里何以如此艰难？

七爹来了？

吴习斋肯定点头，这时候正在二楼客厅等候您。

卢次伦从座椅上一下站起，七爹——不是被地正驱逐出境了吗，一个逐出境外的无良之徒，他来干什么，何以堂而皇之坐在了泰和合大楼的客厅里？！

看见卢次伦径直走来，七爹赶紧从椅子上站了起来，猴着腰，脸上赔上笑：卢老板，实在不好意思，本来不敢来打扰您的，不过——说着，七爹从袖口里抽出一张信笺，毕恭毕敬送到卢次伦面前，卢次伦一眼瞥见信笺下方"水南渡司"一行小字，眉梢不由提起来，两眼审视站在跟前的七爹。七爹赶忙朝卢次伦哈腰点头：承蒙卢老板救命之恩，小人没齿不会忘记，托卢老板的福，如今小人在张司董那儿谋了一份听差，也就混碗饭吃，这回司董差俺清早赶来，不然，俺也不敢来叨扰您的。信笺除却奉迎套语，并无实指内容，只说请卢次伦当日到水南渡司治所有事相商。卢次伦将信笺收起后，脸转向七爹：张司董有没有对你说什么事？七爹摇头。司董只交我这张纸，差我清早送来，您晓得的，我斗大的字识不得一屏撮。说着，七爹不无羞愧地嘿嘿自笑起来。

那天上午，卢次伦骑上雪骢马赶到了水南渡司治所。原来那张司董请卢次伦相商的事是想要泰和合茶庄捐一笔银子。枣木罗圈椅里，张由俭笑盈盈看着卢次伦，先是寒暄，问候，极尽关切温情之致，继而说到茶庄、茶叶、茶市，终于，绕树三匝，话最后落脚在银子上：18名塘兵补给，50里铺递开销，司所三间风雨飘摇，你看我这个司董当的！张由俭无奈笑着摇头，一双因笑眯缝起来的眼睛意味深长停在卢次伦脸上。

雍正十三年（1736年），清政府废止湘鄂边地原有土司自治，地方官吏实施由朝廷直接遣派"流官制"，石门地处湘北边鄙，地倾东南，山聚西北，遂以地理形势划分南北二乡，并依山隘、水陆要冲置设塘汛驻守——塘汛为清代县级以下特置哨所，塘则取防之义，汛则旨归于信。统领指挥实行军政合一，司董既是一方行政首脑，同兼该地军事把总之职；铺递是官方特设的邮驿传递，鳞鸿不寄，人马为劳，关山雨雪，以确保上传下达畅通。以上汛兵、铺递编籍虽在官方，但他们吃的却不是皇粮，每名徭编年俸食银四两六分六厘六毫，其来源一是地方"随征"（附带征收的捐资），二为民间"劝捐"。清政府对赋税一项管理极严，尤其丁银（人头税）田赋两项。《石门县志》载，康熙五十三年（1714年），因报荒该县共减征银一千二百八十六两五钱六分一厘八毫三丝五忽三微一尘六纤九渺三漠五茫九沙一漂，其单位计量精微至两下十二位，真可谓锱铢必较，严管之状可见一斑。水南渡司塘汛守兵18名，铺递5名，外加杂役听差，总数计三十余众，这帮人马虽说吃的不是朝廷官俸，但饷银所得丝毫不比官俸差，每年地方随征本已征足了他们的粮饷，但司所借凭"劝捐"一说，又将眼睛投向商贾田主，另以取夺，以饱私囊。宜市一带有个名词叫吃大户，说的就是乡司恣意"贪嘴"的情状。

张由俭笑起来颇似弥勒佛的样子：不多，在卢老板那也就九牛一毛而已。最后，他说出了一个数目——两千两。他说，除了以上人员供养所需，眼下之急是要新建治所，水南渡司下辖西北五乡，一方军政公用竟栖身城隍庙里，如是实在有辱天朝颜面啊。张由俭说着嘀嘀而笑。卢次伦看着张由俭，看着张由俭两片肥似河蚌微微张开的嘴唇，"官不能护商，反能病商，视其商人为秦人视越人之肥瘠"，它分明是在鲸吞，是要豪夺，司治所宽敞明亮，完全可用办公。况且，新建所治该有官银支出，汛兵铺递之费更是早在随征赋捐中留足，捐资何由之有？卢次伦心底不由涌上一股愤懑，他想责问直斥，茶庄资金乃合法经营所得，属个人私有，受国家社会保护尊重天经地义，而为官权柄职在保民，岂可借以为巧取豪夺工具？贪婪卑鄙令卢次伦心底升起一股强烈憎恶，似乎有飓风在卷挟而来，涛声在胸腔四壁粉碎，灵魂深处为之战栗疼痛。不过，最终，他还是将那股愤懑强忍下来了，茶税征缴、航运管辖、地方民事——想到诸多目前现实，无奈之际，卢次伦更感到一种难言的悲哀与疼痛。他笑了一下，只是那笑实在不像笑，像裱糊墙上雨湿褪色的年画，像仓促缝补上去拙劣的补丁，像溃烂的伤口长出的苦难之花。

他开始说话，历数近年茶庄大桩投入开支——建泰和合大楼，辟七百余里骡马路，疏浚三百里河道险阻，溇水沿岸两百余里设置义渡，办义校。这时，卢次伦面容变为和悦，神态自然，完全看不出此时胸中正有飓风涛声呼号，娓娓叙来，语气质朴平实，不带丝毫言困诉穷，倒像是在与一位老友促膝倾心。自然，张由俭也是诸葛孔明的灯笼，一点就明，他知道卢次伦这是在和他玩金蝉脱壳，于是，呵呵笑起来：卢老板一向公忠体国，踊跃公益社会，嘉名早在遐迩，其慷慨义举，张某到时自会隆重推举上报当政，奖励风示，颁以殊荣。张由俭笑眼细眯，厚唇开启，看着卢次伦，等着回答。卢次伦笑而不语，他知道，既然自己被张由俭盯上，想推脱了事几无可能，但一想到一个艰难生长中的民营资本竟要遭遇官权如此掠夺，心底不由嫉恶顿生。从张由俭办公房里走出来时，卢次伦看着张由俭，说，待我回去仔细盘点，看能否凑足司董大人这个数。眼下他只能以缓兵之计聊作权宜，停顿一下，又说：还有，茶庄很少存现银的，即便能凑上司董大人的数目，钱还是在津市钱庄那边。张由俭赶紧把话接了过去：没有现银不要紧的，乡司可派公丁去钱庄取嘛。

回到宜红清舍，时近傍晚，卢次伦独坐房前石栏杆边，寂默无声，长久望着暮色中的街市。杨素贤沏了一杯茶端上来，看到丈夫脸上神情，臆想一定遇到了什么事情，温婉而笑，轻声叫过一声月池哥（婚后杨素贤一直未改口，沿袭以前对卢次伦的称呼）把茶递了过去，卢次伦依旧没有出声，把茶盏搁在栏杆上了，站起来，面朝山下，缄默立着。后来，杨素贤再三问询，卢次伦这才将张由俭索要两千两银子的事说了，杨素贤愤然之际，不由替丈夫担忧，身处异乡，官权欺压，茶庄诸多事务受制于当地，如此当该如何？越过街市屋脊，卢次伦目光望向远处山峦，山峦之上遥远天际，他神色郁悒深沉，望眼深处似有一种难以言传的哀伤。湘鄂边陲自古为茶叶产地，山民历代借以为生计，若以开发，可形成利惠一方民生之巨大产业。如今，官不仅不以护商开源，反以病商为务，比之英美西方，借商以强国，借兵以卫商，公使为商遣，领事为商立，兵船为商制造，订盟立约，聘问往来，皆为通商而设，商战实为当今世界最新一轮战争，而在当今腐败官权，丝毫不谙商战要害，反以恃权巧取豪夺。如是，他期望中的宜红何以强大，湘鄂边地茶叶何以形成巨大产业，利惠民生，华茶前途命运何来光明希望？

听说张由俭索要两千两银子，鸿羽忽然停住夹菜的筷子，看着母亲，转而盯着卢次伦：爹地，你说的那个人是不是上回要俺为他作诗的那个大肚子？

卢次伦不搭理鸿羽。"十年寒窗黑统统，一朝出头做司董"——鸿羽忽又记起了那首打油诗，脸上顿时露出得意，他有意让嘴中童声拉长，显出延宕顿挫，看向卢次伦和杨素贤的眼睛狡黠生光，一边嘴角笑咧开来，透着少年的诙谐与俏皮，正要继续往下念吟，忽然噤声，卢次伦满脸厉色，正瞪着儿子。面对父亲鲜见的怒容，鸿羽先是愣了一下，旋即，他笑了，脸兜笑出一颗酒窝，状若田螺，旋圆小巧，一颗犬牙从咧开的嘴角露出，白瓷瓷，尖梭梭，那么挑明打眼，对着卢次伦的脸：爹地，您别生气，别跟他那样人生气，腆个大肚子，像口罗锅，我一看就不喜欢。杨素贤小声道，他向你爹索要两千两银子！鸿羽反问：索要银子，他凭何要我们的银子？说着，眼珠忽一阵扑闪转挪，先前停在空中的筷子伸出去了，夹了一块卢次伦平日爱吃的虎皮油焖茄子放进卢次伦碗里，而后，笑眼眯眯看着卢次伦：爹地，您先别着急，更用不着生气，我这里有一个办法，张由俭不是要我们的银子吗，我看您不如就先答应他，让他拿走，到时候我再让他给您把两千两银子乖乖送回来。

之前，卢次伦只是愠怒在目，听到鸿羽如此说话，一下忍不住了，横眉顿竖，厉声呵斥：乳臭未干，满嘴诳言，平日我是怎么教导你的，敏于行，讷于言，敦厚诚信，恪守本分，你竟敢如此胡语！说罢，怒视鸿羽一眼，摔门而出。

之后，七爹又来了几次，自然是为那两千两银子。卢次伦原想借缓兵周旋，想办法开脱，眼下看来已无他策，就像宜市俗语所说，蚂蟥缠住鸬鹚脚，心想挣脱挣不脱。他要七爹回去传话，就说明日要司董派人到茶庄来，届时他会开出银票，让人到津市钱庄去取。第二天大清早，两名乡丁来到泰和合茶庄，并且，张司董骑一匹栗色骟马也亲自赶来了，吴习斋写好银票，盖好骑缝印章，将银票交与司董手中。接过银票，只见上面写着"客宝通取利"一行字，张由俭眉头不禁拧起来：不是说好两千两吗，怎么开出这样一张字纸？卢次伦告诉张由俭，凡泰和合茶庄所开银票，钱数日期都用了密押，他要司董放心，只管持了银票去取，如两千银票有误差，到时拿他是问便是。

原来，泰和合茶款结算数额巨大，现银结算途中运输匪盗出没颇不安全，由是，除却日常用度所需，其余茶庄款项一应存入了钱庄，茶庄与钱庄实行年度总结算，这样，便减少了平日银两运押流通中的安全隐患，茶庄如需现银，便开出银票支领，而开出的银票采取四道防盗防伪"密押"——银票特制纸张、开具银票字迹、加盖银票上的骑缝图章、数额日期代用密码，尤其最后一道密押极为机要，数额日期不以文字直书，如 12 个月，分别用"仅防假票冒领，勿忘细视收章"12 个汉字替代，30 天则以"堪笑世情薄，天道最公平。昧心图自利，阴谋害他人。恶善总有报，到头必分明"这样六句话取代，而 1—10 数目则常使"生客多察看，斟酌而后行"或"赵氏连城壁，由来天下住"表明，至于万千百两则用"国宝流通"四字表达。四道密押中前面三项一般不轻易变更，后一项则不时变换，以防秘诀万一泄露。那天，正是泰和合启用了一套新的秘诀。这样，银票支现便须由管钱吴习斋亲去津市钱庄告知对方新启用的密押字诀。临动身前，卢次伦神色郑重看着吴习斋，嘱其务必谨慎行事；而张司董则满脸严峻瞪着两名荷枪实弹负责押银的乡丁，严命其押银途中不许饮酒，不许进烟馆、妓院，取了现银务必星夜兼程速速归来。

　　津市地处洞庭尾闾，通江达海，商船往来如织，行商坐贾旅人游客，尤其那烟馆酒肆南北杂货店铺林立，市井风貌甚是繁华。夜灯初上，满街彩影，吴习斋与两名乡丁走在街上，不时有酒馆女子出来揽客，更有那些装扮妖冶的蛾眉红唇，腰如软风扶苏，斜倚在某爿门扉之后，目送暧昧，唇留巧笑，一只雪也似的腕子伸出来，朝着街心频频招手，惹得两名乡丁眼热心跳，脚虽在前行，头却情不由己扭过去，走过去很远了，那颗扭过去的脑袋犹在回首张望。此时，两名乡丁身体虽充满渴望，但理智告诉他们，此处虽好，但无法留恋，春宵一刻值千金，无奈必须强离去。刚才，他们在日盛昌钱庄兑了银票，两千两银子可不是个小数目，时辰多耽搁一刻，便多一分风险，他们必须连夜兼程赶往宜市。

　　本来，银票兑讫，吴习斋便算完成了此行的使命，他原打算在津市逗留一天，与钱庄清理一下这半年来的往来账目，然则两名乡丁要他一同随行，说是多一个人也多了一分安全照应。吴习斋听了便也不再坚持己见。他们不敢走旱路，长途跋涉，山路险阻，常有匪盗出没，万一途中遭遇意外，后果不堪想象，于是，三人便租了一条木船，星夜溯流而上，自然，船上艄公桨手不会知道坐在乡丁屁股底下的两只木箱里面装的是白花花两千两银子。

　　此前，从宜市到津市，他们也是坐的木船，因为顺风顺水，三百余里水路，仅只三天便到了，如今，逆水行舟，船到黄虎港下面鳌口，竟用了整整八天。眼看着就要回到家里，两名乡丁这才将一颗悬着的心放下来，想到司董当初戒令终可废去，庆欣之际遂将藏在行囊里的酒壶取了出来，两人举杯而饮，说到津市街上错过的风景，不禁同时惋惜摇头，忽又一齐纵声大笑。吴习斋原本不胜酒力，加之不屑与之为伍，两名乡丁邀他喝酒便推诿说此时胃中作痛不能沾酒，于是，那两人举杯纵笑时他便一人坐在船头，眼望头顶高处窄窄一片星空，想着这些年来跟着卢先生的一幕又一幕，感慨之际，更兼神往遐想。忽然，他发现隘口高处崖壁上，一蓬下垂的藤萝在动，他遽然而惊，嘴刚张开要喊，但没等呼声发出，只见一个黑影顺着藤萝从崖壁高处纵身一跃跳到了船上，紧跟着又一黑影跳了下来。两个乡丁端着酒杯的手突然僵住，两只酒杯同时定格，停在空中，艄公吓呆了，包括两名桨手，呆若木鸡，立在原地，两个蒙面黑影落在船上，嘴里并不发声，只见二人同时拔出一柄长刀，青辉一闪，两道寒光的半弧携着嗖嗖风声，霍然耀目，令人不寒而栗，寒光闪耀的同时，只听船边水响，艄公、桨手、两名乡丁，包括吴习斋来不及反应，扑通一阵水响，全掉到水里去了。

吴习斋死里逃生回到泰和合茶庄时，日已近午，卢次伦从里屋出来，发现吴习斋一身湿透，形象狼狈，站在面前身子瑟瑟发抖，不禁大惊失色。得知两千两银子被人劫走，卢次伦愕然愣住，两眼瞪大，看着吴习斋，竟不能语。

鸿羽从后院穿门过来了，看见吴习斋如只落汤鸡站在那，嘻嘻一笑，说，吴叔，您是不是丢了两箱东西？吴习斋一脸茫然，忽而惊悸一颤两眼错愕看着鸿羽。后院练功房里有两只箱子，您去看看，是不是您丢的那两只？吴习斋满脸狐疑，嘴微微而动，正待说话，鸿羽却扭头跑了，如一缕风，蹿过院门，倏尔而逝。

茶庄后院山墙往此有一庑廊，那里便是鸿羽所说的练功房。10岁那年，鸿羽读到太史公《游侠列传》，少小年岁忽生异想，他要卢次伦送他去宜市后山张家兄弟武馆学武功，长大后也像古代侠士那样做一名游侠。卢次伦心想习武不仅可强健体魄，亦可锻造意志勇毅。鸿羽在张家兄弟武馆学习三年，体格意志大为长进，不过，少年的鲜活调皮同样也是有增无减。鸿羽说完，早不见人影，吴习斋站在原地，疑惑不决，望着卢次伦，卢次伦一如吴习斋，一脸诧疑，练功房里哪来两只什么箱子？

两只木箱并肩相挨放在练功房中央，悬在两旁的铜扣吊环，镶在四角上的鱼形铜角，吴习斋两眼瞪大，惊愕不已，这不是船上劫去的那两只箱子吗？他奔上去，揭开箱盖，一封封银子，码放箱里，有条不紊，整饬而安谧，吴习斋嘴皮发颤，盯着鸿羽，说不出话。鸿羽笑嘻嘻问，您丢的是不是这两只？吴习斋连连点头，忽又愣住，看着鸿羽，两眼发怔，发直，发痴。卢次伦这时跟进来了，不吭声，先是察看一遍地上两只箱子，继而目光转向吴习斋：你听到那两个黑影说话的声音没有？吴习斋摇头。卢次伦不再问询，目光挪向鸿羽，打量，审视，最后，目光停定脸上，寂默、威严，长久看着，鸿羽被父亲逼视的目光盯得不自在起来，一笑，道：您说过，君子一言，驷马难追，那天晚上，我答应过您的。卢次伦要说什么，忽又缄口，朝鸿羽瞥去一眼，扭头朝外走，走至门边，脸扭过来：习斋，你随我出来一下。说罢，脸朝向鸿羽：你小子今日不许出门，就给我老老实实在这屋里待着！

傍晚，卢次伦独自一人来到后院。暮色侵窗，庑廊静寂，推门进去，鸿羽果真如他吩咐，一人待在屋内，挨窗一面墙下，摆了一对石碡，旁边临窗底下，则放着一面写字的台板，鸿羽这时背对着门，正在写什么。卢次伦走近前去，发现台板上纸墨未干，儿子鸿羽写的竟是一首诗——

任侠当年客，然诺蔑虚声。
壮怀激义愤，清歌寓深情。
少小辞乡里，老大犹远行。
飘零耻坠泪，吊影喜纵横。
境内有奸贼，匣中剑自鸣。
戴天誓不共，尽诛意始平。
挥刃拟奔电，手快眼分明。
事毕扬长去，红尘隐姓名。
岂顾官捕急，一笑齐死生。
逆旅夜启函，有托待宵征。

犹如夜暗的大地，晨光漫漶下——浮出，卢次伦眼前浮现一幅又一幅图景，老家翠亨的山峦，珠江码头的汽轮，郑观应将一本蓝皮封的《易言》递到他手里，飘在劳德莱号海轮上的米字旗，蒲团上闭目静坐的母亲，最后一抹残阳斜在窗棂上，回光返照中，卢次伦一边脸颊被映亮，呈现古铜一般颜色，眼神深沉邈远，仿佛正处于一场梦境。鸿羽发现父亲站在身后正看着自己写的那首诗，站起身，眉梢飞扬，忽一下将地上一对石硕抢起来：爹地，我要当一名侠客，身怀绝技，神出鬼没，长大了好保卫我们的茶庄。卢次伦让鸿羽放下石硕，将一只手拉过来，握在手中，含情脉脉，默声端详着，之后，轻轻摇头：你以为就凭你几样武功就能护住茶庄，光大茶业？你毕竟还小哇，鸿羽，许多事情你还不懂。

和卢次伦一样，水南渡司董张由俭这时也站在窗前，同样，一边脸上也覆有一片残阳余晖，望着窗外渐浓的暮色，他眉头紧凝，眉间"川"字三道纵沟愈陷愈深：提银之事堪称绝密，除却两名押银乡丁，其他绝无一人知晓，两名劫贼从何得知的消息？数百里毫发未损顺风而来，船到鳌口，只差几步就到家了，怎么碰巧就出了事，况且，地点恰在那个险要口子，窃贼简直就像天降？张由俭脸垂下来，如患伤风，一手抵在脑门，开始踱步，从窗下这端走向那端，又从那端走回这端，步履时徐时疾，足音时轻时重，往复如同织机来回穿梭，忽然，停住脚，双足立定如同焊住——这其中会不会有诈，会不会是一场本就安设好的蓄意谋划？张由俭眼前浮出卢次伦的笑脸，他在朝他微笑，他不说话，他的笑容就是一种语言，意味深长，意蕴丰厚，意象无限，意旨深藏不露，就如湖面一抹阳光，迷离闪耀，表象不失纯金成色，然则，隐匿其下的却是一个何其深远博大世界——这事绝非那么简单，张由俭站住，摇头，点头，突然，以拳击掌——

不，这事并没有完！

第十一章

巴公

　　J.K.巴诺夫能说一口流利的汉语，且对中国建筑尤多研究，门楼砖雕，翘檐鸱吻，影壁回廊，庭柱朱彩，每每观之流连忘返，来汉口不久，他特意在汉正街外的江边买下一片土地，砖茶厂七台蒸汽机发出的雄浑和声在他听来似乎意犹未尽并非酣畅满足，鱼与熊掌何以不能得兼？他要在这片江风阔大的江滨，创造坐拥万金繁华之梦的同时，建构起一座心中的天堂，亭台水榭，彩檐轩窗，雕梁画栋，碧瓦粉墙。在他看来，这并非一个遥不可及的梦，他的七台蒸汽砖茶机日进斗金，用他自己的话说，他用不着遮掩自谦，不出五年，在汉口，他的阜昌砖茶厂完全可将都白尼的怡和公司取而代之。届时，他不仅要在汉口创造他的财富神话，而且，他将在这里实现他更为辉煌的梦想，汉江之滨，创造一部伟大不朽的建筑史诗。

　　J.K.巴诺夫天生一口漂亮髭须，金黄，浓密，嘴角处呈上鬈形状，尤其，沿上唇一线弧形剪裁，那是真正的黄金分割，宽阔的前额，蔚蓝深湛的双目，丰隆高峻的鼻准，兼之那口金色鬈须。巴诺夫站在面前，视觉的第一反应告诉你，这是一位生性爽朗豪迈、胸襟气质大有西伯利亚的广袤辽阔与伏尔加河的雄浑深远的先生，更有，那副金色髭须，简直堪称美轮美奂，望之不由使人想及高贵、华美、隽永之类词汇。从巴公房——那栋宏伟庞大的船型建筑走出来，巴诺夫印堂发亮，唇须经由朝日映照，更显金碧辉煌璀璨夺目，那双蔚蓝的眼睛里晴照潋滟，粉色湿润的唇边笑纹漾荡柔若水藻，面部表征显示，此刻巴诺夫的心情大好，喜上眉梢、喜在心头、喜不自禁、喜气洋溢，用诸如此类词汇形容他此时的心情毫不为过，也毫不夸张。他的表弟，不久将继任沙皇帝位的皇太子尼古拉·亚历山德罗维奇，不日将来汉口看望他，试想，如此巨大喜悦，怎不叫他兴奋振奋？自然，比起平常他更显忙碌，检修机械，清洁工厂，茶品展示，包括表弟下榻的馆舍乃至表弟平日爱吃的松鸡野兔之类准备，事无巨细，纷繁复杂。

光绪十六年（1891年）四月二十日，汉口江面晨雾散去，水天邈远处，汽轮鸣笛骤然拉响，深沉悠长的笛声乘风破浪而来，未来的俄罗斯末代沙皇尼古拉二世来了，双头鹰国旗在阔大的江风高处猎猎作响，"符拉迪沃斯托克号"军舰缓缓驶进万安港码头，22岁的未来沙皇尼古拉·亚历山德罗维奇身着银呢短装，胸佩金色绶带，军乐声中，登上汉口江岸。茶船挤兑，茶马咴咴，车载肩负，好一派东方茶港繁忙景象。尼古拉放眼江岸，油然而笑。作为继位之前的例行游历，他之所以特意选择了汉口，原因自然不止在于他的表兄巴诺夫在这里，更重要的则因为，在这里，沙俄帝国的利益正在被人侵犯，汉口通商伊始，俄罗斯茶商率先踏上这片土地，而如今，英吉利人大有后来居上坐大之势，着眼帝国长远利益，他不能不亲临这个"东方芝加哥"，为帝国利益"东扩"做一次实地考察。

见到表弟的那一刻，J.K. 巴诺夫脸上放出异样的红光。尼古拉牵起巴诺夫的手，恍惚中，巴诺夫感觉又回到了两小无拘的儿时。第二天，皇太子前往列尔宾街托克马可夫、莫洛托可夫的新泰茶砖厂，参加该厂汉口创办25周年庆典。这天，巴诺夫脸上的红光其炽烈秾艳达至顶点，庆典仪式上，皇太子让表兄紧挨自己坐着，无疑，这是皇太子表弟特意予他的一份心灵鸡汤，它令他沉醉、迷离、遐想，翩翩有庄生梦蝶之概。接下来，皇太子庆典致辞中的几句话，更是令他心旌荡漾，情不能持——

> 万里茶路是伟大的中俄茶叶之路，
> 汉口是伟大的东方茶港，
> 在汉口的俄国茶商是伟大的商人！

晚上，尼古拉皇太子特邀表兄同床抵足而眠，皇太子下榻馆舍是巴诺夫特意安排的，巴公红楼三楼东一内外两间大套房，套房面江。入夜，临窗而望，江水隐曜，沿江一片灯火，茶船泊满江滨码头，汽轮的笛声遥远传来。皇太子尼古拉立在窗边，望着窗外夜景，丝毫没有睡意，J.K.巴诺夫更是兴致盎然，表兄弟俩所谈自然离不了茶叶。巴诺夫说，恰克图开埠一百多年来，所谓中俄万里茶路，其实都是华商在赚我们的卢布。尼古拉皇太子打断巴洛夫的话：现在帝国正在实施一项伟大计划——利益东扩，为了打通远东、华东之间联系，届时，帝国的西伯利亚铁路不久即将动工，同时，为适应贸易发展，帝国将在海参崴建设边境口岸，建成后的西伯利亚铁路将成为帝国的经济大动脉，帝国在华利益通过这条大动脉，长鲸吸海般入我俄罗斯帝国，新建成的海参崴边境口岸，较之一个世纪前的恰克图，它所开启的将是帝国未来崭新的时代。巴诺夫禁不住一下站起来，皇太子表弟的话，仿佛给他注入了一针强心剂，抑制不住的激动令他浑身感到炽热，他倒了一杯荷兰杜松子酒，同时为皇太子表弟也倒了一杯，举杯相碰后，一口干了。崭新的时代……巴诺夫嘴里喃喃着，望向表弟的那双蔚蓝的眼睛闪着异光，恍惚中，他分明看到了那条来自西伯利亚广袤原野的巨龙，挟风挈云一路呼啸轰隆而来。

在色楞格河与其支流鄂尔浑河（今属蒙古国）交汇东侧，恰克图灰头土脸蛰伏在那里，常年的风沙让这个不足百人的俄罗斯边陲小村呈现出一派萧瑟荒凉景象。如同一个弃婴的命名，恰克图的得名直接来源于中国茶叶，茶在蒙语中的读音与"恰"谐音，而在俄语中则读音"恰依"。18世纪之前的恰克图，一直昏睡在茫茫风沙与皑皑积雪深处，之南，是大清帝国遥远的边陲，以北，则为沙俄帝国荒远的瘠地，鸡犬之声相闻，民至老死不相往来。雍正五年（1727年），东方帝国封闭的大门沉沉开启，中俄签订《恰克图条约》，约定两国以恰克图河为界，河北归属沙俄领地，河南则为清帝国疆域。次年，两国商人凭借先天的敏觉，赍梦携银望风而来。雍正八年（1730年），清政府正式批准中国商人在国界以南搭建商城，由是，原已进军库伦的晋商捷足先登，以木为构，起盖房舍，费力无多，便建起一座颇为坚固的"中国市圈"——"买卖城"（当地亦称前营子），为加强边塞口岸管理，清政府理藩院（掌管民族和外交事务的衙门）特在此设监督官一名。

"买卖城"建于恰克图（后营子）城南 130 丈处，占地约 400 亩，有房屋 200 余所，城内两条主要街道，十字贯中，呈长方形排列，有大的商号十余座，店铺百余；以北恰克图商城规模与"买卖城"相近，两城中间辟一条 300 米长横街，供两国商人自由贸易往来。恰克图贸易大宗货物为中国茶叶。每年，晋商在福建武夷山买下茶山，组织茶叶采摘制作生产，数以千万的茶帮则将精制加工的红茶、砖茶从福建起运至江西铅山县河口镇，而后，信江顺流而下，穿鄱阳，至湖口，入长江，其后逆行至汉口，溯汉水至襄樊，转唐河，北上至河南赊店，再后，马帮驮运，涉黄河，越太行，至张家口，换载骆驼牛车穿越坝上草原戈壁大漠，经库伦，历时四个月，行程 4200 公里，最后抵达万里茶路终点互市——恰克图。

茶叶使恰克图这个边陲小村一夜蜕变，成为中俄边贸的一座兴盛集镇；恰克图则让中国茶叶行程万里，写出前无历史的诸多传奇。雍正六年（1728年），中国对俄贸易额仅一万卢布。道光二十三年（1843 年），中国通过恰克图对俄输出茶叶 12 万担，价值 1240 万卢布，约合白银 500 万两．一个世纪时间，贸易额增长了千余倍。

在沙俄，恰克图的开启，其主旨自然并非让卢布潮水一般流向中国，由是，借口第二次鸦片战争"调停有功"，沙俄胁迫清政府签订《中俄天津条约》和《中俄北京条约》，不费一兵一卒，打开了侵略蒙古地区的通道，取得了沿海"七口"（上海、宁波、福州、厦门、广州、台湾、琼州）通商权。同治元年（1862 年），沙俄胁迫清政府签订《中俄陆路通商章程》，不仅获取了比之各国在华低于 1/3 的税率特权，而且要挟清政府为其提供"水陆联运"之便。自此，俄国茶商长驱直入进入中国内陆。光绪四年（1878 年），俄国茶商在汉口开办机制砖茶厂达六家，每年运往俄国及蒙古地区茶叶达900 万磅，而与此同时，沙俄对中国输入俄国的货物则擅设关卡，强行课以重税。由是，历经几代晋商开辟的万里茶路无奈终结，恰克图如繁华一梦，终被雨打风吹去。

从汉口回莫斯科第五年，当年的尼古拉皇太子成为二世沙皇大帝，那晚与表兄在巴公红楼上说起的那条远东巨龙，北起圣彼得堡，东至海参崴，全长 9228 公里，也如期竣工。新登基的二世沙皇大帝乘坐在首列开往海参崴的火车上，去参加在那里举行的远东全线通车庆典，这天是俄罗斯帝国隆重的节日，双头鹰国旗飘在海参崴蔚蓝的上空，身佩长剑的皇家仪仗队迈着威严雄壮的步伐。作为商界特邀代表，J.K. 巴诺夫坐在庆典队伍的最前排，沙皇表弟走向主席台时特意朝他点了一下头。军乐声起，礼炮鸣响，之后，尼古拉沙皇表弟开始致辞，一群白鸽掠过天空，充满磁性的壮音跃上云端，传遍蔚蓝深远的苍穹——

　　这是帝国开辟的一个黄金口岸。一个多世纪以前，帝国在西南边疆开拓了恰克图，遗憾的是，那是一次引狼入室，帝国数以千万的卢布就是从那里流入了清朝。今天，我们要重写历史，让我帝国的商团从这里出发，走向大东亚腹地，将白银与黄金源源不断送回俄罗斯伟大的怀抱……

　　表弟还在激昂致辞，巴诺夫再也坐不住了，他率先站起来热烈鼓掌，鼓掌的时候，两只眼眶噙满了泪水。

　　早上起来，J.K. 巴诺夫对镜自照，意外发现下唇什么时候冒出来几只水泡，且那水泡一颗连着一颗，通透，水亮，暴凸于唇面粉色之上，那么触目，刺眼，有碍观瞻。巴洛夫略知中医理论，唇上生水泡，乃心火上攻所致。前不久，江边的那片土地丢了，一片充满古典神韵的中国建筑成为梦中风景，他气恨至极，但又万般无奈，这是他自来汉口第一次遭遇的挫伤，是他经营史上的奇耻大辱——羊楼洞茶农联手哄抬茶价，拒绝将茶叶卖给他；工厂数千名中国员工以罢工为要挟，要求增薪；正值春茶制作时节，他的资本金周转出现严重危机，七台制茶蒸汽机被迫停止运转，眼巴巴看着停在那里——而背后导演这一幕的居然是他，都白尼，那个站在惠罗俱乐部舞台中央和他紧紧拥抱嘴里连声叫着好伙伴好兄弟的披着羊皮的狼。

　　都白尼从巴诺夫手里接过那张米黄色地契时，脸上神情是平静的，甚至，不乏冷漠淡然，浮上唇角的微微一笑仅只代表一种礼尚往来的惯例，抑或，宣示一名英伦绅士的修养与风度；然则，在心底，那一刻鲜花乍放春潮骤起莺歌燕舞何其灿烂热烈，牛刀小试，凯歌旋唱，他不能不为自己的聪明才智击掌叫好，叫妙，称绝。上兵伐谋，不战而屈人之兵，运筹帷幄之中，决胜千里之外，都白尼脑海中突然跳出以上词句。他轻轻点头，似乎是向巴诺夫致意，并且，他双眼注目巴诺夫脸上，自然，以上不过一种假象，握在手中的地契分明就是以上中国古典词汇的注脚，他为自己无师自通，读懂以上精义暗自钦佩，更为取得如此战绩自傲窃喜。

许多年前，他踏上汉口，看到矗立黎黄陂路上交汇路口那座巨型通体泛红的建筑——巴洛克式与新古典主义融和的产物，形似一艘乘风驶来的海上巨轮，看到它的第一眼，他在心中对自己说，不能让它独立存在在那里，某一天，他一定要取而代之。如果说第一眼看到它时心中的自语只是一种自发的期许，当他看到卢次伦从那幢红房子里与巴诺夫一同走出来，当年的期许忽然在内心变得那样强烈，呼唤他必须出击，拿下那头"北极熊"。

前些天，他密嘱陈修梅到羊楼洞去了一趟。羊楼洞自古为中国皇家贡茶之乡，十万亩茶园如今全为巴诺夫一帮俄罗斯茶商垄断，他要陈修梅去那里搞一次"策反"，那儿不是古代三国赤壁吗？千年之后的今天，他都白尼要在那里搞一场火烧曹营的历史重演，自然，他的本意并非这一纸地契，他要实施蚕食战略，让羊楼洞成为他的领地。巴诺夫的机砖茶厂不是与他井水不犯河水，他垄断了中国最好的茶叶资源，侵犯了怡和的根本利益，在汉口，在中国，乃至在国际市场，怡和一家独大，绝不容许任何人与它争利。不过，这次他要见好就收，茶价哄抬起来了，眼看巴诺夫进入他预设圈套之中，他自然不会去和巴诺夫抢羊楼洞的高价茶叶了，面对高涨的茶价，巴诺夫手中本银出现恐慌，就这样，暗中虚晃一枪，三教街江边这片觊觎已久的开阔地，一夜易主，轻松成为他都白尼所有。

无独有偶，都白尼对中国古典建筑同样具有偏爱和癖好，不过，与J.K.巴诺夫稍有不同的是，巴诺夫对中国建筑的梦想完全出于审美渴求，明显带有一种沙俄皇亲的贵族情结，一种形而上的精神追求；而他的爱好则更多趋于实用主义，他决不会像巴诺夫所想，建一片中国式建筑群，古色古香，雕梁画栋，游目华瞻，徜徉其中，仅仅只是为了自我清赏。他要建造的中国式古典建筑，是一只母鸡，既有华丽的羽毛悦目赏心，更能每天为他下蛋，蛋又孵鸡，鸡又下蛋，如此形成循环，让那只母鸡成为他的储蓄银行。都白尼素以完美主义者自许，在他看来，形式与内容完美结合，乃世界法则的最高体现，同样，亦为人生行事的至高境界。

都白尼既是一位完美主义者，更是一位行动主义者。从 J.K. 巴诺夫手中接过地契第二年，一片红墙碧瓦的建筑——怡和村脱颖而出，建筑风格采用中国古典式构造，同时，引以西方巴洛克建筑元素，中西合璧，相得益彰，堪称建筑艺术中的一朵奇葩。整个建筑群，楼与楼相毗连衔接，呈不等边三角形，建构中空处，辟出一处小型花园，篱墙月门，碧瓦红柱，翠竹水榭，并在其间建一咏秀亭，掩映竹影水色深处，翘檐挂翠，红柱映碧，金顶翠色拥戴，兀立其上，碧辉闪耀，亭檐横额镌刻"怡和村"三个汉字，金粉敷色，端庄典雅，自然，命名出自都白尼授意。

外观上，怡和村像一处私家园林，连绵一片秀色，遥看远山黛青，静对江水如蓝；实则它乃是一个公寓群。当时，汉口各大洋行高级职员逾四百之众，怡和村工程动工伊始，都白尼心里早有定位，他就是要将它建成一处高级寓所，让那些出入洋行携家带眷的金领们，进入他的"村子"，让他的这只母鸡为他日进斗金。怡和村竣工那天，都白尼特意把巴洛夫请来了，置身村中，飞檐雕栋，满目华彩，巴洛夫心生隐痛之际，不由冲着都白尼由衷笑了，不过，刚一笑过，眉头复又蹙砌起来——江风潮声，水色天光，多么好的一块地方，干吗不把它建成一座园林，一座集观赏、休憩、审美于一体的园林？都白尼只是笑，笑态可掬，笑而不语，道不同，不相与谋，趣旨异，自难投机，此刻最好的作答自然只能让笑容变得更为烂漫一些。那天，巴诺夫情绪中分明流露出某种难言的纠结，都白尼自然早觉察到了，并且，他一直在做种种努力，他有意拣巴氏高兴的话题说说，尼古拉二世表弟，从海参崴到圣彼得堡的远东铁路，蒸汽机应用制茶技术的发明。后来，不知怎么便扯到了游乐，这时，巴洛夫的眼神闪出神采，脸上，那种皇亲国戚特有的神情一下子又回来了。他说，在莫斯科郊外的白桦林里，他曾经是一名田猎的高手，双枪连发同时射倒过两只野鹿。都白尼将早已预备好的一颗拇指举起来奉送上去，同时，让两颊报以最为璀璨的笑貌。他不会田猎，也不想田猎，北风白草，鹰犬啸声，那些似乎应属蛮荒野悍马背上的民族，而他的血管中流淌的乃是来自西方现代文明的血液。说到田猎，巴诺夫一下来了兴致，都白尼盯着巴诺夫急速飞动的嘴皮，无端地，灵魂深处某一暗区倏忽点亮，马蹄嘚嘚，骤然传来，长鬃驭风，飘忽翩飞——不是 J.K. 巴诺夫田猎的悍马，它优雅，俊美，秀目美臀，银铃雕鞍，浑身充满高贵的气质……

威廉·都白尼坐在他的雪莱公主背上，高帽峻领，窄袖长靴，黑领结，白手套，肩穗鹅黄，靴佩锃亮，尤其，麂皮裹胸铜光灼灼，熠耀夺目。雪莱属高加索良种母马，肥臀浑圆，高腰横卧，马首昂然如旗，鼻沿粉嫩，一张一翕，呼出的气息有如紫罗兰的芳馨，更吸引眼球的是它的毛发，浑身雪白，净无一点杂色，长鬃分披，弋尾垂地，一身莹光皑皑，其高贵绮丽大有一见倾城的风采神韵。端坐雪莱背上的都白尼，昂首拔背，鼻翼阔张，眉宇舒展纵目而视，其形象大有迦太基汉尼拔将军的凛然雄风，更兼法兰西拿破仑大帝的傲岸气概，世界皆在脚下，唯余马首是瞻——都白尼朝前方远处望去，停泊江边的茶船，汉正街高低错落的屋顶，劳德莱总督号海轮静静泊在万安港深水码头，飘扬上空的米字旗帜，都白尼笑了，笑如一种美味，从唇边漫溢而出，朝腮边蔓延开去。那一刻，他分明觉得，屁股底下的雪莱就是一座金銮殿，高坐其上的他则为这个世界唯一真正的主宰。

马赛即将开始，都白尼不得不从虚拟的想象中回到竞技的现场。木栅围栏，浅草驰道，特意砌起的障碍墙与隔水氹。那次，是 J.K. 巴诺夫激发了他的灵感，休憩与娱乐永远都是人生不可或缺的部分，而情趣高雅的娱乐更能让人体验生命的繁华与富丽。在怡和村的一边建一个跑马场，将英伦绅士的高贵华美搬到汉江边上，让诸多来自异国的眼球为之瞩目，让一个陈腐老朽的帝国耳目为之一新，这是一个何其美妙的畅想！更有，跑马场不仅只在游乐，更重要的是它还能生钱，并且，它所面对的全为金领高端群体。如果说，公寓怡和村是一只生蛋的母鸡，那么，跑马场则是一只血统高贵的天鹅，试想，天鹅孵出的蛋与一只母鸡下的蛋究竟孰贵孰贱？自然，二者不可同日而语。

实际上，跑马场并非只属于马背上的骑手，高雅的礼服，彬彬有礼的微笑，相聚言欢回眸一笑拥抱握手，它是一个巨大的磁场，无数情感吸引而来在此交汇。尤其，于那些窈窕妙龄的女郎，或芳龄不再风韵犹存的妇人，它更像一场节庆的盛会。她们不像男士，黑灰礼服，绅士礼帽，连领结亦为庄重的黑色，她们来到这儿的初衷乃是参加一场华丽的演出。在这里，她们就是一只骄傲的孔雀，炫美是她们与生俱来的天赋，更是此时此地唯一目的。吊带背心，蓝色束腰，超短的蓬蓬裙，白皙的双腿修长纤细，那么率性地袒露着，这是那些追逐新潮女士的装束，青春的美妙如一枚金币，在此得以极致的炫耀；淡绿色的套装，匀称规整的剪裁，倾向复古主义的风格，这是那些所谓的知性妇女，她们就像一群高贵的候鸟，身上的羽毛并非仅为了炫美，它乃是种族身份的证明象征；长裙及地，粉臂婉露，簪花着绣肩头，斜曳一抹嫩红披肩，华丽一族的装饰几近将所有眼球抢夺了去。如果说，马赛场是一场盛装展览，那些高高在上争奇斗艳的帽子则成为整场表演中最为炫目的神采之笔。构思之精巧，想象之奇特，制作之精良繁复，色彩之绚烂夺目，真可谓一帽一奇葩，一戴一绝唱——

宽大的帽檐，淡紫的底色缀以麦绿的花穗，偏向一侧的一瓣鹅黄，是俏丽的眼，是羞赧的唇，是欲说还羞的默默期待，是开向枝头的第一缕春信。深蓝雪纺纱帽，帽顶上翘，上翘得那么突兀，率性大胆得那么恣肆，那么义无反顾不顾红尘评说，开在高萼的一朵花蕾，是宣言，是态度，是波德莱尔笔下的那朵恶之花。

蕾丝的面纱，沿帽檐垂下来，蕾丝是黑色的，其上分明有金色闪烁，轻盈妙曼的掩饰，是悬念，是诱惑，是蓄意预谋的审美强调。因为那层薄薄的遮蔽，月色朦胧，花容弄影，美变成一种渴望，变成相距窥望中的迷离遐想，一种相思，两处闲愁，才下眉头，却上心头……

帽顶淡紫，羽翎雪白，斜插顶边一侧，让人油然忆及那首遥远的情诗，蒹葭苍苍，白露为霜，所谓伊人，在水一方……茸茸的雪白，如柳叶裁剪的月辉一脉，安谧，温馨，静美如天空飘落的第一片雪花。

黑与白，向来为经典构图的元色，帽顶与帽盖相接处，缀以窄窄一线玫瑰红丝带，原有的典雅高贵，更添了书卷的气息。

跑马场北面，观礼台围绕栅栏呈扇形展开，那些帽子便旋开在观礼台的层叠之上，一盏盏，一篷篷，它们是天空飘落的云彩，是地上长出的花朵，是枝头放飞的彩蝶，它们完全忘却了原始的定义——遮阳，它们来此，仅仅只是为了一场色彩的欣会，色彩让它们着迷，逐艳是它们来此的唯一目的。

于汉口市民，尤其那些身居街巷的家庭女子，跑马场上演的景观无疑是对她们眼球的一次颠覆，斜襟青袄，灰布筒裤，攀扣深口单面布鞋，她们看见的从来只有青灰两种颜色，青灰的穿着，青灰的墙瓦，青灰的街道，包括脸，女儿家至多在脸上抹一层凡士林，然后，拿烟灰将眉角涂成乌鸦色。她们何曾见过如此华丽的服饰，更遑论那些让她们眼花缭乱的帽子，诚然，她们也有帽子，或草篾编织，或竹叶箬笠，酷暑夏日，用以遮阳；另有，便是那些粗纱织就的"狗钻洞"，戴在头上，将整个脸捂住，只露出一对眼睛，以此抵御严寒来袭；再有，便是将一块蓝靛手帕盖在头上，从巷子深处走出去，一路引出许多追随的眼睛——那也算是帽子么，也能和这儿的帽子们摆在一块比试么？蕾丝自然是见所未见，闻所未闻，薄若蛛丝，轻如云霓，金芒闪耀，还有那些腕子，嫩粉粉，肉嘟嘟，居然就那么一丝不挂，露在外面！

这天，都白尼的雪莱公主拔得头筹，赢了头彩，从背鞍上跳下来时，都白尼一个燕子剪尾，旋空落地，其形体动作将一个四十岁男子的神采风度展现暴露无遗。摘下手套，解开束腰裹胸，他笑微微朝坐在观礼台前排上的J.K.巴诺夫招手，在跑马场一侧的草坪上，支了一只果绿色遮阳伞，伞下奶白月桌上，摆放着两杯龙舌兰鸡尾酒，刚才的马赛于他只是一场借景冶游而已，接下来才是他要进行的真正主题，他要和巴诺夫坐在那把遮阳下面，谈一桩重大的事情。

昨天，他要陈修梅累计了一下上年度与泰和合茶庄的茶叶贸易，去年他从卢次伦那儿购进的宜红居然达到30万斤，也就是说，卢次伦从他手中一年便拿走了近二十万两银子！诚然，他与卢次伦，二者结局都是双赢，甚或，他比卢次伦赚得更多。平心而论，他对那个年轻的中国茶商丝毫没有恶意，甚至暗存钦佩之心，为了追纠错混等级的茶叶，居然单骑千里星夜兼程。当时，卢次伦站在他面前，满脸风尘，那一刻，他真的被卢次伦感动了，他的理智，数十年经营的经验与智慧，忽然发生了动摇，叔公的遗训，自己多年追逐的目的，仿佛一下分崩散去。不过，那只是短暂的瞬息，在情感与理智面前，商人最终的选择只能站在理智一边，理智告诉他，情感带有致幻色彩，它软弱，易脆，优柔寡断，带有明显的不确定性，而经商贸易恰恰相反，它需要明晰的洞察、果敢的判断，商人眼中最高的目标只有两个字——利益。想到近二十万两的银子从自己口袋里最终流入了卢次伦的钱袋，都白尼摇头，心底生出一种无以名状的疼痛。无疑，J.K. 巴诺夫是他的眼中钉，肉中刺，但这次他需要巴诺夫，和巴诺夫联手实施一项重大行动。巴诺夫身为阜昌洋行联合经理，同时身兼俄租界市政会议（董事会）常务理事，尼古拉二世沙皇表弟的特殊背景不仅使他成为举世瞩目的重量级社会人物，而且成为俄罗斯商界首屈一指的大亨，他的砖茶厂年产砖茶 10 万箱，茶叶远销俄罗斯西伯利亚、中国新疆、内蒙古及欧洲大陆，他不仅在中国上海、天津、九江、福州设有分公司，而且，在斯里兰卡、海参崴、敖德萨、恰克图、圣彼得堡开设分公司，并在英租界三码头建有栈房仓库和沿江趸船。如此一头"北极熊"，既是他的宿敌，同时也是他的"伴侣"。这次，他就需要利用这个"伴侣"，两人携起手来，联合汉口其他洋行，演一场较之马赛更为精彩的好戏。

第十二章

枪 声

　　宜市地处深山僻壤，山壑封闭，交通阻隔，但这并不影响它的风流浪漫。《石门县志》载，宜市中街关帝庙戏台始建于南宋度宗咸淳十一年（1276年），屈指算来，竟有八百余年历史。康熙四十二年（1703年），丢官后的孔尚任与国子监官员、内阁侍郎顾彩受容美土王之邀来宜市，其后，顾彩在《容美记游》中如是记叙了在此观看《桃花扇》的情景："四山围屏，一水照影，锣声响彻，皓叟扶杖，老妪携幼，观者皆自四山涌出，台筑中街庙前，唱白习吴腔，带楚调，余韵邈远，行腔作科颇有楚风余韵……"

　　以上顾彩说的是流行宜市一带的大型舞台剧——楚剧。除此之外，宜市一带另有诸多地方小剧种，如傩愿戏、土地戏、花鼓戏、杨花柳，较之楚剧的正统做派，它们则带有更多民间俚俗的色彩，因之也便更能显示这儿原生态的山野风俗气息，如杨花柳戏中的一个唱段——

　　　姐儿下河洗汗衫，
　　　忽下露出牡丹花。
　　　红瓢娇娇对绿水，
　　　黑须溜溜逗河虾。
　　　鲤鱼见了掉头走，
　　　鲫鱼见了摇尾巴，
　　　草鱼见了起浪花。

　　唱词在娱谑与淫秽之间游走，闻听却绝无恶俗之嫌。

　　土地戏旨趣所在原本为娱神，在这里，它所呈现的更多则为娱人，土地公公与土地婆婆摇身一变而为山野乡民谐谑的对象。更有甚者，土地公公居然有一大二小，三个老婆，争风吃醋，打情骂俏，极尽诙谐逗乐之能事，如下唱段——

> 土地公公八十郎，
> 老牛想把嫩草尝。
> 鸳鸯被里戏幺姐，
> 一树梨花压海棠。

以上地方小戏，自然难登大雅，但它们尤为山民村夫所喜爱。关帝庙前当年孔尚任、顾彩观看《桃花扇》的老戏台雨打风吹早已倾圮，然聆听侧耳，青山白云远处，隐约可闻丝竹之声，尤其是那一声花旦清唱，清邈浏亮如荷叶泻露，如雁过留声，渐入杳冥，余韵无穷。

那是唐锦章的"玉华班"在家开唱了。

前不久，唐锦章去了一趟津市，回来时，屁股后头居然多出了两名女子，虽不曾花枝招展香襦绮罗，却也明眸善睐黛眉传情。从街上一路走过去，那些门店里边的、巷子后头的、廊檐底下的脸便纷纷扭朝这边来，脸上神情——虽不曾言说，但其上笑貌，暧昧诡谲，讳莫如深，分明带了别样的味道。唐锦章是个爽性子人，心底有话从不藏着掖着，见人们拿了狐疑的眼光在朝他这边看，便呵呵一笑，朗声道，看么哒，看西洋镜啊？这姐妹俩是俺在津市戏班里花钱买来的青衣花旦，好声嗓！说着，脸由不住朝身后姐妹俩扭过去：欢迎大家日后到俺屋院子看戏去哈。

唐锦章自小爱听戏，如若生在京城，或繁华通都大邑，势必为一铁杆票友，不过，他并不因为自己生在宜市这么一个山旮旯里而感到遗憾，人生好比一颗种子，鸟衔风携飘落何方纯属偶然。何况，只要你有心寻求，何处又没有属于你的风景呢？唐锦章至今记得在关帝庙戏台前听戏看戏的情景，或许，就是那个风吹雨打去的戏台让他此生与舞台戏文结下了不解之缘。唐锦章说他的肚子里有一条馋虫，不喜酒肉，专好戏文一口。他还笑谑他那一对耳朵，风声雨声读书声，皆不入耳，唯独戏台锣鼓青衣花旦一听便痴迷沉醉。唐锦章确乎嗜戏成癖，孔子当年闻韶乐三月不知肉味，此说明显带有文人自夸，不足为凭，但若让唐锦章选择三月断肉听戏或三月断戏食肉，二选当前，老先生必定选择前者无疑。去岁，唐锦章的儿子将他接去省城长沙住了一段时日，唐锦章的这个儿子早年跟随湖南巡抚赵尔巽，北上奉天，南入川滇，现在做到了湘军新兵训练营管带，传闻不久将升迁澧州镇守使。唐锦章在儿子那儿住了将近三个月时间，儿子知道父亲爱听戏，便每日派了两名新兵带了老先生去太平街宜春园茶馆听戏，回家时，儿子问父亲有什么需要，他这就去办。唐锦章说，他就是想办一个戏班，在自家的庭院里，沏一壶茶，坐在那株老梅树底下，一边喝茶，一边听戏。

中国自古有蓄伎乐舞之风，如唐代大诗人白居易晚年居家，便蓄有家伎小蛮、樊素、红绡、紫房诸美女乐伎。唐锦章并非名士，亦非富豪贵胄，不过，这些并不妨碍他对戏曲伎乐的情有独钟。津市戏院买来的姐妹俩带回当天，他便在那株老梅树底下着实过了一把戏瘾，先是沏了一壶天字号宜红摆在石几上，而后搬来紫藤躺椅。薄暮初上，山色渐暝，树梢有淡淡轻风吹过，枝叶招摇，窃窃作语；山麓，一汪河滩浅水，余霞沉浸，或明或灭。那姐妹俩一个抚琴，一个清唱，唱的是《谢瑶环》里的一个段子——

适才间，云鬟绣袂穿芳径，
细语缠绵被你闻，
这也是姻缘前生定，
袁郎啊，莫负今宵海山盟……

琴声清迈，腔韵婉长。唱到婉转处，那青衣的水袖忽而甩抛出去，流云一片风出岫，绮丽妙曼无尽处。那一刻，唐锦章感觉躺在藤椅里的身体分明一下飘起来了，就像那片淡粉的绫罗，轻盈，绵薄，柔软，婀娜，似醉未醉，将沉将浮，欲仙欲死。唐锦章这人喜好清欢独赏，更热衷同乐共享，听了姐妹俩几日清唱，忽发奇想，何不正儿八经办个私家的戏班呢，锣鼓唢呐，武生花旦，岂不是更加热闹有趣？况且，那天从街上走过时他就说过要请人家来自家院子里看戏的，这个念头一经冒出，便再也按捺不住。他即刻起身来到院子后面，双手背在屁股之上，两腿呈八字排开，腮下一束小胡子往上翘起来，两眼纵目往前看去，眼前十余亩一片平旷，那株丈余的老梅树，居中而立，且其上天生一道弯曲，不仅可做搭戏台的支柱，满树繁枝浓叶更是一架天然的凉棚，更有奇者，这眼前地形前低后高，缓缓抬升，左右合围形同一只圈椅，简直就是天生一个戏场嘛。唐锦章粗摸估算了一下，这把圈椅里面少说也能坐个千余之众，并且，无论坐在何方地位，均不会有任何障碍视线，还有，那几株长在四边需数人合围的楮树。试想，夏风穿叶，簌簌作声，坐在一片浓荫底下看戏，该是何等的赏心乐事？唐锦章边看边摇头，并非表示不满，是对即将诞生的那个想象中的戏台戏场太满意了。摇头之际，忽然想起应该把那姐妹俩叫来看看，姐妹俩应声来了，唐锦章宛若一位站在点将台前的将军，手不停指点着前方：怎么样，这儿搭个戏台，看，台柱子都给我长好了，哦，戏台名我也想好了，印心台——瞧这两边的树，这围成的地势，天时地利，心印相照，怎么样，哈哈……

唐锦章的戏班果真办起来了，他在津市专门请来一名资深教习，又在澧县石门等地四处招兵买马，他跟自家的这个戏班子取了一个名字——梅园班，以院中那株老梅树命名，既有地缘的含义，更有日后戏班如红梅绽放的期待。

春茶制作完毕，地里苞谷苗开始开顶花，山里农事消闲下来，唐锦章的梅园班演出告示贴出来了，说是某日将在他的印心台演出折子戏《打金枝》，欢迎四乡亲朋届时前往免费观赏。那是印心台第一场上演，也是梅园班创办以来第一次面向宜市民众亮相。那天，唐锦章的印心台戏场人头攒动，妪叟扶杖，童稚牵衣，年轻女人怀里奶着娃儿，丫头们刘海梳得滑亮，有的鬓边还插了诸如百合、石蒜、牵牛之类野花，因为人太多，青壮男子们便爬上戏场四边的楮树，或踞或坐于枝杈高处。开台锣鼓骤然响起来，少顷，管弦同发，只闻戏台中央一声悠长凄唤，粉墨登场，满场掌声欢呼。唐锦章抱了一只白铜水烟袋，满脸嘿嘿笑着，故意朝台下人堆里走，人声鼎沸，锣鼓贯耳，看着那些熟悉的面孔，唐锦章呵呵大笑：这么热闹，我担心屋上的瓦片会耸落下来哦。有人亮开嗓门搭腔——

章爹，只怕您家马鞍丘的田坎也在耸哦。

马鞍丘是唐锦章家的一片水田，地处文峰山麓，水土肥沃，连片五十余亩。这天早上，唐锦章一人来到那里，默声望着眼前的水田，有人从河边挑了一担笆篓过来，见唐锦章一人站在那里，便笑着大声喊——

章爹，梅园班今年还演不演？

演，当然要演哪。

唐锦章的回答干净利落，毫无悬念，充满毅然决然，丝毫没有犹疑回旋举棋不定。不过，梅园班开办半年至今，他的资金链出现了问题，马上就要断了。长沙回来那天，他的管带儿子给了他500两银票，加上家里的老底，原想戏班办个三年五载该不会有什么问题，没想到这戏班完全是一个烧钱的乐子。他的梅园班属于完全由他自掏腰包花钱请人家来开怀娱乐，而他给予梅园班的武装配备则是第一流的，戏服全是上等杭纺面料，管弦乐器为苏州名坊制作，就连老生手中拿的文帚、花旦帽顶后头插的翎子，无一不是高档精制。自然，对戏班供养更无菲薄，除去吃、住、穿三包，每月每人还发给四到八块银圆，他之所以不惜银两，舍得投入，其目的就是要把梅园班办成一个拿得出、叫得响、唱红湘鄂两省的戏班子。还有，梅园班是他的喜好追求，是他心底的一个愿望，要办就要办出个样子来，走出去，也是他唐锦章的一块脸面。唐锦章不由想到省城里的儿子，虽说儿子心存孝敬，若要戏班花销全赖他一人，恐怕也是酒醉佬靠帐子——靠不住，就他一人薪俸，哪能养活一个近二十人的戏班？眼下言传儿子不久将上任澧州镇守，也就是说，到那时他儿子也算朝廷命官知府了，三年清知府，十万雪花银。唐锦章知道，那十万雪花银中大部分不是来自薪俸，他儿子生性耿直，料想到时不会有那么多的银子，更重要的，以上不过传闻而已，远水难救近渴，眼下他急需的是能让梅园班继续吹拉弹唱下去的现银。那天早上，唐锦章站在马鞍丘的田埂上，惊蛰已过，田中蛤蟆已经开声，虽然叫声稀落，未成气候，然早春的气息分明已从蛙声中透露，唐锦章聆听田中蛙鸣，摇头，点头，皱眉，展眉，最后，他郑重点头，一咬牙，心底作出一个重大的决定。

吃罢早饭，唐锦章来到了卢次伦的宜红清舍，坐下后，将一张钤有大红印章的田契拿了出来，递到卢次伦手上。唐锦章春风灿笑备述原委，卢次伦听着连连摇手，将那张递到面前的田契推了回去：唐老，您知道，次伦所求不在良田美竹之属，这个田舍翁，我是万万不想当的。见卢次伦执意不收，唐锦章便把田契放在了面前的茶几上：卢先生，你就这么看着我的梅园班垮掉散伙？唐锦章看着卢次伦，摇头，复又摇头，眼中无形中便有了哀戚之色：我唐锦章胎生下来从没求过人，为梅园班这一回我不得不求人一回了，卢先生，在这里我只问你一句，你喜不喜欢听戏？卢次伦微笑点头。那你觉得我梅园班演的怎样？卢次伦再一次微笑点头。唐锦章不说话了，看着卢次伦，那么吃定地看着，忽然，他站起身抬腿往外走，卢次伦赶紧将茶几上的田契拿起来，唐锦章头扭过来，看着那张钤印的字纸：这张纸就搁你这儿，我今日是决计不要它了。说着，大步往门外走。卢次伦手拿田契，望着快步走出去的唐锦章，摇头苦笑：唐老，你这是硬逼着次伦要当一回田舍翁了。

当天傍晚，卢次伦将一张两千两银票亲自送到了唐锦章手里。接过银票时唐锦章呵呵笑起来：卢先生，我就晓得，你不会看着我的梅园班不管的，再说了，这十里八乡，只有你卢先生一人能救我的梅园戏班。卢次伦笑而不语，待唐锦章将银票接过去了，他从马褂里换出一张纸来，是那张马鞍丘的田契：唐老，您晓得我曾说过的，我不会在宜市置买一寸田土，也不会从宜市带走一文，这样吧，这两千两就算泰和合茶庄在你梅园班里入个股，怎么样？

此前，唐锦章的梅园班未曾开办时，卢次伦心底确曾有过办戏班的念头，甚至，连戏班的名字都想好了，以茶命名，就叫宜红班。他想将中街关帝庙前的老戏台修葺重整好，引进老家南粤的丝竹管弦，建一套正规的汉剧班。这样做并非他有致君尧舜上、再使风俗淳的宏愿，念头发轫实出于他心底的爱好，再有，如今宜市已渐繁华，若街上能有一处戏台，不论歌舞升平，也算庶民安康景象，因此，卢次伦说以上话时，毫无卖弄矫饰之意，完全出于一片真诚。

　　唐锦章自然不会同意卢次伦的入股。梅园是我一人私家戏班，亏空用度岂可让你一个外人来承当？卢次伦说，这两千两算我借给您，这该可以吧。唐锦章还是摇头不允。卢先生，我一个黄土埋到颈嗓的老头子何来偿还能力？人老世衰，财不再来，不怕你笑话，而今我手头就剩马鞍丘那片水田了。卢次伦几次将田契送到唐锦章手上，均被唐锦章挡了回来。从唐锦章院子里出来时，卢次伦将田契折好，揣进马褂里面：既然这样，那我只好先替唐老保管一段时日吧。卢次伦看着唐锦章，勉为其难笑着。唐锦章脸上不无得意笑起来：卢先生，这回是蚂蟥缠住鸬鹚脚，心想挣脱挣不脱了哟。

　　泰和合茶庄下属各部中，特设赈济一部，专司地方赈灾救助及社会公益事业。回到茶庄，卢次伦当即将唐锦章马鞍丘田契交与了赈济部。原来，赈济部下又专设了"义田"管理一项。所谓义田，即茶庄为某项公益事业或贫困扶助特置买下的田产，如渫水沿途所设义渡，每一义渡均置下一处田产，以田养渡，又如，对于鳏寡孤独癃残贫病者的救助，同样也以义田形式以田扶困。此前，泰和合茶庄的"义田"已有一百多亩，现今加上唐锦章马鞍丘田庄，面积达至二百余亩。

　　就在唐锦章将马鞍丘田契交作泰和合茶庄义田第二年，湘北出现百年未遇大旱，禾稻枯焦，溪河干涸，田地颗粒无收，饥荒降临宜市。许多农家积粮早尽凭以野菜树皮度日，有的茶农持了卖春茶的积蓄上街买米，有的米店竟然囤积居奇故意不卖，即有卖米店家米价也是一夜陡涨。眼看刚刚繁荣起来的山镇突然陷入饥馑恐慌，卢次伦心急如焚，许多年前吃食观音土的那个妇人气息奄奄躺在床上的一幕忽又出现眼前，不，他不能让如此情状再次在眼前上演。他和妻子杨素贤商量，他要倾其所能帮助宜市父老乡亲渡过眼前难关。水南渡司董张由俭骑了他的那匹骟马到泰和合茶庄来了，作为一方行政长官，大灾当前，赈灾济困，他负有无法推卸的责任，但司所拿不出一两银子，他只好往奔卢次伦来了，来到茶庄这才得知，卢次伦和赈济部一行五人已出门三天，租下三只木船南下洞庭买米去了。这年夏天，卢次伦三次亲下洞庭购米三万余斤，并在宜市街头亲为饥民放粮施粥。立秋过后，雨终于降下来了，为帮助灾民度过荒年，卢次伦又令赈济部采购荞、粟、苞谷、绿豆等秋杂粮种子，发放乡民种植，因泰和合茶庄赈灾救助，宜市乡民终于度过了前所未遇大灾之年。

秋雨落下后不久，唐锦章的儿子从省城回来了。现今已是省巡警总稽查兼省厘金局局长的唐永阳可谓衣锦还乡，石门县衙为他专门派了四人抬的官轿。唐永阳没有坐官轿，他行伍出身，习惯了马背疾风，且山路遥远崎岖，策马行进自然要便捷得多。那官轿唐永阳虽没有坐，为了表示敬意，县衙硬是让它一路二百余里山路跟着抬到宜市来了，并且，知县也一同陪乘而来。

回家第三天，唐永阳在家特意备下一桌酒菜，宴请卢次伦。酒宴摆在西厢房小院内，一桌美酒佳肴，席上仅有卢次伦、唐永阳、唐锦章三人，唐永阳请卢次伦上坐，卢次伦执意谦让，最后只好由唐锦章坐上了首席。席间，身兼省厘金局局长的唐永阳话题自然要说到茶税厘金，他问卢次伦县厘金所的茶税征收情况，同时问到江汉关华茶及洋行茶税厘金征缴。

唐永阳满面悦色，说到历代茶税由来谈兴似乎尤甚，忽然，说话间，唐永阳话锋一转：听说我家马鞍丘的田契如今在卢先生手里？唐永阳脸上仍在笑，但分明已经改变了内涵，两眼直视卢次伦，不知什么时候，一支毛瑟20响驳壳枪悄寂无息摆在了酒桌上。唐锦章大惊失色：永阳，你这是什么意思？唐永阳看看那支摆在面前的驳壳枪，然后，冲卢次伦淡淡一笑：卢先生听说是聪明人，什么意思他自然知道。

和唐锦章一样，看见那支毛瑟20响那一刹那，卢次伦坐在梨木座椅上的身子本能战栗了一下，不过，那只是极短的一个瞬息，摆在桌上的德国造毛瑟枪，钢蓝的枪管，黑洞洞的枪口，红铜手柄下缀几缕麂皮缨须。卢次伦的眼神由讶异转而镇定，转而神态自若，甚至，看着那把搁在桌上的盒子炮，两眼深处透出一丝不易察觉的淡笑。满满一席珍馐佳馔，东坡肘子，清蒸仔鸡，黄焖鳜鱼，香醋乳鸽，林林总总，摆在那儿，酒杯里的酒斟满了，醇馥盈溢，满室生香。一片紫薇的黄叶沿自檐瓦边缘飘扬而下，秋阳映照中，缈缈袅袅，飘出婉约的韵致；院子远处，一只公鸡在清唱，悠长的尾音飘出院外，如风中飘落的云絮。唐锦章眼露惊惶，腮下那溜灰白胡须隐然在抖：先前不是说得好好的，宴请卢先生一同叙叙话的，就么突然变成了这样？唐永阳身穿棕色杭纺团花便装，泰然而坐，不出声，看着卢次伦，肥腴丰隆的脸上浮着一片薄笑，双唇咧开一道细缝，同样，唇边浮有淡淡薄笑。唐管带的意思是要收回那张田契？卢次伦看着唐永阳，目光含笑，话语从容，不待对方回答，接着说：田契在我赈济部那里，要收回这个不难，只要唐管带把两千两现银还我，我立时可以差人将田契奉还。

唐永阳霍地一下站起来，随手抓起桌上毛瑟盒子炮。

卢次伦没有动，依旧坐在那把梨木座椅上，他在打量唐永阳，打量那把毛瑟20响盒子炮，无形中，他的眼里有了一种类似伤痛的悲哀。来唐锦章家的路上，听说他是去赴唐永阳的宴请，有人话语中似乎透出别样的况味，在中国，官与商似乎从来就是一对孪生兄弟，商只有通过官才得牟得最大红利，而官只有与商勾结，以手中握有的权力作为资本寻租，方可一夜坐富，十万雪花银，得来毫不费功夫。对于官权，他向以谦敬谨严态度，茶庄经营自然无可回避与官权交道。为此，他在心底为自己立嘱，无论何种情况，当以居正不阿为最后底线，他为中国商人无有独立人格深感悲哀，官与商同为经国之大业，同样应有独立人格与尊严。接到唐永阳的宴请，他揣想，身为省厘金局局长，茶税商贸乃职权所在，体察下情，更在情理，而他则正有话想对这位省厘金局局长面陈直说，近年地方各类税捐不断增长，甚至，巧立名目恣意强取，如此下去，势必伤及茶商茶农，最终挫败中国茶叶。刚才一路走来路上，他一直在想，必须将此情势告知唐永阳，当看见眼前一幕，他先是悚然而惊，继而，浮想前后，心底不禁涌上一股悲哀。

卢次伦缓缓从座椅上站起来，看一眼满桌酒菜，凄然一笑：没想到唐管带今天演的是一出鸿门宴啊。说着，朝愣在一旁的唐锦章拱一拱手，一笑作别。唐永阳见卢次伦起身要走，冷笑一声：今天要么把田契给我送来，要么把人头给我留在这里！卢次伦一只脚即要迈开去，复又停住，唐永阳两目忽露出凶光，咄咄逼人，卢次伦毫不回避唐永阳径直射来的目光，他一动不动，站在那里，两眼寂然直视着唐永阳的脸，忽然，脸上有了愤慨之色——

一个朝廷命官难道就可以凌势欺人恣意妄为？

　　唐锦章先是被眼前一幕惊呆了，见卢次伦迈步往外走，这才如梦方醒疾步上前，他要卢次伦留步，千万别走，见卢次伦的脚步并未停下来，于是，转而朝向自己的儿子：你这都是在干什么，田契是你爹自愿送给卢先生的，卢先生拿它做了义田，卢先生的义田为的都是宜市百姓。今年百日大旱，卢先生亲下洞庭买米赈灾，救活了多少宜市百姓，你这样做，对得起卢先生吗？你跟土匪恶棍有什么区别？唐永阳不朝他爹看，看着卢次伦高视阔步往外走，气呼呼大声说，看谁今天敢迈出这道门槛一步！

　　卢次伦没有停下脚步，他不朝唐永阳看，似乎唐永阳此刻于他根本就不存在，他步伐稳健、沉着、笃定，径直朝门口大步走去，来到门边，一只脚抬起来，就要迈出那道西厢房门槛，突然，叭——一声，身后枪响了。

　　那是宜市亘古以来听到的第一声洋枪的响声，尖锐，犀利，凄厉，尖啸划破山野岑寂，秋阳洞穿，参裂的豁口，金黄的豁边，穿透纵深直指苍穹。那只先前打鸣的公鸡戛然噤声，窗前，一瓣风中飘扬的紫薇遽然失色，呆定空中，挂在窗檐的竹帘瑟瑟在抖，杉木板壁的房间宛若一只共鸣效果极佳的音箱，突如其来的冲击波使板壁变成回音壁，锐厉的声浪冲击四壁，发出剧烈激荡震撼。可以感知，那些桐油漆亮的板壁一齐在抖，从未有过的战栗，犹如一只匕首突然刺中心脏，而在距离房间数里之外的峒湾，一堵巨大丹霞岩石绝壁，一如房间板壁，啸声激荡，不绝于耳。此前，宜市也曾闻听过枪声，不过，是那种山民自制的火铳，响声带有原始的沙哑，不似德国毛瑟公司制造的这种洋枪，其声响之尖锐，足以令山野闻之变色。枪声响起那一刻，卢次伦迈出去的那只脚本能地抖了一下，凝然悬空，呆滞门槛之上，唐锦章站在一边，两眼瞪大，腮下那溜灰白的胡须突然翘起来，几茎稀疏须尾，根根痴直，历历在目。

　　或许那只是极短暂的几秒。

　　就是那极短的几秒，唐锦章感觉心脏突然停跳，时间凝固，世界一下回到亘古洪荒。

　　几乎没有任何声音，卢次伦悬在门槛上的那只脚迈出去了。

　　身后传来椅子碰响声，是唐锦章扑上去将那只毛瑟20响盒子炮夺过去了？

卢次伦没有回头，径直往前走。

唐锦章在大骂他的巡警总稽查、省厘金局局长儿子——

你这个不识好歹的东西，你还是我唐锦章的儿子吗？你眼里还有我这个爹吗？你这是要遭人唾骂，于名声不顾，背上不仁不义恃势欺人的恶名啊！

从唐锦章家里出来，卢次伦感觉有些恍惚，走在路上，那声毛瑟枪声犹在耳畔尖啸回响。他心里十分清楚，得罪唐永阳将意味着什么，民不与官斗，胳膊拧不过大腿，在人矮檐下，不敢不低头，中国民间数千年智慧积累，那么深刻，那么通俗，道出了如此生态下的生存法则。如果他把田契拿出来拱手相奉乖乖送给他，自然，在官场他便结下了一份姻缘，他的身后便有了一棵可供倚仗庇荫的大树，朝中有人好做官，行商何尝又不是如此？茶税捐赋巡警稽查二者皆与宜红前途命运直接相关，结缘唐永阳，求得唐永阳欢心，无异于为宜红未来赢得了一份保障，无异于为自己拓宽了一条通往希望的通道。他十分清楚，当时的他就站在一个岔路口，他听到命运的召唤，看到命运之神朝他频频招手，他的脚迈出去了，几乎是不加抉择，完全出于一种本能，那么果决、肯定、执着、义无反顾、毅然决然。他没有听从命运的召唤，更无计于后果与结局，那一刻，他的内心成为一尊高贵尊严的圣像，肃穆庄严，高居殿堂，血在每一根血管里奔腾，他感到了它们的炙热，听到了它们奔腾的声音。枪声响起瞬间，他的脚在门槛上空停顿了一下，并非迟疑，更不是恐惧怯懦企图退缩，它停在空中，就像涛声高端的一团云朵，愕然之际忘却了方向，很快，它回到了意识，迈出去了。

在距离茶庄不远山坡，卢次伦在一块巨石上坐下来，静静看着山下的宜市——这个养在深闺的古老山镇，泰和合茶庄大楼及制茶工厂屋瓦鳞鳞毗连一片，坐落老街下方河边，秋季歇运的茶船沿岸而列，竖向天空的桅杆，排成一字长阵的船头，马房那边，有骡铃隐约传来。卢次伦闭上眼睛，脸仰向天空，寂默无息中，两只眼眶湿了。

回到宜红清舍时已傍晚，夕照余晖中，儿子鸿羽正在门前场坪上舞剑。自那年开始在张家兄弟武馆习武后，每周鸿羽都要去张家大山习武两日，其余则在卢次伦兴办的宜市义校里面学习功课。对于鸿羽习武，卢次伦秉持的态度是中立，既不支持，也不反对，固然儿子想当一名侠客的意愿实出幼稚，但习武能够强体健身于人格锤炼尤其少年青春期成长会有裨益，正是出于这一点，每每看到儿子习武回来，卢次伦脸上总有嘉许欣然态度。习武两年，鸿羽体格变得强健起来，脸上呈现红亮光泽，眼中不仅是清水洗尘的清照澄澈，注目凝眸分明有了阳光映射的炯朗与炽热。发现父亲站在一旁正看着自己，鸿羽收剑站定，说，今日新学了一个招式——苏秦负剑，说着，一道青光闪过，原来手持长剑转瞬已置背后，剑柄朝下，剑锋上指，青锋熠立，跃跃欲试，与此同时，双腿腾挪，侧身呈辗转之势，正欲奋力击发。忽然，鸿羽收住击剑，双目炯亮看着卢次伦：爹地，您知道苏秦吗？腰间一边佩着长剑，一边挂着六国相印，合纵六国使秦国 15 年不敢出函谷关。爹地，鸿羽长大了也要做苏秦那样的英雄。鸿羽双眼熠亮，脸上现出异样神采，突然，那柄握在手中的长剑一声疾啸，一个雪花盖顶亮相——

爹地，您说怎么样？鸿羽望去一眼横向前方的长剑，而后，将那双少年欣喜的目光投向父亲。

卢次伦看着鸿羽，不说话，脸颊夕照覆映，注视的眼里呈现沉郁凝重。许久，他走上前去，将鸿羽手中的剑摘了下来，拿在手上，默声打量着，而后，挂在了门边墙上：鸿羽，爹地知道你是一个胸有志向的孩子，但爹地并不期望你将来只是一名剑客。青峰龙泉，剑客侠士，那是过往冷兵器的时代，如今，天下大变，西方科技制造日新月异，世界格局已有翻天覆地变化，列强环伺中华，帝国颓隳日倾，鸿羽，爹地期待你将来应有更大的肩负和作为。

晚饭时，杨素贤问起唐永阳宴请情况，卢次伦没有将实情告诉妻子，他强作笑颜，故作轻描淡写，支吾塞责了过去。一会儿，唐锦章推门进来了，他是专程来给卢次伦赔礼道歉的。跨进门槛，唐锦章便朝着卢次伦连连拱手，嘴里一迭连声"对不住""实在对不住""还请卢先生原谅"，杨素贤这才得知卢次伦前往赴宴真相，不禁两眼愕直，一下呆在了那儿。唐锦章一边朝卢次伦赔礼道不是，一边大骂他那个"逆子"，摇头叹气，攥拳顿足，痛心疾首愧疚怨恨溢于言表。卢次伦走上前去，握住唐锦章的手，宽慰唐锦章，要他不必为此事太过自责，更不必为他着急担心。送走唐锦章，杨素贤脸上惊惶未消，看着卢次伦，不知怎么眼中噙了泪水：要不，就将那份田契拿出来给他吧，况且，它本来就放在赈济部义田里。卢次伦微微含笑，看着杨素贤，轻轻摇头。他把杨素贤的手拿起来，握在手里，杨素贤眼里满含担忧，看着卢次伦，声音隐隐发颤，语气近乎哀告。卢次伦那么逼近站在她面前，他看着她，目光温煦、沉静，但目光深处，分明有一种难以形容的坚韧与强硬。先前，唐锦章进来时鸿羽已进屋晚习去了。每天晚上，卢次伦为鸿羽规定晚习读诵一个时辰，书房出来，听得卢次伦与杨素贤说话，突然奔过来，气呼呼立在卢次伦面前：爹地，是不是有人欺负您，您告诉我，是不是那个姓张的大肚子？不等卢次伦回答，奔上前去，取下壁上长剑。卢次伦低声将鸿羽喝住，伸手将剑夺过来，复又挂回墙上，满脸威严，看着鸿羽：你爹坐得端，行得正，没有人敢欺负他。

鸿羽睡了，杨素贤的织房里亮着灯，卢次伦从宜红清舍出来，来到茶庄大楼前厅，站在厅堂中央，默声仰向前方上空，月光从天井口斜进来，映在那块悬挂照枋上端的匾额上，"万家生佛"四个鎏金大字，月光映照下幻生出一种类似蓝宝石般的奇光。

八月十五，中秋节，他的生日。大清早，泰和合大楼门外忽然响起锣鼓声，他从宜红清舍快步下来，只见茶庄大楼门口挤了一片黑压压人头，锣鼓使劲在敲，铙钹唢呐欢声笑语，鼓乐后面，众多男子肩头还抬了一块红绸大匾。看到拥在门边众多脸庞，他眼眶不由发热，双手高高举起来，朝着人们连连拱手致谢。当他看到匾额上"万家生佛"四个金粉填漆大字，一下变得惶恐不安，赶紧连连摇手：卢某不敢当，实在不敢当！唐锦章、吴永升、易载厚、那位须发皆白曾为泰和合茶庄立柱赞梁的老先生，众多熟悉的脸拥挤在他身旁，抬匾男子簇拥着朝茶庄走进来，他慌忙上前阻拦。唐锦章将他的手一把抓住：卢先生，今年的灾难，宜市百姓多亏了您，您就是宜市百姓的万家生佛，真正的万家生佛……

卢次伦喜欢吃湘北腊味，并非入乡随俗，乃是与生俱来的嗜爱。冬至过后，他特意吩咐厨房买了猪、羊、麂诸肉类来，并亲自采来柏枝、橘皮、花生壳，烟火熏炙，自制腊肉。对于腊肉的烹制，卢次伦极为考究，他喜欢自己动手，且有一手极精致的刀功，运刀驾轻就熟，娴巧灵转，大有疱丁解牛经入肯綮游刃有余之概，经他手切出的肉片，型制规整，厚薄匀称，整饬有序排列，颇得夫子割不正不食脍不厌精风范。卢次伦并非美食主义者，只不过在嗜爱湘北腊味上情怀独寄，且爱亲力亲为，如此而已。

自五月立夏那天开始，天上滴雨未下，干旱持续百日，地上一片枯焦。卢次伦也即从五月开始禁戒食肉，不仅他自己，包括妻子杨素贤，儿子鸿羽，他这样做并非出于矫情，天降荼毒，民生罹难，既便玉盘珍馐又哪来滋味下咽？他令赈济部将往年义田所得谷米悉数拿出来，并专差粮船南下洞庭购米救灾，将近三个月了，卢次伦点腥未沾，往日鲜润的脸庞现出暗淡菜色，茶事往来尚在繁忙，赈灾救济更令他逐日奔走寝食难安，妻子杨素贤眼见丈夫脸上日渐清癯，心底难免疼怜：按理，赈灾是政府的事，如今，我们也算尽力，对得住宜市百姓了，你又何必执着于一意非要绝肉戒荤呢？身体肤发，受之父母，不敢毁伤。你上有八十岁老母，需要尽孝，下有妻儿需要尽责，如今，你这样做，摧害的不仅是你一己的身体，还有母亲妻儿的牵挂，你想过这些了吗？

妻子的话无懈可击，令他无言以对，但绝肉戒禁在他心里是一条铁律，旱情一日不除，戒禁一日不撤。国人大多以一己利益为生存准则、行为取舍，凡从己发，乏有基督牺牲精神，乏有普罗米修斯那种虽千万人吾往矣的崇高担当，中国学林士子大多好谈经济之学，究其根蒂不过障目奢谈，旨趣襟抱仍不出千钟粟、黄金屋寰白，绝肉戒禁虽不过一种形式，但在他心底，却是苦难担当的决然态度。自然，他不会把以上所想告诉妻子，面对妻子忧悒的眼神，他故作轻松一笑，且笑出那种夫妻间的亲谐与调皮，他说，他从小就想做一个草食动物，草食动物总是生性驯良，让人友善可爱，而肉食者鄙——卢次伦说着，眼睛转朝鸿羽：鸿羽，天不下雨，坚持不吃肉你能做得到吗？鸿羽年15岁，正是身体发育成长时期，连续三个月断肉绝荤，居然脸上毫无怨色。听到父亲问话，他一下挺直身板：能啊，怎么不能？天将降大任于斯人也，必先苦其心志，劳其筋骨，饿其体肤，空乏其身……鸿羽朗朗而诵，卢次伦颔首称许，杨素贤的眼眶止不住湿了。

一天，杨素贤特意做了一桌"荤宴"——鸡、鸭、鱼、肉满满一桌，鸿羽见了，禁不住"哇——"一声叫起来。卢次伦初见第一眼也不禁瞠目诧然，自然，那些桌上陈列并不是真荤，不过视觉的一场盛宴而已，鸡鸭鱼类为面粉所做，那碗大片酱色的福肉则是以冬瓜为原材料。杨素贤默声看着父子俩，脸上笑容哀婉深致，眼窝深处有莹莹泪光闪烁，卢次伦先是诧异疑惑，继而，一抹会意的笑容浮上脸颊，他朝杨素贤脸上看过去，静默看着，无声中，刚才浮上脸颊的笑容渐息消退敛去，双眼犹在注目，但那注目深处却有了某种难于言状的况味。

那些匠心独运别出心裁的精工制作，那些殚精竭虑惟妙惟肖的杰出创造，色、香、形、味，那么完美呈现在那儿。杨素贤避开丈夫的注目，筷子夹起一块"福肉"——来，鸿羽，尝尝妈妈做的"福肉"。杨素贤有意让脸上笑容显得更热烈些，然则，夹起那块"福肉"的一刻，一颗硕大的晶体，突破睫毛围栏，滑然滚落下来了。

佛是一个人吗？

佛是一个人。

他在哪儿？

就在头上三尺上面。

我怎么没看见他？

他在那儿照看着所有地上的人，如有遇上黑暗恐惧，他便轻声呼唤你的名字，听到呼唤声，仰起头来，你便会看见他，看见他的时候，你便看见了心底的光明。

他倚着门边，望着室里的母亲，母亲静静坐在那只橘黄色土布包裹的蒲团上，脸上仰着，朝向前方墙壁，泥金释迦牟尼佛寂默端坐墙壁上方的神龛上，一缕细柔青烟冉冉升起在母亲脸边，母亲神态宁静安详，望向前方的目光柔软，温暖，脉脉静照，如覆在池水上的二月春煦。

他无法阻止众人，锣鼓喧腾，爆竹齐鸣，"万家生佛"匾额挂在茶庄前堂照枋上了，不过，他没有让匾额真正露脸，待人们散去，他要杨素贤寻来一块靛染紫布，将匾额上"万家生佛"四个鎏金大字蒙上了，就像当年母亲所说，他把佛藏进了心里。

月光如蓝花瓷，印在脚边地上。透过那块靛染紫布，卢次伦分明看见了那四个镌刻的大字。什么时候，杨素贤站在了卢次伦身边，一如卢次伦那样，脸仰起来，望着前方高处的那块蒙在匾额上的紫布。发觉妻子站在身边，卢次伦没有出声，右臂伸出去，臂弯揽过来，将杨素贤揽在身边，杨素贤将脸偎近卢次伦脸边，卢次伦感觉脸颊一片生凉，他把脸贴紧杨素贤的脸，湿渍沿脸颊浸淫而下，他把杨素贤紧紧搂在了怀里。

远处传来急骤的马蹄声。

是汉庄那边急驰赶来的"骑信"。泰和合茶庄总务部内共有步、骑信差四人。这些人无不身怀绝技，如县内短途传送以两条腿跑路的"步信"，脚穿草鞋，两条绑腿（足踝至膝下小腿以特制布带呈人字形缠裹，以便紧凑利落更利行走），捷步如飞，其足力行速堪与神行太保媲美。其中一名"步信"从宜市到石门县城往返430里山路，两天来回视若平常；"骑信"更有高超技艺，不仅精于骑驭，且身怀武功，更兼所骑均属名驹，驰骋奔涉堪称驭风而行。光绪二十年（1894年），泰和合在汉口设立"汉庄"，租地汉正街以东一处五间院落，春夏期间，汉庄上下职员十余人，负责茶运、销售等一应日常业务，秋冬茶事淡季，仅余下两人留守，职责除日常接洽往来，其中重要则为收集各方信息。从汉庄赶来的"骑信"站在卢次伦面前，从衣兜掏出一纸信笺，卢次伦接过，不及回屋，就着门房灯光急拆展读——

近悉印（度）、锡（兰）、日（本）茶前年始大举进入国际市场，昨日（9月19日），怡和、太古、亚细亚、卜内门、旗昌、阜新、阜昌等各驻汉口洋行大班在惠罗大楼召开联席会议，商讨应对华茶措施。据探，会议达成一项协议，即日起，所有在汉口洋行外商将联合行动，对华茶施以制裁，并通过操控汉口茶市，对华茶实行统一限价收购。

第十三章

合 纵

青灰水洗外墙。拜占庭式穹顶。孔雀蓝塔楼顶尖。晚期复古主义风格的方框直角门窗。晚秋金色的阳光在塔楼尖顶闪烁。汉江横陈，龟蛇二山在望。

二楼大客厅中央，摆放了一圈呈椭圆形会议桌。都白尼面江临窗坐在那儿。紧挨着是 J.K. 巴诺夫。都白尼今天穿了一身深蓝呢绒西服，衬衣领口坚挺如削，皑皑雪白，柿子红领带，于蓝白二色之上，炽烈欲燃，尤显触目。会议名曰联席，实为都白尼首席主演。会场为怡和洋行提供，所费支出皆为怡和一家置备，雪茄、水果、咖啡，包括茶饮——茶是宜红天字号，一人面前一只景德镇青花瓷小茶碗，瓷胎洁白，描青精致典雅。茶香缕缕，自一只只小青花上细软升起，为整个会议大厅平添了一份东方的典雅与宁静。

都白尼说，今天的联席会也可视为探讨国际茶叶市场走势、行情的务虚会。印度。自我东印度公司将 1200 斤中国茶籽运入加尔各答试种，随后茶业迅速发展，众所周知，1879 年，我帝国在伦敦成立印度茶叶协会，嗣后，享誉世界的托克莱茶叶试验场建立，尤为可喜的是，近年，印度大吉岭与阿萨姆红茶产出猛涨，大有后来居上盖过中国茶叶之势。锡兰。1841 年。德意志华姆斯从中国游历带回茶苗数株，植于普赛拉华鲁尔康特拉茶园，如今茶园发展面积达十余万公顷。日本。奈良时代高僧行基从中国带回茶籽，遍植寺院，东瀛岛国始有茶叶。公元 806 年，弘法大师在中国研究佛学回国也曾带回茶种多份，分植各地，并得中国制茶技术，用以传授民间，自后植茶之风在岛国日盛。明治维新后，日政府借鉴我帝国在印度种植制茶叶先进技术，茶业亦在蒸蒸日上。都白尼侃侃而谈，似乎一名茶学博士，引经据典，旁征博引，说到国际茶叶发展趋势，如同一位高屋建瓴胸罗全局的将军，其瞩目之高远，洞察之明晰，阐发之精准独到切中肯綮，无不令人折服。不过，即便如此，底下某处角落似仍有人在嘀咕，尤其当他讲到东印度公司的时候——是的，东印度公司并非都白尼所说，是现代文明的传播者，是经济繁荣的福音和福星，恰恰相反，它从登陆印度洋海岸第一步开始，奉行的即是殖民掠夺，凭借手中的洋枪，他们掌控了这儿的食盐、烟草、鸦片、小麦——乃至所有物产的贸易权。在孟加拉国库，他们拿走了价值 5800 万英镑的黄金珠宝，在攻陷迈索尔首府之后，拿走了价值 1500 万英镑的王室珠宝，大吉岭、阿萨姆红茶，那些都是野蛮掠夺的罪证！对于那些不明角落发出的嘤嗡，都白尼听之任之不予理睬，他不想再翻出那些陈芝麻烂豆子，眼下摆在他面前的当务之急是茶叶，更具体地说，是中国茶叶。都白尼端起青花瓷小茶碗，掌心平托亮在与会者眼前：诸位知道，今天我们喝的这种茶叫宜红，它来自湘北深山一个叫宜市的古老山镇，平心而论，与印度的大吉岭、阿萨姆和锡兰的乌沃比较，它的口感香味更具特色，让人回味。去年，它的市场售价是 60 两白银一担，了解行情的朋友知道，锡兰茶叶多少卢比一担？印度加尔各答茶叶市场，大吉岭、阿萨姆红茶一公担多少卢比？

J.K. 巴诺夫在喝茶。一小口，一小口，浅啜，慢品。他不朝身边的都白尼看，眼神只专注于手中青花小碗，小碗边缘那一缕细柔漫长的茶香游丝。对于都白尼，这个夸夸其谈的怡和大班，巴诺夫经历了一个由浅入深由表及内的认知过程。三教街江滨那块地皮出卖，他原以为是都白尼在为自己救火，危难之际施以援手，待等得知真相，追悔之余，那种源自心灵的怨怼便油然而生——这只该死的狐狸！巴诺夫使劲啐一口，他崇尚决斗，崇尚竞技场上的武力角逐，像都白尼施使如此卑劣阴毒的伎俩，他觉得那是一种耻辱，一种人格的龌龊与卑鄙。将都白尼定义为狐狸，他觉得自己抓住了事物的本质，狐狸再狡猾，逃不过好猎手，他期待着有一天这只狡猾的狐狸终会落于他这个猎人之手。如果说，那次的赛马会上，他坐在绿茵草坪上心情是愉悦的，而此时，他的心里则充满错综复杂的情感，当然，他十分清楚，是利益召唤他来到这里，在压抑华茶这一点上，他和都白尼，和在座列席各洋行外商无可辩疑同属一个阵营。近年，羊楼洞鲜叶茶购价呈上浮趋势，压抑购价势在必行，他不能让远东铁路带来的运输成本降低的赢利因茶价抬高而耗掉。巴诺夫眼前浮现表弟沙皇尼古拉二世英俊的脸庞，那是在海参崴，新铺的钢轨在阳光下闪着耀眼的光，来自旷野的风掀起表弟猩红的披肩，临别，表弟和他拥抱在一起。沙皇表弟的声音至今犹在耳边回响：表兄，帝国的长龙开到大清的后门口了，今后，就等着你把银圆运回莫斯科了。

惠罗联席会议的原旨在于对华茶的压制，令都白尼没能想到的是，结果却是他无意中为宜红作了一次产品推介，卢次伦未能如愿的宜红茶会竟然让他不知不觉给办了，对于宜红的高度评价近乎众口一词毫无悬念达成共识。与会者们以其各自不同的经验阅识，触、视、辨、意、兴、会、感、知——多角度全方位阐述他们对宜红的体味，尤其形容它的芳香，有人说有兰蕙的清雅深致，有人说如入春梦，只可意会，妙处难与说，从来佳茗似佳人——有位中国通甚至搬出苏东坡《次韵曹辅寄壑源试焙新芽》诗句，比物、喻情、拟人，赋比想象极尽描摹，宜红的馥郁从每一只青花小瓷碗中飘逸而出，萦绕漫布整个会议大厅，飘逸如水中月影，轻曼似青萍来风，关于宜红的香味比赋，绮词锦句妙语曼想简直堪称一场修辞学的峰会，大有喧宾夺主使联会主题跑偏的势头。不过，会议最终还是回到了携起手来共抑华茶这一主题上来。达成共识之后，都白尼就如何共抑华茶提出了八条具体可操作性建议，获得一致赞许，会议最后通过了一项表决，以无记名投票形式选举汉口外商协会总干事，都白尼以五票优势领先胜出，当选该协会总干事一职。

离清明还有半个月，汉口茶市挂出今年头茶（又称明前茶，指清明前采摘制作的茶叶）外销价每担上浮五两纹银告示。清明节那天，来自鄂东羊楼洞的第一批茶船停在了汉正街外的江边码头。当天，汉口茶市挂牌开市，鼓乐吹奏，鞭炮齐鸣，各大洋行买手坐市买办茶叶，出价果然每担高出上年五两纹银。之后是来自江西鄱阳湖的茶船，洋行出价同样以每担高出上年五两价格。往年，汉口春茶开市盛期一般在立夏前后，皖、浙、闽、湘、赣茶区距离汉口千里之遥，制作运输从紧也得一个月以上，而今年春茶开市的盛期却比往年提早了半个月，谷雨刚过，一批接着一批茶船赶来了，春江水暖，船如凫鸭，汉正街一带沿江码头——宗三庙、杨家河、武圣庙、老官庙、集家嘴、万安港挤满了大小茶船，自然，这些茶船都是奔着那抬高的五两银子来的。让人没能料想到的是，茶船千里奔赴赶来，汉口茶市的茶价突然一下跌了，跌到每担洋行仅出价17两。

卢次伦的茶船是立夏过后才到汉口的，去年，他的宜红在汉口外销达到30万斤，几乎占到汉口茶市红茶外销一半，今年，他在鄂西南一带茶区又新设了两个分庄，如果一切顺利，今年宜红销售可望达到40万斤。卢次伦的茶船停泊在万安港码头，刚上岸他便听到消息，汉正街永安、永福、永祥三家茶庄商铺倒闭关门了，老板赔本卖掉茶叶之后，哭着离开了汉口。茶船泊定之后，卢次伦没有像往常那样，将船上的茶叶即刻卸下来，运往汉庄茶叶仓库。前往汉庄路上，沿江可见停泊的茶船，往昔繁忙的码头，卸载的挑夫，运茶的马车，辘辘车声嚷嚷人语，全无了踪影，来到汉庄，整整一天，卢次伦足不出户，独自一人坐在临江的窗边喝茶，他把那份和都白尼签订的宜红购茶协议拿出来，展开，铺在面前茶桌上：双方议定宜红价格以每担60两纹银交易。卢次伦不出声，盯着协议书上一行文字，汉口茶市头茶价格跌到每担17两，二茶标价13两，子茶甚至每担只有八九两，想到去年骑信送去的那份急信，卢次伦面色沉郁，眉峰紧蹙，先前故意抬高茶价，作为诱饵，之后价格陡然降跌，这些必定都是都白尼在背后耍弄阴谋。想到皇皇汉口茶市，居然沦为洋人操纵，卢次伦心底不由涌起一股愤懑，自古贸易向以公平诚信为本，如此欺行霸市行径，与赤裸裸掠夺何异？

晚上，陈修梅过来了，果然如卢次伦所料，汉口茶市一切变故都是都白尼在幕后一手操纵。陈修梅告诉卢次伦，面对都白尼联合洋行外商共同打压华茶手段，中国茶商自救办法唯有一条，携起手来，合纵拒夷，唯有这样，才可争得华茶的正当利益。

往年，宜红茶船到达码头后，怡和洋行那边即会派人前来接洽，现场验货办理交结。今年，宜红茶船停泊万安港码头两天了，怡和那边仍不见有人过来。第三天，福音堂早钟刚敲过8点，卢次伦走进了惠罗大楼二楼都白尼的办公房，都白尼站在窗边，正独自眺望着对面大楼穹顶上空那面初日映照下的米字旗，衔在嘴角的雪茄，一缕幽蓝，软若游丝，从燃烧殷红处杳然上升，冉冉飘在脸边。发现卢次伦走进来，都白尼并没有转过身来，依旧那样站着，眼望前方，脸上似笑非笑，莫测高深。房屋中央，与都白尼座椅并挨放置的那把金丝楠木太师椅——当年都白尼命鳕鱼小班从小客厅抬上来，作为特例给予卢次伦的专座，这些年来，卢次伦每次走进大班办公房，都白尼无不礼让有加地请他坐在上面，这次，都白尼没有请卢次伦坐，他将笔挺的背脊给予卢次伦，透过眼角余光他明明发现卢次伦走进来了，可他就是站着不动，缄口含笑，寂默无声。

　　跨进门，卢次伦径直朝那把金丝楠木太师椅走去，坐下后，也不和都白尼客套，一脸坦荡，开门见山，直切主题：都大班，宜红茶船已泊在万安港三天了，怡和这边什么时候派人过去验货签收？听到说话，都白尼佯装惊讶，脸转过来：真的吗，宜红茶船来啦？说着，将嘴里的半截雪茄摘下来，举在手里，指向前方远处的江边：卢先生看见了吗，那儿是我新建起来的跑马场，整整五公顷面积，绿草如茵，卢先生会骑马吗？哦对了，记得许多年前，卢先生骑了一匹雪骢马，那是一匹好马，良驹，美骏，绝对标准的好马，不知卢先生对赛马有没有兴趣，要不？……卢次伦打断都白尼的话：都大班今天什么意思？卢次伦看着都白尼，唇边浮着一抹笑容，表象虽有暖阳成色，内中分明含有凛然冷凝。都白尼愣了愣，忽想起什么：哎呀，看，只顾了说话，都忘了给卢先生泡茶了。卢次伦并不接都白尼的话茬：都大班，你我交往并非一次，卢某为人禀性想必你已有所了解，如今我只想你能爽朗告诉我一句，今年的宜红你买还是不买？都白尼双眼瞪大：买，当然买呀，谁说不买了？说罢，眉头又皱起来，看着卢次伦：非常抱歉卢先生，情况是这样的，锡兰、印度的茶叶这几年迅速发展起来了，这你想必也知道，不仅种植面积达到数十万亩，而且茶叶采用机械制作，加之政府予以免税优惠，这样，印、锡茶叶的成本自然就低，进入市场自然也就价廉物美，经商自然要追逐利益，既然印、锡茶叶较之华茶更有利可图，今年，洋行便把茶叶购买转向印、锡市场那边去了，我想卢先生这也该能理解的。都白尼说到这，停顿下来，看着卢次伦，凄然一笑，显出十分为难的神情：卢先生是怡和的老朋友，尤其那次千里单骑追赶那批错混装箱的茶叶，实在令我至今感动，我们不会撒下卢先生的宜红不要的，这个你放心，只是在价格上，可能需要作一些调整，宜红品质上乘不可否认，印、锡茶叶价廉物美也是不争的事实，再有，苏伊士航运开通以来，虽然运线缩短了，但沿途许多港口增添了税费，这也不得不影响到洋行茶叶的购价。

卢次伦袍裾静垂，双手平置膝上，眼望都白尼，淡定坐在椅子上。都白尼则在一边站着，看着卢次伦，嘴里不停说着，不时两手辅之以手势。佣女玛丽端了一杯茶递上来，卢次伦接过去，不紧不忙开始喝茶，整间房屋忽然一下没了声音，都白尼嘴动了动，想说什么，竟然一时找不到话题，于是，脸上便现出尴尬，卢次伦却一脸从容，他不朝都白尼看，只顾独自啜饮，目光专注于碗中汤色清香——

都大班是否还记得我们曾经订立的那纸协议？卢次伦脸仰起来，眼含蔼笑，看着都白尼。

都白尼迅即点头：当然记得，怎么会不记得呢？

那协议签订的价格呢，都大班不会忘了吧？

60两一担。不过，商场如战场，市场变幻莫测，这个，我想卢先生行商多年，应该清楚。

我自然清楚，印、锡茶叶制作成本、市场售价比华茶确实要低，我还清楚，伦敦茶叶市场的售价并没有降低。

都白尼眼中闪过一丝警惕，他敏锐地察觉到什么：卢先生的意思？……

不是我的意思，是事实摆在面前，为了自身利益，都大班在操纵市场，并且，完全不顾公平正义，欺行霸市打压华茶。卢次伦将那张与怡和签订的协议拿出来，展开，抚平，放在身前茶几上——都大班还想背弃诚信，单方面撕毁这张协议。

就像一片云彩被一阵风忽然吹走，都白尼脸上的笑容消失了：那——卢先生的意思？……

卢次伦不说话，将协议折叠齐整后，依旧揣进马夹口袋，之后，起身迈步往外走，都白尼跟上来，两眼瞪大盯着卢次伦。卢先生，我们还没开始谈今年的茶价呢。卢次伦的一只脚迈出房门外面去了，头扭过来，笑着看着都白尼：

那都大班想怎么谈？

30两。因为我们是老朋友了。今年市场挂价卢先生应该清楚，17两一担，我给你30两，都快是两倍的价格了。

那我要谢谢都大班了。

卢先生我们就这么说定了。

都大班你说呢？

说话间，卢次伦双脚已跨出门外，头也不回，"噌噌噌"一路往外走，都白尼站在门内，目光发直，发怔，发飘，以致佣女玛丽端了一杯热咖啡上来候在身边竟浑直不觉。

镶在板壁上方的雕花木窗犹如一只视角极佳的取镜窗，江水湛蓝，初日嫩红，浮云奶白，一艘巨型汽轮从景深阔大的背景深处驶来。水天衔连处，那些初生的嫩红，被汽轮楔形的船头犁开，犁出一道乳白的豁口，汽笛似自江心地底发出，沉郁，浑厚，且携有类似虎啸狮吼的悲鸣，汽轮高处，那面飘忽的米字旗，先是极小一片，形同儿童剪纸，贴在初生朝日上面，渐渐地，色彩与图案，清晰起来，旗面招展，深蓝的边角在晨风鼓舞下上扬，飞展，猎猎挥动，在阔大的江面之上，优游而逍遥，恣肆而欢欣，追逐着那轮初生的红日。

泥金紫砂茶壶，精巧的喙嘴，茶香缘自嘴喙袅袅生发，细细一线，软软上升。茶壶静默搁在桌上，卢次伦亦如它一般静默坐着，双目凝远，面朝江水。汽笛声逼近传来，心房、胸腔、整个身体，如回音壁般随着汽笛无节奏的长啸产生震撼，血流拍打血管，发出类似潮水的啸声，啸声涌向每一根血管，涌向每一处神经末梢——冲撞，奔突，撞击，粉碎，心灵深处发出一阵又一阵巨大轰响的和声。然则，脸上仍是一如既往平静着，冷然，寂然，凝然，萧然，静止如一幅岩画，风云无迹，水波不兴。

眸子深处，另有一幅画面，与眼前图景交织重叠，无形中，那幅图画渐次显露，清晰，鲜明，栩栩生动，而眼前的图景——劳德莱总督号汽轮，飘在汽轮上空的米字旗帜，站在舷梯上的水手与水兵，则模糊褪色，与水天日轮一同淡去。

孤帆远影。雪崩千堆。猿声轻舟。春水江蓝。那是儿时关于这条大江的印象，它来自唐诗宋词意境，无疑，其中掺入了遐想与幻美成分。18 岁那年，与郑观应先生乘客轮从上海吴淞出发来汉口，他第一次目睹了这条祖国的大江，五昼夜连续航行。大多时候，他总是站在船舷上，他不想待在舱里，让眼前的大江、大江两岸的雄奇与瑰丽坐失流走，江风鼓满衣襟，风绪游走于每一道衣褶，发出萧放的破音，悬崖的黛青与悬崖割裂的蓝天扑面而来。郑先生和他一样，身子斜倚舷栏上，江风吹拂中，和他说话，航运，织造，机械，五口通商，汉口租界，北洋水师，晋商，徽商……

卢次伦从椅子上站起来，默声望着那面飘在空中的米字旗。1866 年，美国旗昌公司通过激烈竞争，垄断了长江航运，20 年共获利 338 万两白银。现今，这条中国大江的航运权完全被太古、怡和两家英国轮船公司垄断，每天，悬挂米字旗的汽轮逡巡于这条中国内陆最长的水道，茶叶、皮革、桐油、棉纱，无数中国内陆物产被它们廉价运走，运往印度洋、大西洋、太平洋的彼岸。长江——这条贯穿古老中国躯体的动脉血管，如今正在被一张贪婪的大嘴噬住，拼命吮吸。听着来自江面的汽笛长啸，卢次伦感觉心底正在发生一种别样的疼痛，他转身往楼下走，这时，吴习斋和舒基立从门外走进来了。

围绕汉口茶市，汉正街一带开了 130 余家来自闽、浙、皖、赣、湘、鄂的茶铺。上午，卢次伦吩咐吴习斋与舒基立分别前往各茶铺，与茶商们晤面通气，洋行沆瀣一气联手抑制华茶，他们必须携手应对，像陈修梅所说合纵绝夷。吴习斋告诉卢次伦，就在今天上午，来自安徽六安的两个茶商将茶叶卖给洋行后，哭着走了，听说今年茶价上涨，他们的茶船半个月前便赶来了汉口，赶来才知道，茶价不仅没涨，反倒比上年跌了。如果以每担 17 两卖出，税捐杂费包括运输支出，不仅分文赚不到，还将赔一大笔进去，自然，他们不想赔本，于是，便把茶船泊在码头，等待茶价回暖，半个月坐等，洋行那边茶价丝毫不见回暖迹象，而成本开支——码头泊位费、港口安保费、员工生活费等却与日俱增不断攀升，他们实在扛不住了，万般无奈之下，只得折本卖掉了茶叶，哭着离开了汉口。舒基立带回的消息更其令人愤慨，就在昨天傍晚，福建武夷的几家茶商前往英租界领事馆，就洋行故意压抑茶价要求与总领事史麦逊论理，结果，其中一人被英租界巡捕房抓走了。三名巡捕拥上来不容分说将那人扭住，那人试图挣扎，被巡捕长棍击倒在地，当时，领事馆铁门外涌满了人，人们将巡捕围在中央，不许他们走，人群中发出愤怒的呼喊，三名巡捕居然掏出驳壳机，连发数枪，鸣枪示警。

　　舒基立脸上，激愤之情溢于言表。卢次伦则面色冷峻，一言不发，站在一边。舒基立还在讲述，卢次伦则开始迈步往外走，来到门外，撩袍提裾，坐上一辆独轮人力车，车声辘辘，望居仁门巡检司署方向绝尘而去。

　　卢次伦走进江汉关监督恽祖翼的办公署时，这位清廷正四品道员正在伏案署理一份由海关税务司呈来的文件。位居英租界外花楼街青龙巷的江汉海关经清政府总理事务衙门批准于1862年1月1日正式设立，其主要职责一是征缴过往长江水道船只的进出口税，二是长江水道缉私，三是长江上下游航道测量与建设。于卢次伦，恽祖翼并不陌生，那次，前来请他出席宜红茶会一袭青衫温文儒雅举止言谈便在他心里留下不可磨灭的印象。恽祖翼目光脱离案上尺牍，捉笔凝眉而望，今日，这位年轻茶商脸上却是迥然一副冷峻另样，他要侍从搬来了座椅，他却不坐，直面而立。他看见他的前襟隐隐在动，可以判定，那是因由胸膛剧烈起伏，然则，从他口中发出的声音，却听不出一丝水拍与浪涌，就如沉郁的大地，那些迸突的熔岩，呼吼的火焰，愤怒的呐喊，毁灭的暴力，一一均被压在了地底，他的陈述有如雾霁的江流，沉静，简练，嗓音略带沙哑，恽祖翼的眉毛却在抖动，眉梢忽而上扬，如青锋出鞘，毫无征兆，猝不及防，霍然峭立：朗朗化日，班班国土，岂有此理！显然，恽监督动了情感：我这就去找他们要人。说着，站起身便走。不过，并没有走出去。先前一直站着的卢次伦，这时却坐了下来，他说他还有一事要向监督大人禀报，并期望能够得到监督大人的扶持与襄助。恽祖翼真的站住了，继而，复又坐在了那把四方靠背太师椅上，这时，卢次伦的话语不再是先前的那条雾霁简练的江水，它有了温度和色彩，温度可感可触，渐演渐炽。合纵绝夷——恽祖翼目光质疑看着卢次伦：不是"绝"，是"抗"，如今国门已然打开，虽夷人视我如秦之视越人肥臀，然此于我之物产输出实有富民强国之利，洋行联手做鬼，华商当然也得携手共济，以保障自身应有之利益。

卢次伦从监督公署出来时，恽祖翼送到门口：你们的会议我就不便参与了。他朝卢次伦笑着挥手。说着，吩咐属下备轿，他要即刻前往英国领事馆。

宜红汉庄大门右侧，挂了一块木刻"汉口茶业公所"牌子，光绪三十年（1905 年），卢次伦发起创立了这个旨在维护华茶商人利益的民间组织，通过议会选举形式，卢次伦被推举为该茶业公所总理事，公所实行松散式管理，针对茶市情况，不定期举行会议。创立初期，公所曾与汉口茶市展开过一场抗争，针对"秤头"明吃——每担茶叶交易需让"秤头"欺占五斤"水头"，卢次伦组织汉口茶商共同拒售罢市，最终以茶商获胜，使之沿袭半个世纪之久的"秤头"明吃得以取缔。

那天，恽祖翼前往英国领事馆，并没有将那名被英租界巡捕抓走的武夷茶商解救出来。第二天，卢次伦组织汉口茶商一百余众，前往英国领事馆，示威抗议，卢次伦要求面见使馆总领事，史麦逊拒避不见，茶商高呼放人，使馆侍卫向空鸣枪，枪声并未吓退示威的茶商，反之，闻听枪声，四方民众一齐朝这力涌过来了，层层相拥，后来竟达万人之众，双方相持至天黑。最终，迫于众怒民愤，英租界巡捕房将那位福建茶商放了出来。

这是茶业公所成立之后的又一次重大胜利。

宜红汉庄后院厅堂，卢次伦着一身新装春袍，坐在厅堂中央一方长案旁，围绕长案，众多形色纷呈的帽子，宝顶、瓜皮、瓦楞、边鼓、波斯、笒檐，等等等等，是来自汉口各茶庄的茶商。昨天，卢次伦要吴习斋、舒基立分头上门各茶商店铺，约好今日上午在宜红汉庄茶业公所集会议事。来汉口当晚，卢次伦即从陈修梅那里探得可靠消息，印、锡茶叶市场并非都白尼所说那样，价廉物美，一夜之间盖过华茶，伦敦欧美茶价更非大幅下跌，汉口茶市茶价暴跌，洋行联手打压华茶，全为都白尼幕后一手阴谋操纵。眼下，各洋行概不入市买办，并不是他们不要汉口的茶叶，他们是在故作延宕，按兵不动，要与中国茶商打一场以时间为筹码的消耗战，通过时间消耗，动摇崩溃中国茶商心理防线，让中国茶商最终俯首就范于他们预设的阴谋。早在去年得到骑信驰送他的那份急信，卢次伦便洞察到了都白尼的手段与阴谋，身负茶业公所总理事职责，他不会让都白尼的阴谋得逞，他要把在汉口的中国茶商聚集起来，共同维护华茶的利益，都白尼不是要按兵不动么，那好，中国茶商同样也能壁垒坚守，你佯作不买，我真的不卖，到时候，看谁最终在时间面前低下头去。那天的茶商集会，最后达成一项协议，汉口茶市价格一天不恢复到公平，所有在汉口中国茶商，决不向洋行低价售出一斤中国茶叶。

宜红汉庄茶业公所集会第三天，鄂南羊楼洞茶区传来消息，俄罗斯人在那里抢先得手了。J.K. 巴诺夫、李凡诺夫、托克马可夫、莫洛托可夫等七家俄罗斯人砖茶厂采用联手杀价，以鲜叶每担较上年少 30 文购价，最终得逞购得。对于俄商开出的价格，茶农先是硬抵着不卖，眼看茶叶一天一个样，早采三天是个宝，迟采三天烂稻草，而俄商那边今年显得异样坚硬，一言堂，一口价，丝毫没有退让余地（一枪一旗或一枪两旗对于砖茶制作并无明显质量影响，但在收购鲜叶时，俄商却以枪旗论价，直接影响鲜叶价格），两相对峙结果，最终，茶农无奈，忍痛让步。

听到羊楼洞的消息，卢次伦心中忽生一种不祥预感，巴诺夫们得手如石击浪，定会在汉口茶商中产生影响，茶业公所会议虽达成共识，都白尼会不会趁此机会，使出花招离间泛滥人心？卢次伦再也无法安坐了，他要吴习斋前往各茶行打探动静，自己则赶往陈修梅住处，他想从陈修梅那里探知都白尼最近动向，以便施以相应对策。

卢次伦前脚正要跨出门槛，舒基立从外匆匆走来了。舒基立与江西某茶商有旧谊。昨晚，那位茶商将舒基立请去叙旧，叙旧自然说到今年汉口茶市，及停泊江岸码头的各省茶船，江西茶商说，他们的茶船泊在宗三庙码头快半月了，茶船多停一天，就要多赔进一笔开销，茶业公所会议虽有坚守壁垒协议，但如此长时间坐等，他们实耗不下去了。酒至半酣，江西茶商向舒基立透露，他和三个大宗茶号的老板已有约定，下午他们即往茶市，与洋行交涉，与其不见尽头毫无希望地消耗殆尽，不如小亏现得把船上的茶叶卖了。卢次伦不待舒基立说完，拉起他的手就走，他要舒基立带他马上去见那几位江西茶商，若现在以洋行给出的低价抛售，不仅此前半月枉费白等，且此后华茶交易完全受洋行掌控成为定式，这正是都白尼他们需要的结果。不，绝不能就这么放弃，华茶必须壁垒坚守，与洋行抗争，直至争得最终胜利。

初夏的东方茶港，呈现与往年迥然相异的景象，茶市冷落，港口寂寥，码头茶船依旧泊在那儿——车载辘辘，肩负匆匆，茶船来往如过江之鲫，茶市攘闹赛上元庙会——往日东方茶港的繁华与喧腾恍若昨梦，茶市的门每日犹自开着，然门可罗雀，无人问津，洋行与茶商似乎正步入冷战期，看似按兵不动，实则暗中角力。这段时间，卢次伦显得异样忙碌，每日奔走于各茶商铺店，合纵渐成阵营，抗夷犹在戮力，这次他要和都白尼一试高下，看谁才能真正笑到最后。

武夷茶船出事了。

都白尼的鼻子不仅对茶的香味具有天才的嗅觉，对身边世态人事同样具有超越凡俗的嗅辨力，卢次伦的合纵战略自然没能逃脱他的嗅觉。诱敌深入，击其薄弱，都白尼对中国的孙子兵法烂熟于胸。这次，他有意选择了"疲敌"——远来武夷的茶商，他带上陈修梅，亲自登门，让陈修梅以老乡身份说项，许以对方若此次按17两发货，下批茶价则以上浮10两补益损失。对于这样的条件，武夷茶商自然欣然接受，头茶在一年的茶叶中毕竟只是小头，清明茶、雨前茶、夏茶乃至秋茶才是一年交易的大宗，头茶虽未赚得，然后面的大头价格上浮可谓吃小亏占大利，如此便利肥厚条件只要不是傻瓜岂有不允之理呢？再者，数千里赶来，茶船泊在码头已近半月，用度支出早已力不从心。于是，武夷茶商们便一咬牙将茶叶卖出去了。

都白尼在说项武夷茶商同时，有意放出烟幕，挑拨离间，蛊惑人心，说卢次伦的壁垒坚守是别有用心，让众多茶船久滞汉口，亏折破产，以资本弱小茶商为牺牲，实现其一家独大坐拥天下不可告人之目的。

武夷茶商兜售洋行的消息，是在茶市交割完毕后的下午卢次伦才得知的，此前，都白尼特意严密封锁消息，而当茶市交易开始，都白尼则四处播送消息，奔走呼号，极尽渲染夸张之能事。犹如多米诺效应，轻轻一块松动，余下满盘倾覆。武夷茶商交售当天下午，江西茶船开始卸茶，与此同时，安徽休宁、歙县、旌德、绩溪诸地茶商纷纷与洋行验货交货。卢次伦没有想到，事态变化如此突然，情急之下，他赶赴各茶庄，而茶商们的态度表情更令他吃惊，或避而不见，或无奈苦笑，有的甚至眼露猜忌，面呈疑惧。他勉力劝说，明之以形势，晓之以利害，然则，一切无济于事，他惶惑，愕然，惴惴不安，事情怎么会是这样的结果？合纵抗夷——只要壁垒坚守，洋行最终必然败绩，这样一场稳赢不输的战事，怎么突然变成了这个样子？

沿江码头停泊的茶船一一开走了，余下五只木船，静静泊在水边，那是他的宜红茶船。傍晚的江面空阔而平静，来自大通巷福音堂的晚钟在水天之间的空旷中回荡。卢次伦站在茶船上，神色肃穆，面江默立，看守茶船的老头生起了晚炊，跟随老头脚边的小花狗发出吠声。

吴习斋来了。

卢先生，您请的律师来了。

第十四章

讼审

原来没有这种感觉。

甚至，就在刚才前往武夷茶庄前，陈修梅的心境虽有矛盾纠葛，但决无眼下这样一种想象。他来怡和整整三十年了，先是在采买部跟班，后做采买帮办，再后是总买办，自然，这是一个令人眼羡的肥缺，总买办的佣金以成交客货量的 2% 提取。怡和在汉口不仅经营茶叶，同时经营烟草、石油、棉花、皮革、五金机械、打包、航运等诸多商务，据此可以推断，作为总买办的陈修梅其佣金收入绝不是一个小数目。三年清知府，十万雪花银，那些雪花银中自然包括了大多灰色所得，而陈修梅的雪花银则来路清白，且数目一点不会比一个朝廷命官清知府少。对于银子的癖好热爱，可谓人之常情，这一点陈修梅也不例外，不过，他的爱好并不仅限于物——银子，物之银子自然令他热衷可喜，但它终究不过作为一种货币价值的呈现，令他更为惬意更为引以为傲的是它内含的另一形而上的意义——通过货币表现形式，对于智慧才具的度衡与肯定。他 17 岁进入怡和学徒跟班，一步一步直至坐上总买办的席位，通往金字塔的行进之路，正是他的智慧与才具真实生动的写实。陈修梅对于自己的人生是满意的，甚至不无自伐自欣、由衷窃喜之情，他虽无庙堂高爵，却居繁华要津，行走于仰望瞩目之上，名传于通衢商埠之间，人生至此夫复何求？

但是，就在从武夷茶庄返回的路上，陈修梅的心境一下变了，望着那些泊在江边的茶船，他情不由己站住脚。西斜的日影将他身着的软缎暗花长袍曳在地上，曳成狭长一匹薄灰，一端直至浸入江水，他目光发愣，发直，发虚，露在软缎暗花袍裾下的两只脚则如浇铸焊地一般。其实，陈修梅站在那里的时间并不长，但就在那短暂的一刻里，他回到了南海，他的广东老家，他看到了上海外滩那幢双坡屋顶东印度式建筑的怡和洋行大楼，码放在洋行仓储库里的一箱一箱的鸦片，汉口怡和村的红墙碧瓦，塑在惠罗大楼前的怡和创始人威廉·查顿的铜质等身塑像，来自江面远处的一声汽笛，气贯长虹拉响天空。陈修梅闻声猛省，就在省悟的那一刻，他在心底作出了一个决定。

与上海滩一样，其时的汉口同样也是冒险家们的乐园，声色横流，烟粉遍地，醉生梦死，较之上海滩有过之而无不及。作为洋行之王怡和的总买办，陈修梅却能洁身自爱，这不能不说是一件奇迹，他既无蓄妓藏娇，亦不挥金豪赌，更不吞云吐雾做瘾君子，他唯一的嗜爱是古字画赏玩收藏，怡和三十年佣金除却日常用度，其余大多变成箧中爱物——古代名人字画，其中有画圣吴道子的《明皇受篆图》、米芾行书《蜀素贴》、金侬草书《送元二使安西》、文征明《拙政园图》、徐渭《四季图》、郑板桥《题竹并画》等真迹，清代大书法家何绍基行书王安石《孟子》诗——"沉魄浮魂不可招，遗编一读想风标。何妨世人嫌迂阔，故有斯人慰寂寥"，更为他所珍器挚爱。每日掌灯闭户之际，总要将其拿出来，独自品玩欣赏一番，青灯只影，人墨静对，游目于一点一画一皴一染之中，那种来自久远的感动与愉悦实在难以言传形容。

那天，陈修梅回到寓所，将门关上了，他开始清点那些平日收藏的字画，他一件一件将它们包封好，最后装进了四只木箱。这天晚上，他雇了一辆马车，趁着夜黑，偷偷将四只木箱运走了。第二天早上，用罢早膳，他像往日一样来到洋行办公大楼，跨进大门，穿过厅堂，而后来到都白尼大班的办事公房。看见陈修梅径直走来，都白尼即刻站了起来，早餐舍利酒与香槟的化学反应使大班先生狭长的脸上呈现出初日喷薄的景象，笑容在艳红的底色上花团锦簇，灰蓝的眼睛闪耀出宝石一样的光芒。远远地，他向陈修梅伸出双臂，作出拥抱入怀的宣示，如此热烈的肢体动作，在陈修梅进入怡和三十年的记忆中是绝无仅有的。陈修梅就要到达那两只张开的长臂时，他站住了，伸在空中的臂膀犹在期待等候，而站住的身体则呈现出不入吾彀的明确态度，都白尼脸上的笑貌与眼中宝石蓝的光芒丝毫没有减退。今天，他的心情良好实在非同一般，他把一只未曾获得拥抱的胳膊挥向前方上空，他告诉陈修梅，今天就不用来上班了，为他拿下武夷茶商拔得头功，他要好好犒赏他一次。现在就到跑马场去，他要请陈修梅骑马，并且，他还要为陈修梅准备一场特别的舞会，让我们才华横溢的总买办先生一睹汉口洋妞佳丽石榴裙下的迷人风情。从都白尼的眼神可以看出，他的话是由衷的，说话时，语气显出抑制不住的兴奋，音调明显偏高，喜悦冲动之情溢于言表。陈修梅站在距离都白尼两步开外地方，脸上虽呈笑容，但它予人的认知却是某种别样的忧伤。他说，就在昨天傍晚，他得到了老家来的家书，母亲重病垂危，他必须赶紧回去。都白尼脸呈意外之色，眼中，那些蓝宝石的光芒黯淡下去，两颊上形如玫瑰的灿笑迅疾随之消失：那陈先生什么时候能回来？都白尼目光注定陈修梅，陈修梅轻轻摇头，脸上袭上一片烟雨般的哀戚：如果老人家转危为安，我会很快回来的，如果……陈修梅喉咙深处出现哽塞，停顿一会，他说假若母亲病故了，那么他便要在家守孝一些日子，具体时日他也一时说不好。

从都白尼大班办公房回来，陈修梅返回寓所，只提了一只随身携带的皮箱出来，前往江滨码头途中，他没有直接往客轮停泊的码头走，而是拐向汉正街往东一条巷子，来到距离宜红汉庄数十步远的地方。他站住了，望着汉庄虚掩的大门，寂默眺望，似有一片烟雨雾霭，无声袭来，渐染渐浓，忽地，他返转身大步往江边码头走去。

就在陈修梅起程去南海的当天晚上，卢次伦读到了他留给他的信：

次伦仁弟：

我今已离开怡和，想三十年混迹其内多有深疚。为赎前愆抚慰我心，我将与洋行从此决绝矣，列强弱肉强食，巧取豪夺，欲置我华茶任由宰割境地，欲争公平正义恢复华茶世界地位，合纵抗夷实为当务之急……

陈修梅走后第三天，都白尼突然想到什么，撬开了陈修梅寓所大门，寓所为两间套间，前为茶室客厅，后两间则是卧室书房，室内衣物杂器陈设如旧，卧室床帐被褥整齐折叠。来到书房，都白尼一下傻眼了，原来陈放古物字画的柜台犹自立着，内中却是空空如也，都白尼眼珠错愕，碌碌转动，盯住身边的小班：那天不是要你盯着他的吗？小班满脸无辜，我是偷偷跟着，临走他手里分明就只提了一只皮革的箱子呀。都白尼摇头，闭上眼睛，阖紧双唇，嘴角朝内里瘪进去，愈瘪愈深，瘪出一只扭曲的锐角。许久，他才睁开双眼，脸仰起来，面对前方墙壁——

风月无古今，
情怀自深浅。

那是陈修梅的一副题联，静静挂在那儿，笔意散淡高古，绢帛裱纸的雅淡与粉壁宁静的素白互为映衬，冥冥中，传递出一种来自久远的淡泊与安谧。都白尼眼珠一挪不挪盯着墙壁高处的题联，忽地，哗啦一声，一边题联扯下来了，猛一下，掷在了地上。

花楼街青龙巷，汉口民事判审公廨。

卢次伦手持泰和合茶庄与怡和洋行签署的茶叶贸易协议，神态端严，坐在判审大厅原告席上。上午 8 时整，公廨庭审谳员（由当地道台任命的专职会审官）、书记、律师、监审官等一一坐在了大厅前排各自位置，大厅听证席上也坐满了人，监审官环顾厅下人众，站起身来宣布判审开始。话音发出，忽然卡住，厅堂前排中央的被告席位居然空在那里，没有人，看着那把摆在那里的空座椅，监审官脸上呈现尴尬之色，坐在中央位置的谳员脸上则顿起愠忿，庭审传票三日前就送达给了被告，庭审现场却不见人来，这不是对我大清律法的公然侮慢么？谳员咳嗽一声，正要喝问，这时有人从后堂走上来，将一张纸递到了谳员手里。那是都白尼写给判审公廨的便函——

依据 1843 年英中签署《五口通商章程》，凡英人在华所涉一切诉讼皆由领事法庭裁决，我怡和公司与泰和合茶庄之讼争，属于英中商贸之矛盾纠葛，适用于以上领事裁决，据此，本人特向贵公廨奉告缺席。

　　和那位监审官一样，卢次伦这时也才发现，对面的那把高靠背被告座椅原来一直空在那儿。此前，他走进公廨大厅，径往原告席上落座，一门心思只专注于握持手中的那份盖有怡和公司印章及都白尼亲笔签名的协议。壁垒坚守协约以失败告终，为他始料未及，深感悲痛失望之际，更令他对中国茶叶前途深怀忧虑。那天，他站在自己的茶船上，望着曾经拥趸的茶船烟消散去，只余眼前空阔的江面，那种发自心底的创痛与哀伤实难用语言形容。最后，他想到了律法，与都白尼签订的协议白纸黑字拿在手上，他不能让都白尼为所欲为，他要通过大清律法讨回公平与尊严。那天晚上，回到宜红汉庄，他当即起草了上诉怡和公司单方毁约的诉状，将都白尼上告到了汉口民事审判公廨。

　　公廨判审犹如一场主演缺席的讽刺喜剧，监审官宣布判审"开始"二字尚未喊出，紧接着，改口宣告判审结束，猜疑唏嘘声中，人们陆续离去。最后，整个判审大厅只剩下卢次伦一人站在原告席上，两眼发愣望着谳员席前案桌上那把紫檀木的小锤，他感觉荒唐，都白尼居然拒不到庭，判审尚未开始即告结束，他不知道这其中究竟发生了什么事，但感觉告诉他，眼前发生一幕必定又是都白尼在从中捣鬼。

　　不言而喻，都白尼提出由租界领事法庭审理怡和、泰和合之争，是他耍弄的又一个圈套，租界虽在华人领地，实为国中之国，一切当地权力行使皆以无从干预。在租界内设立领事法庭的初衷即在维护英人在华权益，即便卢次伦手持白纸黑字握有再多公理正义，领事法庭岂有胳膊肘往外扭的道理？再有，领事法庭判决实际上听命于总领事史麦逊，而史麦逊的领事馆经费支出大部来自怡和公司赞助供给，如此明摆着的情形，卢次伦还会来打这场尚未开庭审理实际已作出裁决的官司吗？卢次伦并不傻，甚至某些地方绝非一般精明，一个华人茶商跑到领事法庭来打官司，不是脑残脑子里面进水了么？卢次伦不来领事法庭，那么，他上诉的所谓违约索赔一案便悬置起来，鞭长莫及，两处不管，就如一只敝屣，长年风干挂在那儿，你有公理正义又怎样，你再义愤又能如何。那天，小班鳕鱼将汉口民事判审公廨的通知书送到他手里，他连看也没看一眼直接扔进了废纸篓。当得知卢次伦对他提请了上诉，那时，都白尼已为这场未曾开庭的审判做好了结局。

卢次伦呆呆站在那里。

都白尼在喝茶，青花小碗，极品宜红，闻香，浅抿，回味，唇边一尾笑纹蔓延而生。想到此时判审公廨里面的情景，都白尼禁不住哑然失笑，嘴笑咧开来，笑着，眉头忽又蹙起，卢次伦状告到公廨他一点不惧怕，甚至不屑一顾，但倘若他撞倒南墙不回头一根筋犟硬到底呢？他的最终目的是要以最低廉的价格得到今年的宜红——前天，伦敦传来消息，白金汉宫已在询问今年宜红极品的情况。8月，西班牙王子将做客白金汉宫，届时，维多利亚女王要举办一场盛大茶会接待王子，并拟送予王子200箱极品宜红作为赠礼，以上于他自然都是利好的商机，连横同盟抑制华茶会不会聪明反被聪明误，让他丢了宜红？都白尼眼生疑云，眼前掠过与卢次伦交往的一幕又一幕：有时，他那么诚笃，诚笃得令人心生可爱；有时，他又那么精明，精明得让你觉得他只看你一眼便把你的五脏六腑乃至每一根毛细血管全皆洞察窥见。这次，他的壁垒坚守虽以失败告终，在他的分化瓦解各个击破下，茶船交市离去，茶商作鸟兽散，但他却一人仍自坚守，且坚守态度分明让人感觉到一股从未领略过的坚韧与坚硬。都白尼站起来，手端茶碗，围绕那把紫檀椅子开始踱步，先前咧开的双唇此时严密紧闭，唇边笑纹杳然遁迹，眉峰堆砌，且愈蹙愈紧，连横也好，合纵也罢，他的目的非常明确，始终如一，以最低廉的价格拿到今年的宜红，但眼前形势让他冥冥中觉到，事实并非朝他预设方向发展，物极必反，久持生变，这些朴素的中国哲理他并不陌生，卢次伦会不会像一匹野马，完全脱离他的想象，愤然之际作出超越理智的举动？就像一名烹饪大师，烹制一盘色香味俱佳的美味，此时，他必须把握好火候，既要让惠罗俱乐部联盟会议奏效收获实际利益，又要谨防过犹不及，以致眼看到手的鸭子逼急了飞了。

都白尼陷入痛苦深入思考。

忽然，都白尼站住，朝楼下呼喊陈买办，喊声发出，这才记起，陈修梅走了，再也不会回来了。

小班鳕鱼闻声上楼来了，站在都白尼面前，看到大班一脸痛苦，小班忽发灵感,提出一个大胆建议,将卢次伦上告领事法庭,告他拒不履行协议条款,背离市场行情,故意哄抬茶价,要挟公司,通过法庭裁决,强制执行,这样……

都白尼止住小班的话:你的意思是要假戏真唱?

小班点头。

都白尼脸边浮起笑容,摇了一下脑袋,接着,又摇了一下:你觉得这场戏能演成功吗?

果真如小班鳕鱼说的,都白尼向汉口英租界领事法庭送去了状告卢次伦违约的诉讼书,从领事法庭递交诉讼书出来,都白尼特地来到史麦逊总领事办事处。他毫不隐瞒事实真相,将诉讼实情据实告诉了史麦逊,告别史麦逊时,他向这位长期接受怡和公司给养的总领事明确表明了自己的态度,宜红于他志在必得,领事法庭的裁判不仅直接关系公司商业利益,且事关帝国地位尊严,这场官司的最后赢家只能是他。

事情似乎显得滑稽,连他自己也觉得有些荒诞可笑,但奇迹往往就是从荒诞可笑中诞生,可以预想,对于领事法庭的裁决卢次伦会不服,会愤慨,会义愤填膺怒火中烧,但那又怎样,他相信帝国拥有的强大力量,相信自己有足够的能力置卢次伦乃至整个汉口茶市于股掌操控之内。

都白尼递交诉讼文书第二天,卢次伦收到了英租界领事法庭送来的出庭通知。接到候审通知,卢次伦并没有感觉意外,他把吴习斋和舒基立叫了来,要他们马上返程回宜市去,眼下正值春茶采摘制作,茶庄不可或缺他们两人。吴习斋不放心,领事法庭即要开庭,他和舒基立留在汉庄,到时多少也算一个照应,卢次伦淡笑,摇头,他要他们即刻动身,春茶制作是大事,切不可疏忽失误,至于领事法庭审判,他相信,公理正义面前,卑劣与谎言最终将被戳穿,无地自容,一败涂地。

因原、被告为中英两国商人,领事法庭开庭审理那天,汉口公廨谳员、监审官也被请到了现场,此种两国法官坐在一起共同审理一件诉讼案,称之会审,而这次卢次伦与都白尼的会审案,为1861年汉口开埠设立租界以来破天荒首例。那天,都白尼比以往起床略提早了些,春夏时节他每天早上6

时 30 分起床，这天，他提早 20 分钟，6 点刚过 10 分便起床了。早餐用餐时他的胃口显得特别的好，他先是喝了一道浓汤，接着是牛排、鸭火腿，喝过一杯法国唐培里侬香槟后，用过冷盆，而后，居然一口气吃下了整一打乳酪饼。领事法庭距离怡和新村别墅不出百步，途中走来，他一路上打着饱嗝，江面映射来的朝阳令他有些眼花，一只黄鹂追随身边啁啾而鸣，他由不住嘴里发出一声呼哨，婉转而悠长，忽然飙高的尾音形同射出的响箭，锐厉疾发，直指穹天。

一路上，都白尼想象着即将开始的领事法庭会审，卢次伦会来吗？都白尼脸仰起来，望向天空，头顶前方，一根横斜空中的黄桷树枝上结了一蓬蛛网，都白尼瞅着那只稳坐蛛网中央的花背蜘蛛，油然笑了一下，笑着轻轻摇头。

领事法庭设在领事馆二楼，8 时 45 分，离开庭还有五分钟，都白尼面带微笑坐在了那把高靠背原告席椅子上，对面被告席位椅子空着。卢次伦果然没有来，都白尼盯着那把空着的座椅，禁不住脸上呈现得意之色，他把目光转朝主审席前望去，忽然，眉梢立竖，两眼愣住——卢次伦从门外走进来了，官青深岔襻扣长袍，外套宝蓝团花马褂，青缎宝顶圆帽下，两颊居然带着微微笑意，径直来到那张空着的被告席椅子前，寂默看去一眼，而后，落座下去。

主审官领事馆法事参赞宣布会审开始，宣读原告诉状后，主审官提请被告陈词辩护，卢次伦从容沉静从椅子站起来，将手中讼词放置案上，展平翻开，与此同时，目视前方，神态端严而镇定，显然，他是有备而来，且对面临情景胸中早有预期。他开始说话，声音不高，但浑厚沉敛的嗓音让人感觉其中隐含了一股难以言传的力量，会审厅内忽然一下静下来，只听见卢次伦一人的声音，刷白的墙壁发出回声，无数双眼睛——来自厅堂不同方位，一齐聚集在卢次伦身上，卢次伦目不旁视，沉凝淡定，目光始终面对前方会审席位，搁在案上的陈词翻过去一页，翻页时，他并没有朝纸上看，他面色冷静、从容，陈词一如脸上表情，翔实列举，据实论述，语气声调丝毫不带情感色彩。都白尼双眼紧盯在卢次伦脸上，无形中，他的屁股颤动了一下，紧接着一边肩膀也抖了一下，忽然，卢次伦停止了说话，大厅戛然阒寂，众目睽睽，一齐追随着卢次伦的举动，卢次伦将展开案上的陈词合上了，从下方拿出一张盖有印章的字纸来，都白尼双眼瞪大：是那纸泰和合茶庄与怡和公司签订的契约！卢次伦手拿纸契，径直往前走，来到会审席前，将契约双手送至主审官案前。

都白尼再也坐不住了，突然一下站起来，面向主审官，要求准许他辩诉，满厅目光瞬时转而集中在都白尼身上，面对会审官员，都白尼神情凛然，笔挺而立。他说，卢次伦手中出示的是一张不具法律效力的契约，契约条款内容只限于签订当时，如今商情变化，自然不足以作为现在履行的依据，又说，随行就市乃商贸之游戏规则，价格消长当以市场为准则，以昨日之契约框定今天之市场，显然不可为法理上之依据。与卢次伦恰恰相反，都白尼声音高亢，语调铿锵，气象坚定有声，说到契约市场，他大段大段援引英国贸易法条款，不厌其烦，逐条逐款援引，且不忘加以穿凿附会。厅堂某处发出低嚣声，紧接着，低嚣变成喧哗，且范围迅速蔓延扩大。都白尼眼睛朝发声处望过去，这时他才发现，就在他身边四周，坐了许多胸前挂了旁听证件的记者。在高背座椅上的英国领事馆主审官和汉口中方会审谳员在接耳说着什么，都白尼正要往下说，主审官以手示意打断了他的话，接着，主审官站了起来，宣布暂时休庭。

休庭大约持续了半个小时。

坐等法庭重开的那半个小时与平日相比，显得极其漫长，似乎正在经受某种特有的煎熬，令人难堪难以忍受。开始，厅堂一片肃静，继而，议论喧嚷四起，且一浪盖过一浪，都白尼的原告座椅空在那儿了，卢次伦寂默坐在那儿，无法得知休庭后领事馆审判官与会审谳员在幕后都做了些什么，半个钟点终于结束，会审谳员与领事馆主审官同时从幕后走出来了，双双坐定之后，主审官宣布今天的庭审到此结束，对于此案的宣判时间领事法庭将进一步取证调查之后另行通知。

听到主审官的宣布，卢次伦并没有感到意外，他心里十分清楚，所谓领事法庭会审不过一场掩人耳目的表演，当时他之所以明知故来，乃是出于对于华茶尊严捍卫的态度。人们纷纷离座往外走，卢次伦也站起来，离座前，他朝庭审台上望去一眼，而后，迈步往外走，他面色沉静，步履沉着稳健，来到门外，都白尼不知从哪里冒出来，笑嘻嘻跟上前来：卢先生，我们是不是可以找个地方坐下来谈谈？卢次伦停住脚：当然可以。那是不是现在？都白尼看着卢次伦，卢次伦脸上淡然一笑：都大班以为自己真有这样的诚意吗？说罢，头也不回走了。

都白尼也不敲门，径直走进了史麦逊的总领事办公房，站在史麦逊面前，也不客套，开口便问：为什么还要拖延，为什么不能当庭判决，不是说好可以强制执行的吗？都白尼情绪激动，两眼直视史麦逊，脸上明显呈现倨傲情态，语气则透出一股难以抑制的愤懑。史麦逊手上拿着一张报纸，都白尼进来时，他正在读报，手边茶几上放着一杯牙买加蓝山咖啡，膝头另一边小几上则摆了一堆报纸。19 世纪末 20 世纪初，汉口报业与茶港贸易一样，呈现百家争鸣的繁荣景象，各类报纸计有 130 余种，其中英、美、德、日等外国人办的报纸即有《楚报》《汉口日报》《汉口日日新闻》《字林西报》数十种之多。史麦逊将手中报纸递给都白尼，递过去时，并用一颗手指头点着刊在报头位置的一行通栏标题——

怡和违约，居心操控汉口茶市，
洋行联手，巧取豪夺昭然若揭。

都白尼两眼瞪大，咄咄逼人，发出愕然的光，嘴唇无形中隐隐发颤，眼前闪现昨天会审厅内那些胸佩标识的记者面孔，莫非那些人是卢次伦特意请来的？都白尼只朝报纸标题扫了一眼，使劲一下，将报纸掷在了地上。史麦逊将报纸捡起来，展平，折好，放在膝边那摞报纸上面，而后，看着都白尼：大班先生都看到了，我也没料到情势会出现变化，显然，现在再判强制执行已不合适。都白尼一动不动站着，不说话，看着史麦逊。史麦逊笑了一下：60 两一担，依我看，大班先生赚的还是大头嘛。都白尼笑了一下，那笑不无讥讽，甚至充满轻蔑的意味，60 两一担？此前一年的心思精力——惠罗俱乐部，各商行联席会议，汉口茶市运作，一切不是白费了？都白尼咬紧嘴唇，默声摇头，鼻孔深处发出"哼——"的一声，忽然，身子猛转过去，拂袖夺门而去。

玛丽将舍利酒、葡萄酒、啤酒、香槟、奶酪、咖啡、柠檬汁一一在餐桌上摆好，将午餐的各类肉脯、果蔬、汤汁整齐摆上餐桌，而后，毕恭毕敬垂手侍立餐桌一边。都白尼坐在餐桌前，雪白的餐巾，光华闪亮的银质刀叉，五色纷呈的美酒与佳肴，刀叉拿起来，又放下了。都白尼久久坐着不动，面对满席醇美肥甘，他没有食欲，根本吃不下去。他把小班鳕鱼叫到面前，要他去汉庄那边窥探卢次伦的消息，不一会，小班回来了，告诉他说卢次伦不见了，问了好几家茶铺门店，都说这几天不见了他人影。都白尼立在窗前，脸色阴沉，双唇紧闭，他不朝小班看，眼睛望向窗外远处江面，小班一边汇报刚才出去侦察的情况，一边趁机偷觑都白尼脸上神色。说完了，小班待在原地，眼望都白尼，等候都白尼发话，都白尼寂然无息，脸上看去较之先前更为阴冷。待了一会儿，小班转过身去准备走，都白尼忽然将他叫住了，他要小班马上去跟他找一份今天出版的《江汉早报》来——不，今天汉口出版的所有报纸都给我找一份来！听到吩咐，小班抬腿便走，一只脚刚跨出门，都白尼又将他叫住了：别去了。都白尼朝小班使劲一挥手，随即"砰！"一声关紧了红松木门。

傍晚，都白尼独自来到江边，卢次伦的茶船依旧泊在万安港码头，卢次伦却不知所踪，他去了哪里，究竟干什么去了——都白尼眼前闪现卢次伦的脸，他看着他，一边脸侧过来，另一边则朝向领事法庭大门那边。他在笑，并非平日那样的蔼笑，一边嘴角略咧开，似呈上翘，眼神笑意分明带了嘲讽乃至蔑视。暮色渐侵，都白尼站着不动，无声望着远处的茶船。下午，上海总部发来电文，称王室内务司已在催促今年宜红的采办情况，因为维多利亚女王钟爱，宜红成为白金汉宫娇宠，缘于此，众目觊觎的王室茶供为他牢牢握在了手里。宜红之于他，是一把打开财富之门的万能钥匙，凭借它，他不仅掌握了白金汉宫的茶供专属权，近年来，迅速扩张销售份额近乎占到中国红茶外销一半的宜红，更让他财源滚滚。自然，王室茶供绝不可丢失，同样，伦敦市场肥厚的利润也必须牢牢攥在手里。远处，泊在万安港江边的茶船开始模糊，都白尼依旧如前那般站着，两眼寂默，望向暮色中的茶船。

60两一担，依我看，大班先生赚的还是大头嘛。都白尼断然摇头，同时，脸上呈痛苦表情，眉头紧蹙，以致一边脸上皮肤牵连揪扯起来，他感觉两边的太阳穴，内里纵深地方，两瓣脑仁抽筋一样阵阵生疼，同时，浑身乏力，攥紧的手掌心在冒冷汗。宜红是一笔大买卖，千万不能让它跑了，可眼下怎么才能将它拿到手呢？

领事法庭强制执行已无可能，与卢次伦坐下来谈判面商？这一想法刚冒头，都白尼即刻将它否决了，卢次伦看着他，浮在嘴边的笑貌，流露睥睨的眼神。面对领事法庭主审官脸上的肃穆端严，都白尼眼前再次闪现卢次伦的脸，汉口所有茶商（不包括卢次伦）几乎轻而易举都让他给乖乖制服了，卢次伦却是一个另类，他外表圆融通和，甚至不失谦恭，内里却有一种难以拟比的坚韧与坚硬。此前，卢次伦在他眼里，不过一较之其他华商更具智慧的茶商，此次，他才第一次看到，事实并非他所想象那么简单，他的坚韧与坚硬不形于色，不发于声，就像源自大地埋藏深处，分明让你感觉到一种无法撼动摄魂摄魄的力量。宜红茶船一直泊在那里不动，看来这次他是真的要坚壁死守到底。白金汉宫那边催促不断，不仅如此，如果宜红久持不下，伦敦茶市将有他人乘虚而入之虞，夜长梦多，事久易变，他不能再如此僵持拖下去了，可是，怎么才能把宜红拿到手里呢，莫非真要像史麦逊总领事说的那样，60两一担——最终，输败在一个中国茶商面前？

晚风轻拂，两颊生凉。都白尼鼻翼扩张，不自主吸嗅翕动。空气中，似有异香飘来，轻盈而柔软，都白尼情不自已地身体战栗了一下，血流倏忽加速，身上每一根神经瞬间变得兴奋而敏觉，他把脸仰起来，眼睛蓝如水晶，发出璀璨的蓝光，仿佛听到云端高处的呼唤。他极力伸长脖子，脸仰向头顶上空，高峻的鼻准在隐隐泛红，鼻翼一下一下扩张、收翕，双唇紧闭，龟息一般深吸。远处，福音堂的晚钟浸江而来，金属的颤音庄严、清越、高邈，一轮一轮如波痕四散，在空旷的江面之上传荡回响，无端地，都白尼的眼窝潮湿了，他面朝钟声传来方向，右手抚在胸脯上，双唇喃喃喋动，热泪在眼眶打转，抚在胸脯上的手隐隐颤抖——

主啊，我该怎么办啊……

卢次伦的茶船放火了！

由于一路奔跑，小班鳕鱼闯进都白尼办事公房时嘴大张着，如一条扔在岸上严重缺氧的鱼，眼球愕然瞪大，伴随口中呼喘的粗气，胸脯一阵阵大幅度起伏。因为刚才的奔跑，体能消耗殆尽实在没了气力，他一只手撑住门框，身体则如一根绵软的藤类斜倚在门框上，额头热气蒸腾，无数暴出的汗珠，争相滚动，晶耀闪亮，汇聚一起，沿脸颊漫流下来，流成一片泛滥的河流。那张平日粉嫩的脸，则寡白如竹纸，嘴唇乌灰，隐然在抖。

都白尼坐在那把高靠背紫檀椅上，手里拿着一份《自由西报》，正在看报。前些天，他特意授意小班不惜重金请来几名记者。针对《汉江早报》等汉口中方报纸对他的攻击，他要展开一场反击，刊在今天《自由西报》上的就是他的第一篇重磅反击文章。小班的话他似乎没听清楚，但从脸上可看出他分明感到出了大事，小班倚在门框上犹在喘气，两颗惊恐瞪圆的眼球直愣愣对着都白尼，都白尼故作镇定，坐在椅子上，脸扭过来，看着小班。小班见都白尼依旧如前坐在椅子上不动，情急之下，身子脱离门框，企图奔到都白尼身边，但刚一离开支撑，身子一阵摇晃。小班的嘴一张一阖在动，但没有发出声音，终于，声音颤抖着从嘴里发出来，突然，都白尼从椅子上一弹而起，如同遭到电击，身体本能反弹，霍地一下愣立笔直，两眼瞪大，瞪圆，瞪直，发出赫然的光，嘴唇寒噤一样隐隐战栗。他那么逼近地瞪着小班，小班被都白尼的突然动作吓呆了，无形中，脚往后退，倚在门框上的身子颤抖着往内收缩，都白尼手中的《自由西报》掉到了地上，因为刚才起立碰翻的咖啡沿着案边在流，咖啡杯滚落在地，已然变成碎片。猛地，都白尼扑上去，一把抓住小班，如同扔掉一袋垃圾，猛一下将他从门框上扯开掷过去。小班猝不及防应声倒地，都白尼趁势夺门而出。

第十五章

怒 焚

两名英租界巡捕将卢次伦拦在领事馆门外。

我要见史麦逊先生。

不，总领事不会见你的。

卢次伦面呈质疑，看着立在门边的两名巡捕：我有紧要事情，必须面见史麦逊先生。这次，卢次伦加重了说话语气。说罢，他伸出一只手，示意巡捕让开，与此同时，一只脚往前迈出去。

几乎就在同一时刻，两只乌黑的枪管"呼啦"一声横在卢次伦面前，卢次伦立在原地，默声凝视枪管，脸上看不出有任何表情，冷寂、冷峻、冷硬，仿佛一块突然冷却的钢铁。领事法庭休庭已逾一星期，当时所说调查取证原本就是故作拖延的借口，出于袒护怡和一方目的，领事法庭可以借取证未实将判决无限期拖延下去，但他的宜红茶船泊在万安港码头，买鲜不买陈，乃茶市行规，旷时持久地拖延下去，到时鲜茶便成陈茶，茶价一落千丈。不，他不能凭由都白尼与领事法庭暗中联手耍弄花招，他要面见史麦逊，敦促法庭再开审判。他相信，公理正义面前，阴谋欺骗最终会为真相戳穿，露出本来真面目。

卢次伦许久看着横在面前的两只乌黑的枪管。

转身离去时，卢次伦脸扭过去，挂在领事馆屋顶上的米字旗上覆满江边斜来的阳光，没有风，旗帜静静垂悬在那儿，两只毛瑟枪管依旧横在面前。卢次伦朝空中的米字旗瞥去一眼，转身往回走。

会审公廨三进青瓦粉墙院落深处，卢次伦走进去时，谳员正坐在廊前一丛美人蕉下喝茶。刚才前来路上，卢次伦设想，以汉口法律界名义向领事法庭提出呼吁，同时江汉关道施以压力，如此，维护宜红契约一案势必有新的转机。可是，当听过谳员一番话后，卢次伦心底刚才冒出的一股热望一下冷却了。3月5日，中英签订了修建广九铁路协议合同，就在几天前，慈禧太后为此特意颁发了一道懿旨，凡有通商口岸、关道及地方，务必与洋人修睦友善，尤其涉及英商、英租界事宜，一切以维护大局为重，不得有违两国关系，如有触犯，轻者革职查办，重者乃至绳之以峻法。谳员说话时，看着卢次伦，眼神哀哀，既有痛惜，尤有无奈。卢次伦寂默坐着，一动不动，搁在茶几上的茶碗冒出袅袅白岚，谳员以手示意卢次伦喝茶。卢次伦不出声，盯着茶碗，突然，站起身，迈步走了。

卢次伦来到了上海，经由时任上海轮船招商局董事郑观应介绍，与一葡萄牙茶商谈妥了宜红购买协议，紧接着，他匆匆赶回汉口，办理港口货运，准备将泊在万安港码头的五只茶船迅速运往上海，关税、码头捐等一应款项完全缴讫，茶船即要启运，两艘悬挂英国国旗的快艇追踪过来，将宜红茶船截住了。一名手持毛瑟长枪的英国巡警站在快艇上用汉语大声喊话——

长江航运专属权现已属我大英帝国怡和公司独家垄断，凡一切出港货运船只，必须获得怡和公司准许，办理航运通行证，方可放行。

果然，在怡和洋行一楼专设了一个办理长江航运通行证窗口，办证缴费按货运吨位及航运里程计算，缴费办证验章后，快艇警船予放行。卢次伦只得来到窗前申办证件，当他向窗内办事员报上宜红茶船和自己姓名，办事员将本来已拿在手上的自来水笔搁下了，办事员看着卢次伦，摇头，说，你的茶船不能办理航运通行证。卢次伦看着窗口内的办事员，嘴张开了，想说什么，忽然，转身走了。

卢次伦径直往二楼都白尼办事公房疾走，登上二楼，小班鳕鱼不知从哪突然冒出来，伸手将卢次伦拦住：大班不在，卢先生，真的，大班不在。卢次伦两眼瞪大，直视小班，小班身子寒噤一般瑟瑟作抖，一只脚后退一步，猛然意识到什么，紧接着，退后去的那只脚更进一步跨向前来。忽然，卢次伦伸出手去，将小班猛一下拨到一边。都白尼的办事公房门虚掩着，来到门边，卢次伦双掌同出，哗啦一声，门推开了。

都白尼真的不在，紫檀椅旁几案上，摞了一摞报纸，旁边，那把曾经为他专设的金丝楠木太师椅依旧摆放在那儿，紫砂茶壶，青花茶盏，镂花精工锡箔小茶箱，搁在太师椅中央，那是泰和合茶庄专为白金汉宫制作的极品宜红精装箱。卢次伦看着太师椅上的锡箔精装宜红，去年，都白尼与他签订的协议中，新增了精装宜红数额，并对包装提出更求精美的改进要求，为此，茶庄特意从泰州请来数名锡工老艺人，制作锡箔茶箱，从图案设计，到内外包封，乃至一线云纹一瓣花蕊抛光，无不精益求精。因有协议要求，卢次伦离开宜市来汉口前，特意来到锡房，嘱咐茶箱制作务必抓紧，不得有误，看着锡箔茶箱，卢次伦脸色沉郁，许久，他转过身来准备离去——都白尼什么时候站在了他身后。

都白尼笑貌可掬看着卢次伦：卢先生是来和我谈宜红的吗？都白尼将搁在太师椅上的锡箔小茶箱挪开：卢先生请坐，坐下来谈。

卢次伦站着不动，目光直视都白尼：请问大班先生，宜红茶船为何不能办理航运通行证？

都白尼故作吃惊，卢先生的宜红茶船要去哪里？上海？去那里干吗？汉口才是世界茶港，再说，我们不是一直愉快合作着吗？

透过前方窗口，可以望见远处江面行驶的英国货轮，飘在空中的米字旗帜，站在甲板上荷枪的护卫，轮船犁开的雪堆般水道浪花。望着窗外，卢次伦心底涌上一股难于言状的哀痛，他不想说话，感觉胸腔下面似有一块铅块样的沉重压迫在那儿，他不朝都白尼看，他想即刻离开眼前所处的地方。

都白尼盈盈笑着，看着卢次伦，忽然想起什么：哦，卢先生问宜红茶船为何不能办理航运通行证是吗？这个没有为何，如果卢先生非要追究理由依据，我只能这样说，贵国长江水道商运专属权已为我怡和公司购买，专属权拥有年限为50年。以上条款明确写入我公司与贵国政府签署的协议，并且，协议明确规定，我公司对以上拥有的专属权受贵国律法保护。

都白尼打住话头，不说了，煦笑微微看着卢次伦。

卢次伦寂默无息站在那里。

远处江面，轮船拉响汽笛。

卢次伦的腿隐隐作颤。一只脚抬起来，迈出去。都白尼叫了一声卢先生，卢次伦一步一步往外走。

清明过后，第二批武夷茶船运抵汉口，都白尼果然按先前许诺，以每担上浮 10 两价收购结算。闻讯茶价上浮消息，皖、赣、湘、鄂、闽五省茶船蜂拥而来，可是，当茶商们离船登岸，来到茶市，看到挂在标牌上的茶价，一个个不禁惊呆了，茶价不仅没有上涨，而且，比先前挂出的价格还跌下了二两。这时，茶商们才幡然醒悟，都白尼当初承诺第二批茶价补益 10 两不过一张空头支票，所谓茶价上浮原来是一场骗局。这天下午，茶商们齐集宜红汉庄，商讨针对洋行欺行霸市对策，那是汉口茶业公所自成立以来前所未有的一次聚会，共同的利益诉求使茶商们变得空前团结，蒙受欺骗的屈辱让每一位与会者脸上无不充满憎恶与义愤。卢次伦坐在厅堂中央，与身边同人一样，此时，他的心底同样充满义愤，但同时他显得异样冷静。昨天，他收到陈修梅来信，陈修梅在信中说，印、锡茶叶确已大规模发展，并且，在加尔各答和斯里兰卡分别已形成较大市场，但印、锡茶叶的制作技术当前还很不成熟，尤其红茶制作，质量远未达到欧美市场需求，都白尼称说印、锡茶叶价廉物美起码目前并非事实，因此，汉口茶叶只要华商联合起来，结成阵营，以壁垒坚守为战略，最终结局，华茶必定完胜无疑。再有，如若有茶船弃离汉口，转至下游上海市场，都白尼必仓皇后顾。这时，他的预谋圈套便不攻自破。

半个月前，卢次伦曾以壁垒坚守为战略，号召茶商携手联合结成阵营，结果人心离析，以致都白尼阴谋得逞。这次的茶业公所会议，茶商们则显出空前未有的齐心协力，壁垒坚守已然成为大家吃定的决心，对于卢次伦提出南下上海策略，有茶商当即表示响应，并且，明日即刻付诸行动。第二天，按计划几名江西茶商来到怡和公司长江航运业管处开具货运通行证，与宜红茶船一样，业管处拒不开具航运通行证，江西茶商返回茶业公所，向卢次伦通报信息。卢次伦听罢，当即带领江西茶商前往花楼街青龙巷，面见江汉关道恽祖翼，由恽祖翼亲自出面与怡和公司交涉。恽祖翼见到了都白尼，但交涉结果并没有改变阻止茶船南下的事实。都白尼声称，最近，英国军舰将有一场在长江水道上的演习，前天，他接到英国海军司令部通知，近期长江水道货运一律关停。恽祖翼手指远处江面行驶的轮船：那是什么？都白尼笑着答：对于欧美货轮，司令部没有明令禁止行驶。恽祖翼直视都白尼：强盗逻辑！冷笑一声，拂袖而去。

午后，无风，丽日朗照，三艘江西茶船离开宗三庙码头，望长江下游宽阔江面顺流驶去。正待进入江心水道，突然，两艘挂着英国国旗的快艇追上来了，身荷长枪立在快艇头上的巡警大声喊话，命令茶船返航。三只茶船继续往前行驶，并且，行速比先前更快了，一名茶商站在船头冲着英国巡警呼喊——

长江是中国人的，中国茶船为什么不能自由行驶？

一名站在快艇头上的巡警举起了长枪，砰——空旷的江面上响起枪声。

茶船并没有因为枪声停下来，听到枪声，三只茶船上的人一齐从船舱奔了出来，站在船头，因为愤怒，呼喊声显出颤抖。一艘悬挂星条旗的货轮从茶船旁驶过去，接着，一艘英国货轮紧随而去。立在船头的江西茶商声音显出嘶哑，青灰长衫下面，胸脯剧烈起伏，挥在空中指向英国巡警的手臂不停在抖，突然，茶商的身子摇晃了一下，身体往一边倾斜，他挪开一条腿，企图以此稳住重心，保持原来站立姿势，但那条挪开的腿却在发颤，悬离地面，痉挛一般颤动，那条指向英国巡警的手臂依然举在空中，只是，向上挥举的高度在一点点降低，就如那条痉挛颤动的腿一样，举在空在的手臂也在颤抖，且颤抖频率明显在加快，伴随加剧抖动，举在空中的手臂开始下垂，下滑，终于，"扑通"一声，茶商倒在了船板上。

一股殷红从洞穿的长衫底下冒出来，围绕洞穿周边，青灰长衫迅速湿透，变色，变成一团浓稠的绛色。

江面突然变得寂静。两只悬挂米字旗的快艇仍在那儿，那只刚才射发子弹的毛瑟长枪枪管依旧举向前方，一缕蓝烟，细软如丝绸，冉冉袅袅，飘在枪口前端。

事发半小时后，怡和惠罗大楼被四方拥来民众重重包围。

江汉关道恽祖翼从青龙巷疾步走出来，直奔鄂军督军处，亲领一连督军，前往英租界巡捕房，将杀人凶手抓住，强行解往审判公廨，并当即打入死囚监牢。傍晚，史麦逊总领事和领事法庭大法官匆匆赶过来了，要求公廨放人，提出凶犯移交领事法庭审判，然恽祖翼态度坚决且强硬，案犯在我中国，必由我律法惩办，并提出，如此肆无忌惮妄杀无辜必以速决严办。第二天，公廨提审凶犯，当场作出斩决判决，领事法庭及史麦逊提出抗议。这次，会审公廨态度异常坚决，丝毫不为抗议所动，坚持斩决判决，并在宣判当日贴出告示，宣告于次日对凶犯执行斩决。

第二天，汉口万人空巷，前往花楼街外江滩行刑现场。告示宣告的决斩时间已到，却不见行斩的刽子手和押解凶犯的行刑队伍。江雾散尽，丽日渐高，行刑时间早已过去，依旧不见执行斩决的官兵前来现场。

花楼街外江滩。正当人们疑惑张望之际，卢次伦独自一人坐在宗三庙码头江边，三只江西茶船重返码头，停在原地，船上血迹已然干结，颜色由原来的赭红变为暗黑，且糊在船帮上的已结痂成鳞状，边缘岁裂，四边翘卷，如附生其上的木耳。江水拍打船边，发出坼裂的拍响，一只白翎子鸟儿立在船帮边缘，眼睛下视，玫瑰色尖喙凝然不动，对准那些干结的血痂，忽泼刺一声，剪翅飞去，羽毛贴着江面，剪开一道雪也似水花。卢次伦两眼呆滞，望向江面远处，脸上木无表情，不声，不动，形同一尊石像，坐在那儿。

恽祖翼走了。因为违背懿旨被革职，就在今日黎明已离开江汉关道，而那名杀人凶犯则奉皇后懿旨获释。

日影西斜，从宜市急驰赶来的骑信到达宜红汉庄。

遵从卢次伦嘱咐，半个月前，吴习斋从汉口回宜市后，抓紧春茶制作。目前，茶庄已制成春茶数万斤，且500箱精工包装极品宜红也制作完成，眼下春水已发，河道正利行驶，吴习斋要骑信速来汉口问讯，宜红茶船可否近日出发汉口。

骑信推门进屋，卢次伦不在汉庄。问讯看管，找过几条街道，均不见卢次伦踪影。

看守宜红茶船的老人正在生火烧水。

卢次伦走进了茶船，老人慌忙搬凳让坐，卢次伦不坐，走进船舱，站在码放齐整的茶箱面前，桐油漆过枫杨木制作的茶箱泛着澄亮的光，贴在茶箱上的商标，"宜红"二字居中淡蓝，结体端庄，笔力遒劲，隐然透出浑厚深远气象。卢次伦寂然站着，注目端详印在商标图案中的"宜红"二字，无形中，一只手缓缓抬起，手掌加附其上，良久良久，凝然不动。江心远处传来轮船拉响的汽笛，笛声似从地底发出，尖啸，苍茫，不可遏止，茶船似在颤抖，江水、堤岸、浮在江水之上的云朵，一起在颤抖。从船舱窗口望出去，劳德莱总督号货轮，炽白的船身，凫在江心庞大的躯体，举向蓝天的钢铁船桅，阳光下，升在桅杆顶端的米字旗帜如一块招摇的招贴，迎风高展，扬在空中。

拥在花楼街外江滩上的人们已经散去。

三只江西茶船寂默泊在那儿。

劳德莱总督号汽笛仍在拉响，伴随不竭的啸声，轮船驶进航道，江水涌起，雪浪崩摧。

卢次伦来到了后舱，他要老人离船上岸，去宜红汉庄歇息会儿。

土陶水罐冒出股股白气，沸水在响，火舌殷红，燃烧正旺。卢次伦直愣愣盯着水罐底下的火舌，一只手垂在膝边，另一只则攥在腰际，攥住长衫，愈攥愈紧，指骨发出"格格"声音。突然，他转过身去，信手抓来了那把立在船边的芦穗做成的笤帚。

江水纯蓝，斜阳橙黄，江面金粉铺陈，粼光闪耀，其华丽景象有如绚烂的苏州宋锦。宜红船舱内，点燃的火苗，先仅瘦弱一束，猩红沿枫杨木茶箱攀升，向周边茶箱游走，火苗在拓展，蔓延，迅疾地，变为红光一团，茶船篷顶着火了，篾织篷顶，经由桐油、石灰反复补罅漆漏，不仅滴水不渗，且乌光油亮。忽然，篷顶洞穿，一团血红从窟窿口喷涌而出，伴随猎猎炸响，呼啦飙向天空，窟窿在扩大，发自船舱的炸裂声竞相传来，奔放热烈有如大年除夕点燃爆竹，渥丹、赭赤、朱殷、绛紫，火焰从窟窿簇拥而出，柱状，剑状，楔状，不规则椭圆扁状，升至高处，火焰由赤红变为墨黑，一道道，粗放缭乱，纷呈江水之上，形成遮蔽之势，而底下的火焰因为茶船篷顶全皆燃烧，此时已然一片秾艳，汹涌不竭，奔腾漫漶。

刚才离船上岸的老人惊呆了，嘴大张着，愣在那里，腿如焊在地上，无法动弹。

卢次伦坐在江边一块石块上，面对燃烧的茶船，双唇紧闭，脸色冷寂，形同石塑，一动不动。

杂沓的脚步声。

有人在奔跑。

有人在喊，喊声急迫仓皇——

别烧了，千万别烧了！

都白尼的大脑一片空白，就像一幕正在上演的影像，突然断电，影像顿失，只剩下一块幕布寂寥空旷挂在那儿。小班鳕鱼倚住门框犹在喘气，因为惊惧慌张，原本蔚蓝的眼球变成灰白，愕愕瞪大对朝都白尼。都白尼的两只眼球一如小班，瞪大、瞪圆，其上生出一种异光，痴直、逼亮，如黑暗深处突发的闪电，与小班灰白失色的眼球豁然相对，形成鲜明对照。

卢次伦的茶船放火了——小班几乎用尽力气，嘴里喊出一句，而后，身子颓然软塌，靠倒在门框上。都白尼拿着《自由西报》的手一下僵硬在那里，心跳猝停，一颗子弹意外击中心脏，他感觉胸腔那儿灼痛了一下，那颗子弹分明洞穿了心脏，并且，正径直朝身体纵深处穿透进去，《自由西报》掉到地上，咖啡的液体沿皮鞋边缘流淌。他张着嘴，发不出声音，赫然瞪大的眼睛突然失去色彩，斜在窗台的阳光、窗台前方的绿萝、开在巨大案桌上的康乃馨，瞬间全为黑白。

大脑空白时间似有一个世纪之久，没有声音，没有色彩，时间突然死去，世界坠入黑暗，回到混沌洪荒，仿佛经历漫长冰川期一朝醒来。都白尼听到了声音，小班倚在门框上在喘气，刚才，从他嘴里发出的那声不无恐惧的喊声余音犹在空中，他瞪着小班，直直瞪着，他有些不相信自己的耳朵，卢次伦的茶船放火了——他自己放火把宜红茶船烧了？

都白尼脑子复又开始运转，视觉色彩恢复，眼前闪出众多交错纷纭画面：卢次伦从那匹浑身是汗的白马上下来，告诉他，他的那批天字号宜红品级装混了，为此，他日夜兼程跑了五天旱路赶来；卢次伦面带笑貌，站在前面，说他知道是他搅了宜红茶会的局，他指斥他操纵洋行外商，欺霸汉口茶市，临走，告诉他，说他的宜红三年内产量将达到 10 万；领事法庭大厅，他笑着走近卢次伦，请他和自己坐下来好好谈谈，卢次伦停住脚，看着他，淡然一笑，掉头而去。都白尼脑子在急速运转，眼前，一幅又一幅画面急遽闪现，他直愣愣瞪着小班，那些霍然亮在眼球上的异光，有惊讶、错愕、惶惑、恐慌，更兼有一种无以求解的迷茫与质疑。

昨天，即他的巡警船朝江西茶商开枪后不久，总领事史麦逊将他叫了过去，一向对他笑脸相迎的史麦逊先生一反常态，第一次以愠色斥责和他说话。说他鲁莽、任性、不计后果，甚至说他刚愎自用，埋怨他捅了篓子，一旦民众起事，当政问罪，局面如何收拾？看着史麦逊怨尤愁苦的脸，他觉得可笑，甚至，为有这样一位胆小如鼠的帝国驻汉口总领事感到脸上无光可耻可悲，长江航运专属权为我怡和公司买断，在与清政府签订协议中，明确写有此专属权受两国法律共同保护，对有违航运管理行为我公司当然有权制止。更有，前不久，英中广九铁路修建协议签订，慈禧太后明令各通商口岸及当地政府务必与洋行外商媾和修睦，理据在我，大势在握，区区一茶商毙命，何惧何难之有？他要史麦逊当即致电北京总领事馆，由总事馆出面调停此事。果然，当天晚上电讯传来，江汉关道恽祖翼革职，被拘怡和巡船警员获释。

都白尼从二楼奔下来时，远远地，望见了前方天空升腾的烈焰，一股高香猝不及防扑面而来，他遽然战栗了一下，脸仰向头顶上空，没有风，没有云彩浮游，那股高香那么浓烈，馥郁，凭空而降，将他围困其中，他感到呼吸困难，胸闷，大脑严重缺氧。刚才一路奔突下来的双腿突如注铅迈不开步——真的烧了？宜红，卢次伦，他真的放火把自己的茶船烧了！

他听到自己的呼喊，如飞蛾扑火，扑向烈焰血红高处，与汹涌翻腾的火势相比，他的喊声显得那么苍白，虚弱，空乏无力，飘在空中，宛若一片纸鸢，很快被火焰炙烤燃烧，化为灰烬，变为虚无。卢次伦，是他，坐在那里，一动不动，前方，是他的茶船，宜红茶船，5只，每船100担，5万斤。那天傍晚，他曾一个人来到这里，站在远处长久打量着它，热浪扑面，红焰席卷，伴随燃烧发出的毕剥声不绝于耳，他不知道眼前只是一只茶船在燃烧，还是五只一起均已俱焚，突然，他双腿战栗，手、臂、肩、嘴唇，整个身体同时剧烈颤动，不，他需要它们，白金汉宫需要它们，他必须得到它，他决不能让它白白烧了！

别烧了，千万别烧了——

他几乎拼尽了全身气力呼喊。喊声带了哭腔，透着歇斯底里，从喉咙深处发出来，一如战栗的身体在抖。

因为火焰炙烤，卢次伦的脸变成古铜色，双唇紧闭，眉峰凝耸，两颊凛然冷寂，两眼直视前方烈焰，整个身躯仿佛铁铸纹丝不动坐在那儿。终于，都白尼奔到卢次伦面前：卢先生，我们谈谈，坐下来谈谈好吗？

卢次伦没有动，双目冷凝，依旧直视前方。

都白尼脸上在淌汗，大颗大颗汗滴从额头往下滚，他极力让脸上赔上笑容：卢先生，我们谈谈，坐下来好好谈谈——好吗？

卢次伦脸转过来，面朝都白尼，脸上掠过一片笑容，如冰上斜阳，虽不乏暖色，观照深处，却透着凛冽寒彻：谈什么呢？卢次伦敛了脸上笑容，看着都白尼。

谈宜红，当然谈您的宜红！

突然，卢次伦站起来。

您的宜红我买了，全买了。

卢次伦不朝都白尼看，大步往前走。

60两一担，60两，卢先生！都白尼紧追上去，大声喊。

见卢次伦仍未停下脚步，都白尼加大了声音——

还有，500箱极品精装，以斤论价，按原协议，怎么样，卢先生？！

第十六章

救市

　　卢次伦怒焚宜红茶船之后，汉口茶市曾有过一段回暖期。茶价恢复正常，甚或有的年头略有上浮，以宜红汉庄为依据的汉口茶业公所宛然一个巨大磁极，来自江南六省茶商利益与共，萦系围绕其旁，抱成前所未有紧密阵营，都白尼再无以往操纵打压华茶行为，怡和洋行与泰和合茶庄成为良好的贸易伙伴，甚至，都、卢两人成为相互欣赏互为砥砺的朋友。那是中国茶叶最后的辉煌，同是卢次伦事业的顶峰。光绪三十三年（1908年），宜红汉口外销达35万斤，占当年中国红茶出口百分之四十之多。

　　之后，华茶形势急转直下，印、锡、日茶迅速崛起，怡和洋行率先在加尔各答和斯里兰卡设茶行储运，随后，各国洋行购茶纷纷南迁，海运便捷，且价格低廉，使南洋茶市迅速形成气候，后来居上。昔日的东方茶港车马辐辏船帆拥竞景象不再，仿佛华筵散去，终于，门庭冷落车马稀。

　　光绪三十一年（1906年）农历四月初九，江苏候补道商务茶政监理郑世璜奉南洋大臣、两江总督周馥派遣，乘法轮从上海出发，前往锡兰、印度考察茶叶生产、制作及茶税征收。那是中国茶人第一次走出国门，将视野投向海外世界。此前，中国茶叶向以鼻祖先师自居，然则，当郑世璜踏上那个地处南亚次大陆南端的印度洋上的岛国——锡兰，目睹茶叶机器制作，亲历喜马拉雅山北麓大吉岭、阿萨姆——当年英国东印度公司创建的庄园式万亩茶园，这位主管茶政的朝廷命官，第一次对中国茶叶的前途与命运产生了深深的忧郁。

　　查英人种茶先于印度，后于锡兰，其先觅茶种于日本，日人拒之，继又至我国湖南，始求得之，并重金雇我国之人前往教导种植、制造诸法，迄今六十余年，英人锐意扩张，于化学研究色泽、香味，于机器上改良碾、切、烘、筛，加以火车轮船之交通、公司财力之雄厚、政府奖励之切实故，转运便而商场日盛，成本低而售价愈廉，骎骎乎有压倒华茶之势。

中国红茶如不改良，将来决无出口之日，其故由印锡茶味厚，价廉，西人业已习惯，华茶虽香味较佳，有所不取焉，而印锡茶之所以胜中国者，半由机械便捷，半由天时地利所致……反观我国制造，则墨守成规，厂号则奇零不整，商情则涣散如沙，运路则崎岖艰滞，合种种之原因，致有此一消一长效果……今之计，唯有改良上等之茶，假以官力鼓励商情，择茶事荟萃之区，设立机器制造厂，以树表式，为开风气之先……

郑道员此次出洋考察历时五个月，考察中他还发现，印度大吉岭、阿萨姆红茶在加尔各答出售每磅 8 先令，相当于每担 14 两银，竟有获利，而锡兰高地红茶更是价廉物美，每担 8 两 5 钱银茶商即有盈利。究其因由，印、锡两国茶叶大多规模种植，机械制作，且政府对茶农予以扶植奖励政策，对茶商采以低税或免税优惠，而中国茶叶种植大多零星分散，人工采摘制作，加之交通阻隔运输不便，前期成本投入过大，更有政府对茶叶施以杀鸡取卵式重税，每担厘金包括各项税捐高达 5 两 4 钱银，一担茶叶运抵汉口茶市全部成本高至 12 两 7 钱—19 两 7 钱 7 分之多。

卢次伦是在光绪三十二年（1907 年）农历五月的一天上午读到以上郑世璜《乙巳考察印、锡茶土日记》的。那天，他的心情显得异样沉痛，湖南岳州的一位茶商就在先天夜里投江了，因为运抵汉口的茶叶卖不出去，江汉关税务司稽征税款，借贷的巨额资本金债主追索无力偿还，万般无奈之下，茶商最终选择了永远的逃逸。眼下汉口茶市头茶价跌至每担 17 两，二茶 12 两，子茶（三茬叶）甚至 7—9 两一担。汉正街原有三百余家茶商店铺，如今剩下不到百家，来自粤、浙、皖、赣、湘、鄂的茶叶堆积铺栈，无人问津。帮忙岳州茶商处理丧事完毕回来路上，眼望一家家关闭的茶商店门，卢次伦面色沉郁，心事沉重，有人和他打招呼，他站住，让脸上勉力呈现和悦笑貌，站在面前的人神色露出惊惶，说，就在刚才，昌鑫茶庄的老板被人抓走了。卢次伦不无吃惊：谁人抓他的？那人说，他也不曾亲眼看见，刚才从那儿路过，只见那里围了好多人，便走近去，听人说押走昌鑫茶庄老板的是两名税务司的巡丁。

当天夜晚，卢次伦没有直接回汉庄，他涉江前往武昌，来到了湖广总督府张之洞住所。对于卢次伦，张之洞并不陌生，虽未谋面，其与怡和洋行庭争、汉江码头烧茶早有耳闻，尤其，卢次伦拓展华茶贸易以商利公益地方社会更为他所心悦推重。坐在张之洞面前，卢次伦内心突然涌上一股悲怆，先前料理岳州茶商一幕复又现出眼前，令他一时竟然噎塞无语。他强抑住内心怆痛，尽力让脸上呈现谦恭和悦之色，印、锡茶叶日益兴起，令市场大势异变，而官府税捐日重，层层腋削，更令华茶前途维艰，眼下若不施以补救，华茶与国际市场竞争，其结局必致一败涂地。卢次伦神情恳切，望着张之洞，张之洞不出声，情绪无形于色，静静听着他的陈述。卢次伦说完了，许久，张之洞依旧默无回声，卢次伦两颊刚才浮上的笑貌显出僵硬。此前，他原本怀了急切期望奔赴而来，茶叶兴衰关乎民生大计，如此危难之际，没想到对方却是这般态度，所谓实业救国洋务革新领军重臣原是于民生无关痛痒徒具其名，想到此，卢次伦心底不禁生出一股愤然，站起身，抬腿要走。见卢次伦站起身，张之洞也站起来了，他告诉他，前些天，他已会同湖南巡抚吴大征，并以两省名义上奏朝廷，恳请在汉口设立茶叶督销局，专营茶叶出口事务，借以与外商抗衡，如有洋行故作勒掯所出茶价不敷商本者，官为收买，分运香港、新加坡一带各口岸，照本出销。说话时，张之洞脸上依旧不见有笑容，神情端严，语气凝重，张之洞的话令卢次伦心头一热，顿生欣喜。从张之洞住处出来时，卢次伦笑着向张之洞拱手辞谢，这次，洋溢两颊的乃是发自内心由衷的笑容。遗憾的是，卢次伦的欣喜为时尚早，张之洞会同吴大征的奏折很快被朝廷驳回来了，理由是国防迫睫，国库日虚，官买不仅国力不逮，于茶叶救市实为无补下策。

汉庄积茶数十万斤，显然，都白尼再不会像上次那样，死守在宜红一棵树上了，他在大吉岭创立的茶叶科学部，专攻茶叶制作。据悉制出的大吉岭红茶其香味较之宜红更为高香浓烈，更适宜西欧偏重肉食人群的口味。这些天，卢次伦深居汉庄，坐等张之洞奏折消息，很快，消息传来，奏折驳回，卢次伦的心一下凉了下去，望着堆积如山的茶叶，他目光茫然，面色沉郁，双唇紧闭，一连数日不发一声。

今年，怡和洋行在汉口茶市开出的价格是 17 两银一担，与印度加尔各答茶市上的大吉岭红茶同价。宜红若按 17 两银抛售，每担需赔进成本 4 两 7 钱 2 分，以 30 万斤总量计算，蚀本银将达一万四千余两。天色已暗下来，卢次伦没有点灯，暮色深处，独坐窗下，寂寥无声，轮船汽笛声从远处传来，尖厉而悠长，福音堂的晚钟敲响了，一声声，回荡水天之际，江滨灯火渐次点亮。卢次伦站起来，一动不动，伫立窗前。

前门推响。

吴习斋在和谁说话。

爹地！

鸿羽进来了。

17 岁的鸿羽似乎并没有承袭父亲卢次伦的那份静适与儒雅，他喜欢喧哗，动作张扬不失夸张，整体形象显得虎头虎脑，或许因有张家大山拜师练武一段经历，他的体格显得强劲健拔，胸肌、肩肌、二头肌早是显山露水昭然目前，上嘴皮上的髭毛已然露出端倪，黑汪汪、青油油、毛茸茸，历历可辨。行步两脚生风，颇有江湖义侠风范，甚至，走着走着，一条腿忽飞出去，只听"嗖——"一股风声，根本无法看清眼前动作，他却一下站在你前面去了。

唯有眼睛，清浚澹澹，粼辉邈邈，颇得父亲神韵。青春的眼睛大多带了一层异彩，如北极奇光，迷离，魔幻，鲜亮，唯美，有时，一朵云彩在它的瞩望里忽而走来了一位妙龄女郎，衣袂飘飘，嫣然一笑，天地顿时鸟语花香春光四溢；甚或，一颗草尖上的清露，凝眸之际，忽见宝光，灵窍乍亮，奇想妙思缤纷呈现。这是鸿羽第一次来汉口，第一次看见那些白鸥一般凫江而来的英国汽轮，他说，看见那些白色汽轮那一刻，他一下看到了伦敦，看到了耸立泰晤士河边那座由本杰明·霍尔爵士监制的高 106 米的大本钟，白金汉宫的皇家卫队在军乐声中列队表演，中午换岗的两支卫队举枪互致军礼——这并非它的特异功能，现代医学研究发现，处于青春期的眼睛具有"异象"的本能，它不仅能从一滴水中看见自己的往生与来世，某一特定情景它甚至可以穿越时空。

鸿羽走在黎黄陂路上。这条以民国大总统黎元洪冠名的水门汀道路，那些镶嵌其中绛色的卵石，令鸿羽的一双脚踏上去别有一种奇异的触觉。路边连片的建筑，或尖顶，或穹盖，或梯形双坡，哥特式的，罗马式的，意大利复古式的，洛可可式的，英、法、俄、德、日五国租界及 12 个国家的领事馆全都集中在这里，不仅如此，长仅 604 米的道路两边，还麋集了近 30 家外资金融机构和 100 多家洋行及 200 多家商号。异国旗帜挂在空中，洋行商号门前停满了胶轮马车，鸿羽仿佛正在走进一个奇妙的列国时代。前方一道黑铁栅栏，那里是英租界巡捕房，栅栏临街一面开了一方小铁门，门边一左一右站了两名手持贝克来福步枪的士兵。此前，鸿羽只在传闻中听人说起过洋人的步枪，锃亮的枪管，佩在枪身顶端的刺刀，鸿羽眼中露出奇异的光彩，脚下不由加快了步伐。Stop!——一个士兵大声喊了一句洋文，鸿羽不知道他在喊什么，继续往前走，并且，双脚带了奔跑的姿态，对于 17 岁的眼睛，一草一木均会变作新奇的召唤，此刻，在它清浚的影像里即有一片那样的异彩，那一刻，世界褪色为遥远的景深，眼中唯有前方的召唤，那两只握在士兵手中的贝克来福步枪，日光的金黄在栗色的枪柄上奔跑，刺刀的锋刃被阳光打磨成菊黄，华丽而静美，直指晴空。鸿羽感觉身体在飞升腾空，脚下的水门汀道路正在离他而去，两支竖在阳光下的贝克来福步枪正在朝他飞奔，甚至，他听到了它们发出的欢呼声。望眼中的贝克来福步枪眼看就要来到面前，突然，两个英国士兵猛冲上来勒住了他的肩膀，鸿羽一愣，像一个梦游者一下回到眼前现实，他感到了肩膀被勒得生疼，同时，看到了那两双灰蓝的瞪大的眼睛——生猛，坚硬，气势汹汹，咄咄逼人。他的两只胳膊一左一右正在被两个士兵强力扭向后背。

你们干吗抓住我？

他惊讶，困惑，继而，脸上呈现愤怒。贝克来福步枪近在眼前，它的枪管——金属的坚硬冰凉正在撞击他的身体，他却顾不上去看它们了，他的身体正在遭遇两个英国士兵的强暴，往那扇长方形黑色铁门里面拖，他的两只脚极力后蹬，企图以此抵抗来自两边肩膀的拽力，但是，怎奈那两个英吉利白人身躯高大，武孔有力，将他夹在中间，使他完全丧失了施展抗拒的空间。眼看着两只脚即要脱离地面，挟持住的上半身已被拖进那只黑色方框的铁门。

就在这时，两个英国士兵根本没有反应过来，只觉耳旁一阵风声，魁梧壮硕的身躯突然朝两边呈飞射状迸飞出去，紧接着，距离铁门约一丈开外地方同时发出"嘭"一声重响，鸿羽站直身子，如释重负，看见两个洋枪兵扑地啃土躺在地上，忍不住脸边泛出一片嬉笑。两只贝克来福步枪与它们的主人一样摔在地上，与两名主人庞大的躯体比较，它们显得轻巧单瘦，手柄扳机造型精巧，充满把玩的意味。鸿羽走上前去，将它们捡了起来，拿在手中掂量着，凑近眼前左瞧右看，看着嘴笑咧开来，眼仁深处生出阳光照水潋滟浏丽的光辉。两个躺地的英国士兵正在意欲爬起来，喉咙深处发出类似管涌的咕嘟声，鸿羽听不懂他们在说什么，但从他们的眼神、脸色可以判断，他们正在向他发出警告，不许动他们的那两支枪。放心，我不会要它们的。鸿羽说着，冲他们瘪嘴一笑，做了一个鬼脸，眼看两个士兵就要从地上爬起来，鸿羽并不慌张，站在马路中央，笑嘻嘻看着两名就要站起来的英国士兵，两只贝克来福步枪形同手中把玩，一手一支，托柄朝上倒提着。两个英国士兵同时站起来了，同时瞪着鸿羽，瞪着鸿羽手中的贝克来福步枪，先前的突然飞身仆地令他们瞪着鸿羽时，眼中带了惶恐，同时兼有对那两支步枪被鸿羽倒提着的羞怒，当他们朝鸿羽挪步时，两个人不约而同攥紧了拳头，牙关紧咬，身体前倾，犹如决斗公鸡，摆出搏击的姿态。鸿羽依旧站在那儿，笑嘻嘻看着两个正在朝向自己逼近的英国士兵。Put down your gun! 英国兵嘴里同时发出喊声，鸿羽开始往后退，手上依旧提着那两支枪。

身后不远处路边长有一棵黄桷树，树干溜光笔直，高达数丈，鸿羽先是不紧不慢后退，两个英国士兵眼看已迫近身边，就在他们手伸出来正要抓住他时，突然，鸿羽纵身一跃，身体腾空而起，双脚已蹬上那棵黄桷树干。此前，两个英国兵趴在地上，一下便围了好多路人，眼前，看见鸿羽突然一下蹿到树上去了，就像一只猫，手足并用，背弓起来，整个身躯如同一只弹性十足的弓弓虫，那两只步枪则倒挂于两边肩膀上。目睹眼前场景，那些站在路边的过往路人，嘴张大了，竟然忘了发出声音，一双双瞩望的眼里，霍霍发亮，有惊愕，有惊惶，尤有无以言传的惊吓惊惧。

溜光笔直的树干眨眼工夫鸿羽便蹿上去了，两个英国士兵围着树干龇牙咧嘴嗷嗷在叫，鸿羽不朝他们看，站在一根横枝上，将肩头的步枪取下来，而后挂上头顶前方的那根高枝。两个英国兵脸高高仰起来，眼巴巴望着挂在树枝高处的贝克来福步枪，冲着树上的鸿羽连声吼叫着什么。或许因为过于愤怒，脸和脖子涨成紫酱色。鸿羽则背倚树干，脚踏枝条，头上，两只步枪并肩静垂，透过叶隙的阳光灿若金箔印在他的脸上，面对脚下一对吼狮，他咧着嘴，嘴角那儿浮着一片顽皮的笑。这时，树下围观人群中有人发出喝彩欢呼，也有人发出为之担忧的吁声，而那两个英国兵这时则变成了一对陀螺，围绕着那棵黄桷树，不停转动，时速愈转愈快，神情愈来愈显急迫，望眼高处，两只本属于他们的步枪高高在上挂在那儿，而那个不知天高地厚的中国小子居然还在朝他们咧开嘴笑。无疑，眼前情景，于他们堪称奇耻大辱，他们恨不能即刻置那个中国小子于死地，可是，眼下他站在树上，居高临下，嘴边挂着明显的讥笑，他们实在又拿他没有办法，只能守株待兔，等他从树上下来的那一刻，将他逮住，然后拖进巡捕房里，让他尝尝大英帝国巡捕的滋味，两个英国兵一边绕树三匝望树怒号，一边心中愤愤如是想着。可是，不等他们反应过来，鸿羽不见了，树枝高处只剩下那两支挂在那儿的步枪。鸿羽跑了。根本没看清楚眼前真相，也没听到任何声响，那个中国小子站在树下数丈远的地方了，就像一片云彩，倏然而逝，杳然不见所踪。

卢次伦让鸿羽来汉口，本意是想让他开阔视界涉猎经习商场人事，为宜红后继发展做一些实践和准备，想不到刚到汉口，便闯下祸端，英租界巡捕房的人不知哪里打探的消息，一日找上门来了，以蓄意袭警为由，要求对其实施拘捕，所幸当时鸿羽未满十八岁，未成年不负法律责任，经卢次伦多方斡旋，最终以罚款一千银圆作为惩戒。交结罚款那天，卢次伦有意将儿子带去了，从英租界巡捕房出来，他没有往汉正街宜红汉庄方向走，而是环绕黎黄陂路——2.2平方公里范围各国租界、领事馆外面的道路前行。卢次伦不说话，鸿羽悄无声息跟在后面，有时，走着走着，卢次伦站住了，脸仰起来，眼睛望向前面，目光寂默注定于那些飘在空中的异国旗帜。鸿羽一如父亲那样，悄寂无息，目光专注前方天空。卢次伦脸上看不出任何表情，长袍寂然，修眉凝止，双唇阖闭，眼中光芒冷寂而深远，就那样长久地、一动不动站在那儿，如一株长在那里的树。开始，鸿羽也像他那样，衔口而立，眼中寂寂，无形中，眼仁四边泛出了光彩，那些飘在屋顶上的旗帜，星条的，米字的，双鹰的，日轮的，还有那些屋顶，奇异的造型，鲜丽的色彩，无形中勾起他极大的兴趣——卢次伦开始往前走，走出一段，鸿羽这才突然省悟过来，赶紧跟上父亲的脚步。

那天晚上，卢次伦将鸿羽领进卧房，而后，将门关上了，鸿羽站在父亲面前，想到白天父亲在英租界为自己交出的那一千块银圆，心底由不住一阵紧张，头默声低垂下去。出乎意外，父亲并未如他想象那样声色俱厉地斥责喝问，他为自己泡了一壶茶，跟他也同时泡了一杯。卢次伦开始喝茶，一小口一小口浅抿，之后，目光停驻鸿羽脸上。这时，鸿羽脸抬起来，看见了父亲的那双眼睛，那里面有一种类似雾霭的东西，氤氲弥漫若隐若现，又似有一种异样的柔软，形同湖光夕照，不着声色，蕴涵深远，余晖脉脉。那年，我和你现在一样，也是17岁，跟着郑先生——郑观应进了太古洋行。卢次伦语气平缓，说话间，眼中呈现感慨神色，他问鸿羽，是否想过将来也要和洋人做生意？鸿羽闻听，眼中闪出生动，脸上窘态倏忽云散，眉梢骤然挑起，一双眸子漆亮熠熠光华闪烁：爹地，洋人把他们的货轮开到了上海、天津、汉口，我们干吗不能把中国货轮也开到伦敦、黑海、夏威夷码头去？您跟我说过，早在五百年前，明朝的三宝太监郑和就带了240多条海船、两万多人远航印度洋和西太平洋，跑遍三十多个国家，怎么到了现在，都变成只有洋人跑到中国来做生意来了？鸿羽看着父亲，目光充满质疑，且带了明显不满。卢次伦望着儿子，一时语塞，竟不知该怎样回答。

刚才，鸿羽走进来时，卢次伦正处于内心痛苦熬煎中，堆积汉庄的3000担宜红究竟要不要卖给怡和洋行？卖——明摆着赔本万两，不卖——囤货积压，成本全部押在上面，积茶如不能变现，资金链断，茶庄面临倒闭，后果更不堪设想。原来，他曾一度寄希望张之洞倡言的政府官买，现在，官买泡影破灭——卢次伦看着站在跟前的儿子，他眼睑有些浮肿，眼中布有许多血丝：鸿羽，爹地想和你商量一件事情。父亲竟以如此低婉的语气和他说话，看着自己，目光柔和、温暖，但内中分明带有难言的忧伤，茶市一落千丈，宜红深陷困厄，不仅如此，父亲内心更有对中国茶叶前途的焦虑和担忧，去年，17岁生日那天，他曾对父亲说过，他满17岁了，进入18岁，已经成年了，应该为父亲分担肩上的担子了，父亲的头上不知什么时候有了白发，原来匀润光滑的额头，竟也有了数道刻纹。

爹地，有什么事，您就尽管吩咐吧。卢次伦说，这些天，他考量了很久，印、锡、日茶之所以后来居上，占领市场，科学繁育，规模种植，机械制作，这些都是它们成功的原因，中国茶叶看来确实落后了。爹地您的意思是——鸿羽眼神期待且显出急切。卢次伦心底颇犯踌躇，他想让鸿羽到锡兰、印度去实地学习茶叶种植、制作技术，以图华茶他日复兴光大，重返世界舞台中心，但同时，他又深感一己之力单薄，实难肩负如此重托。当年泰和合建成之初，十部机构组织，其中即有研讨一部，旨在茶叶生产、发展诸方面研讨管理，然则，此举仅以一己力量实难施行，茶园开拓建设、机械制造应用、茶种革新改良等非有雄厚资本及政府官方支持不可，而眼下，中国茶叶种植大多处于原始初放，零星分散，树老园衰，荒野瘠土，开拓大型规模茶园谈何容易？机械制作则更为艰难，茶市衰败如此，支撑犹在勉力，巨额机械购置何来余力？鸿羽似乎洞穿了父亲的心思：爹地，您不是跟我说过师夷长技以制夷，您说锡兰、印度的茶叶种得好，那我们就去把他们的长技拿过来嘛，然后制夷不就行了？鸿羽语气爽朗轻松，甚至，嘴角浮有一瓣不无狡黠的笑花。卢次伦看着儿子，青春的眸子一片澄明，丽日临照，浮光掠影，近水远山，惠风莺歌。卢次伦心底不由一动：如何深重的烟霭面对青春年少皆成了明朗风景啊。

那天晚上，卢次伦第一次和儿子对面而坐，父子恳谈至深夜，就寝前夕，鸿羽站起身，道过晚安即要离去。卢次伦看着站立灯下的儿子，心底忽生涌动，就在那一刻，他作出了一个重大决定。

一个月后的一天早上，鸿羽站在一艘开往锡兰的法国邮轮上。卢次伦、杨素贤站在上海吴淞口岸边。鸿羽穿了一身深蓝学生短装，站在鸿羽身边的是茶技师舒基立和经郑观应聘请的翻译。邮轮拉响汽笛，鸿羽一只手臂高举起来朝向岸边挥舞，大声喊着要父母大人回去。杨素贤的眼眶忽一下湿了，赶紧拿手掩住嘴，这时，眼泪却怎么也抑制不住，簌簌滚落下来。卢次伦将一只胳膊伸过去，轻轻揽在妻子肩后。妈妈，您回去吧，我很快会回来的。鸿羽朝母亲高高扬起手臂，使劲挥舞着。汽笛拉响，涡轮机发出巨大的轰鸣，邮轮已在缓缓启动。卢次伦朝船上最后望去一眼，儿子的一只手臂高扬头顶，江面的阳光反照脸上，青春的两颊朝阳流布灿笑盈盈。卢次伦揽在妻子肩后的胳膊暗力一下将杨素贤的身子扳转过来，而后，双手并用挽扶起杨素贤往回走。杨素贤一步一回头，卢次伦则笑着和她说话，问她中午是否想吃上海的油面筋？杨素贤身子隐隐在抖，喉咙深处发出哽咽，她拿手捂住脸，但最终她还是哭出声来了，泪水从捂紧的指缝漫溢出来。她蹲在地上，卢次伦随即跟着蹲下去，先前揽在背后的那只手开始抚摩，脸上犹自笑着：要不我们去吃汤包好不好？素贤……

卢次伦返回宜红汉庄那天，鸿羽走进了锡兰黑盾茶厂。

岛国上的阳光透着海水的靛蓝，从阔叶高处泻下来。远远地，鸿羽听到机械轰鸣声，茶厂老板告诉他，这时茶叶制作车间正在开机操作。茶厂隐蔽在一片高大椰林深处，一排七楹柱木屋，东南一室安置了一台火油燃烧的引擎，使蒸气之力带动皮带轴承，碾、筛、切、焙——整个茶叶制作工序全以机械完成。鸿羽在那台碾茶机前站下来，仔细观看机械揉捻茶叶操作，碾茶机形如磨盘，铁框中凹，盘面均匀分布齿纹，下置方木可供抽合，整个碾、筛、烘流水作业一气完成。鸿羽眼前浮现宜红制作场景：数以千计的"内赶""外赶"，场面宏大，堪称壮观；人力碎切——将烘焙后的茶叶装入布包而后一遍一遍在地上用力甩打；揉茶十大手法——抓、抖、搭、拓、捺、扣、甩、磨、压，更是工序繁缛。人工制茶，千工累月，成本居高体力疲劳不论，且耗时旷日往往错失行市商机；而眼前机械制作，从鲜叶到成茶，仅在转眼之间。看着那些转动的机械，鸿羽眼中有一种痴迷，从黑盾茶厂出来，那天，在锡兰街头，他居然意外碰到了一位广东香山老乡，那人叫林北泉，早年在日本做茶叶生意，看到国外茶叶制作使用机械，特意向当时的南洋大臣写了一份机械制茶的建议，却未被重视，林北泉遂后与美国商人赫比合资在锡兰办厂制茶，茶叶销往美国，不到十年居然做到北美茶业"老大"。鸿羽想知道美国茶叶市场情形，林北泉告诉他，北美其实是一个很大的市场，华茶输入美国的历史一点不比英、俄、德、荷短。1784年，第一艘美国茶船"中国皇后号"抵达广州，开始中美茶叶贸易，至1836年，华茶输入美国达20万担。万里之遥，两个香山老乡萍水相逢，那种意外的惊喜自不必说，夜晚，林北泉一定要请鸿羽到他家喝酒，鸿羽不会喝酒，说还是喝茶吧，以前只听说锡兰的乌沃。林北泉拿出了自家茶厂制作的上好乌沃红茶，他乡乍逢，两个老乡说的除了故乡香山，更多自然在于茶叶，熟悉的青花茶盏，盛着异国浓烈的高香，娓娓乡音声中，鸿羽竟然感觉有些醉了。此前，他只听说过醉酒，而此刻，一种难言的香芬——身体被深深包围，而幻想则在香芬托举中翩然飞升，父亲团花马褂行走在泰和合茶庄大楼前方的甬道上，制茶车间碾茶机一字排列正在碾茶，松柏坪河边，茶船形同雁阵，从津市码头驶入洞庭浩渺波影，第一批宜红茶船正在驶进纽约港，距离曼哈顿三公里的自由岛上，手擎火炬的自由女神正在朝那些来自东方的宜红茶船招手……

　　鸿羽来到印度阿萨姆托克莱茶叶试验场，是在与父亲卢次伦别离两个月后。那天陪同他参观的不仅有柯因巴托邦茶叶研究所的华胥黎加博士，还有试验场植物学家魏林西克，一条深蓝的小河指引他们往山峪纵深走去，一路上，华胥黎加说起中、印茶叶的前世姻缘。1833年，垄断中国茶叶外销经营权两个世纪的英国东印度公司与清政府茶叶营销合同到期，清政府拒绝续签合同，于是，东印度公司转而开始在东南亚一带殖民地试验种茶。为了发展茶业，摆脱对于中国茶叶市场依赖，英国技术协会特意设立国家奖项，奖励在印度及其他英殖民地种茶最多最好的业主。1834年1月，英驻印度总督正式批准建立"印度茶业委员会"，专门负责引种中国茶树及其研究。华胥黎加犹在叙说，鸿羽眼前倏忽一亮，前方一座小山包，形同乳房，一片深绿，魏林西克告诉他，那是他们采用无性杂交技术培育的红茶新品种——阿萨姆金皇后。鸿羽朝另一方向望去，一座座小山包，连绵起伏，全为开垦的茶园。魏林西克介绍说，阿萨姆托克莱茶叶试验场迄今共培育出29个红茶新品种，它们不仅叶质优良，抗病害能力强，制作红茶具有独特的口感香味，而且，比较其他地区红茶化学成分分析，阿萨姆试验场的茶叶新品种有更多有益于人体的化学成分。

鸿羽盯着魏林西克，好像在听一个神奇荒诞的传奇。他要魏林西克再说一遍，无性杂交，化学成分，就像一个新奇而美丽的梦，令他深深着迷。魏林西克边说边打起了手势，他说茶叶中含有三百多种化学成分，如蛋白质、脂肪、氨基酸、碳水化合物、维生素、茶多酚、茶素、芳香油等，都是人体不可缺少，各具营养、药用价值的物质。鸿羽瞪大眼睛——一片小小茶叶，里面竟有这么多的东西？

等高等宽的密植茶树层层叠叠，环绕山包，形同一道道碧色绶带，茶树显然通过了修剪，齐崭崭平如绿毯，前方传来蜂鸣声，原来是两个印度姑娘在以机械采摘茶叶。鸿羽闻声即奔了过去，采茶机形同一把巨型剪子，嘤嗡声中，碧嫩纷纷刈落，装入采茶机后的茶袋。阿萨姆一带称5、6月采摘的茶叶为"金茶"，金色的芽叶，在采剪的雪亮上竞相舞蹈。鸿羽目光有些痴迷恍惚——峻峭的山坡，采茶男女腋下均挂了一只篾织的茶篓，十指逐日追逐嫩绿新芽，攀缘的手臂与双腿从一棵大树转移到另一棵大树。说起中国红茶，站在鸿羽身边的华胥黎加博士居然知道宜红，他说，宜红散发的那种馥郁，就像中国的妙龄少女，细腻，优雅，且含有一种东方式的神秘。他问鸿羽是否品尝过阿萨姆红茶，鸿羽笑着摇头，华胥黎加说，阿萨姆红茶则如西方女郎，热烈奔放，一个睐眼回眸，即可令你醉倒在她的石榴裙下。

从试验场返回途中，鸿羽一路上不停地和华胥黎加、魏林西克说着话，他两眼熠亮，脸腮透红，兴奋犹如化学燃烧遍布两颊每一寸肌肤，回到住店，他犹然沉浸在此前情景：

舒世伯，这次我们回去，也搞一个托克莱式的试验场，培育我们的宜红金皇后。

舒世伯，我们的宜红也要搞机械制作。

舒世伯，我们也要建阿萨姆这样的茶园！

鸿羽满脸兴奋，语似连珠。舒基立坐在窗下，不吭声，眼睛望着窗外远处。舒世伯，您怎么了，哪里不舒服吗？舒基立默声摇头，之后，深深叹了一口气。鸿羽不胜惊讶：您到底怎么了，瞧您满脸愁云？舒基立笑了一下，是那种苦涩的笑，他看着鸿羽，眼中似有无尽的哀伤，嘴唇启开了，却是寂默无声，眼前的鸿羽，是一只鹰，翎羽渐丰，初出窠白，望眼所及皆是白云飞渡雄风穿越，他能和他说什么呢？此时此刻，他的眼前涌满了中国山水，买得青山好种茶，屋前屋后摘春芽，那些长在田园深处的中国茶叶，就如他的至亲至爱，他曾如何为之神往沉醉，而眼下，他的心底再也唤不起一丝原有的感觉，他焦虑，困惑，惶惧，寝食难安，一种难言的哀伤涌在心头，这些，一个年仅17岁的愣头小子又岂能体会？

舒世伯，是不是人上了年岁，快乐便越来越少，忧愁越来越多了？鸿羽看着舒基立，眼中带着探疑诘难的神情。父亲和舒世伯也一样，近年来，脸上笑貌日稀，云翳渐浓，他忽地想到什么，脸上顿时灿笑绽放，展纸掏笔——那是一只镀金自来水笔，临行分别时卢次伦特意送予他的：舒世伯，今天我要跟爹地写一封长信，读了我的信后，爹地一定会一扫愁容笑出声来，您信不信？

"官买"奏折驳回之后，张之洞并未停止对汉口茶叶的"救市"。七月一天，张之洞在汉正街晴翠阁亲自主持召集茶政、水运、茶商相关人员，会商积茶外销问题。茶政所系，不唯关乎农、商利益，实乃涉及国家大计，茶畅商通，富在民而利在国，茶滞商阻，农困而本折，危殆致乎国计民生——张之洞对于汉口茶市的认识可谓高屋建瓴宏旨深远。鉴于英美西欧国家茶市南移印、锡现实，张之洞提出了一个"远征东进"的大胆策略。会上，当场落实水运船只，决定先批试运200箱茶叶，前往黑海敖德萨，而后，以此为据点，远征东欧，在那里拓开一片新天地。

　　敖德萨是黑海沿岸最大的港口城市，位于德涅斯特河流入黑海口东北30公里处。鉴于这里拥有通江达海贯连亚欧的特殊地位，1794 年，俄罗斯女王叶卡捷琳娜二世效仿当年彼得大帝修建圣彼得堡，在此构筑城市，凭借常年不冻深水海港及特殊地利条件，一个世纪以来，敖德萨商贸水运迅速发展，成为远东繁荣的窗口城市及商货物流最大的集散地。

　　张之洞的远征东进不失为救市华茶的远瞻战略之举，敖德萨不仅地利优越，南可进圣彼得堡莫斯科，东可达整个北欧洲，可谓市场广阔远大，而且，当时整个远东茶市价格较之印、锡市场高出近一倍。时值 7 月中旬，正值酷暑溽热，茶叶销售迫睫，不敢有丝毫耽延，张之洞召集会议第三天，两艘满载茶船从汉口宗三庙码头起锚出发，两船中，其中一艘为装载 100 箱的宜红茶船，船入江心水道，桅帆高张，江风解襟，卢次伦站立船头，放眼天低水阔，心底竟有一股勇毅油然生发，水天相衔远处，一轮朝日冉冉浮升。卢次伦两颊印满初照，遥望中，脸色渐朗，眉宇舒放，陈积眉间的阴霭疑云正在廓清散去。

　　两只茶船溯流汉水一路北上，天近傍晚，茶船驶出鄂西地界。这时，前方出现一处炮台，原来，这是一处厘金税卡，巡丁将两只茶船拦截江边，卢次伦出示在江汉关缴纳过的正税票证，然税丁并不予以放行，称须再加征堤防、慈善两项捐银。愤慨无奈之际，卢次伦只得交了捐银。岂料这仅只是一个开头，从汉口出发到俄罗斯边境口岸，沿途厘金税卡达六十余处之多，令卢次伦尤为愤慨的是，在中国，所有俄商享有不向中国政府纳缴营业税、所得税、不动产税、印花税等最惠国优待，而当中国茶商踏入俄罗斯土地，其海关对中国茶叶竟取以蓄意抑压，每担课税高达四两六钱七分之多。水陆趱行近三个月，至 10 月中，200 箱茶叶终于运抵敖德萨口岸，茶市上，卢次伦的 100 箱宜红以每担 30 两银售出，除去成本税费支出，每担茶叶竟折本五两七钱一分。

　　10 月的敖德萨，阳光明净纯粹，海水温暖碧蓝，无数来这里越冬的白天鹅麇集海滨。穹顶尖塔之上，白云闲挂，蓝天低矮，鸟翼雪白纷纷，悠然穿行其中，秋日映照下的海滨城市，仿佛一幅色彩绚丽的油画。卢次伦无心欣赏眼前景色，从茶市场出来，走在一幢幢哥特式建筑下面，他面色郁滞，一语不发。万里敖德萨奔赴，不想竟然这般结果，汉庄近三千担宜红堆积在那里，茶庄资本金全皆积压，并且，泰和合以下二十余分庄下欠茶园购茶款项至今未清——卢次伦脸仰起来，目光投向前方一座穹顶之上的天空，夕照斜映，天空尽染，穹顶高光部分仿佛镀了一层纯金。卢次伦站立在那里，许久一动未动，明澈清湛的双眼，内里似有一层烟霭，弥漫，散发，笼罩，堆积，愈积愈浓，愈厚，愈深……

第十七章
困陷

在伦敦吉尔斯东大街 9 号一堵灰色墙壁上，挂了一块蓝色的牌子，上面刻着一行小字："植物学家罗伯特·福琼 1880 年逝世于此。"

1830 年，英国东印度公司为了摆脱对中国茶叶市场的依赖，在印度东北部的阿萨姆邦开辟茶叶种植园，但生产出来的茶叶根本无法与中国茶叶相提并论，负责阿萨姆邦茶园开辟种植的布鲁斯兄弟不知茶叶制作，甚至，那时整个伦敦市民普遍以为红茶绿茶来自两种不同的植物。1848 年 6 月的一天，罗伯特·福琼受英国东印度公司派遣，从英港口城市南安普敦出发前往中国香港，途中他接到了时英国驻印度总督达尔豪西侯爵发给他的电令："你必须从中国盛产茶叶的地区挑选出最好的茶树和茶树种籽，然后，由你负责将茶树和茶树种籽从中国运到加尔各答，再从加尔各答运到喜马拉雅山。你还必须尽一切努力，在中国招聘一些有经验的种茶人和茶叶加工者，没有他们我们将无法发展在喜马拉雅山的茶叶生产。"

三个月后，罗伯特·福琼到达上海，为了躲避官府巡查，他装扮成中国人，将头顶上的毛发剃光，并特意在脑后接了一条买来的辫子。他雇了两名中国人，由他们一路带领，前往盛产绿茶的黄山地区。12 月 15 日，他从黄山回到上海，在英驻沪领事馆后院的葡萄架底下，向达尔豪西侯爵写信报告："我高兴地向您报告，我已弄到了大量茶种和茶树苗，我希望能将它们完好地送到您手中，在最近两个月内，我已将我收集的很大一部分茶种播种于院子里，目的是不久将茶树苗送到印度去。"第二年春天，种在领事馆院子里的茶树种籽长出新芽，罗伯特·福琼将它们挖起来。为了减少运途损伤，每批茶叶种苗分作三只货船装载，运往印度加尔各答。

弄到中国茶叶种苗后，罗伯特·福琼致函达尔豪西侯爵，提出他想去中国红茶产地武夷山一带考察，想办法把中国茶叶制作技术弄到手。这一次，他乔装成一名知识界名流，来到武夷茶区，住进了一座寺庙里。早年，罗伯特·福琼作为伦敦园艺会领导人在中国待过一段时间，旅居中国那段日子，他学习汉语中文，熟悉了解民情风俗，并且，他还学会了熟练使用筷子。这次罗伯特·福琼深入武夷茶区，住在寺庙里，他有意与僧侣们攀谈，终于得知茶叶由绿变红的技术，返回印度前夕，罗伯特·福琼特意在武夷山桐木关聘请了八名中国工人，其中六名为种植、制作茶叶技工，两名为茶叶包装制罐师。三年后，罗伯特·福琼乘坐一艘满载中国茶种茶苗和八名中国茶叶技工的远洋货轮回到印度加尔各答，就是那一次，两万株中国茶叶种苗移栽到了布鲁斯兄弟的阿萨姆茶叶种植园，并且，通过罗伯特·福琼，英国东印度公司得到了中国茶叶的种植制作技术。

鸿羽是在前往阿萨姆布鲁斯兄弟茶叶种植园的路上听到以上这段传闻的。那位陪同参观的当地茶艺师的话他虽然听不懂，但通过他的眼神，说话时不时辅以的肢体动作，他分明感觉到了一种神奇和神秘，走在鸿羽身旁的翻译不时把脸扭过来，把茶艺师的话翻译给他和舒基立。那个罗伯特不就是个盗窃贼吗？鸿羽站住，看着茶艺师，而后，看着身旁的翻译。他眼珠碌碌转动，眼神惊诧错愕。翻译没有把鸿羽的话译给那位茶艺师，只是呵呵笑着。鸿羽脸上忽然现出愤慨：舒世伯，您说这不是盗窃是什么？舒基立不出声，看看鸿羽，脸转过去，不置可否笑着摇头。见舒基立不答话，鸿羽益发显出激愤，大声发问，向舒基立、翻译，甚至那位语言不通的当地茶艺师，正高声说着，鸿羽站住，戛然噤声，前方，一片翠绿广袤无垠铺陈眼前，翠绿呈等宽带状，一道道，从眼前铺开去，铺向遥远天边。茶艺师说，这里就是布鲁斯兄弟茶叶种植园，舒基立问茶艺师眼前这片茶园有多少亩。1200公顷，折合成亩是18000亩。翻译将茶艺师的回答译给舒基立。听到翻译说出的数字，舒基立再不出声，只静默站着，望着茶园一望无际的远处。

鸿羽走近前方一畦茶垅，经过修剪的密植茶畦其顶部一平如镜，茶畦宽约五尺，畦与畦等宽间隔，机械采摘后的茶畦上复又长出了新芽，颖峰尖尖，鹅黄点点，阳光映照下，翠色青嫩明如琥珀。鸿羽蹲下来，先是仔细打量眼前茶株，继而，手伸出去轻轻抚摩，他的眼前浮现万里之外的宜市，茶祖岭、御碑峪、平峒、张家大山——那些生长在大山之上的茶树，枝丫横斜，树干遒壮，有的树身覆了绿苔，有的则青藤悬垂其上，野风逶迤巡穿越其间，藤蔓摇动若流苏，茶园大多在山巅，斜坡高处，窄窄一片，远望犹如深翠一块补丁。眼前就是罗伯特·福琼当年从中国盗来的那些茶树吗？茶艺师说，这是通过无患子繁殖培育出来的茶叶新品种——阿萨姆皇后。鸿羽脸上显出惊讶，先前，曾经一度有过的愤慨此刻被另一种全然不同的神情所取代，看着那些密密匝匝栽植的茶株，茶株上新发的颖尖，闪耀颖尖上阳光的金芒，他眼仁发亮，似有一片流明在那儿闪光，但他的眉心却是蹙提起来的，嘴角咧开了，咧出一道缝隙，窄而细长，略呈上挑，另有，环绕眼仁的闪光，那些浮游的明暗，疑窦？寻究？诘难？抑或，幻思遥想？

舒基立则蹲在一边认真观察那些密植的茶树，躯干、枝杈、叶片，乃至叶子的形状、肥厚、纹理、色泽，自己这大半辈子近乎就是与茶交游，中国茶叶，大江南北，他可谓识见多矣，但眼前的布鲁斯兄弟茶园是他平生第一次看到，不独是它的规模，令他更为称奇的是种植技术。原来只听说英国人偷走了中国茶树种苗和栽制技术，不想短短几十年间，人家通过科学手段，竟然培育出如此优良的品种，发展之速，规模之巨，非亲历目睹，简直不敢相信眼前事实。

从布鲁斯兄弟茶园回到住地，鸿羽兴奋异常，取出父亲临行送予他的自来水笔，趴在床前矮几上，铺开石林纸笺，他要把白天看到的一切详细告诉父亲。他的眼前浮现父亲的面容，灯影微黄，江水在窗外远处拍打出清冽涛声，他和父亲坐在宜红汉庄二楼那间临窗的屋子里，父亲看着他，面呈和煦，目光如衔山夕照，辉光脉脉，寓寄款款。此刻，坐在万里之外的灯下，倏忽之际，他是那么深切地感受到了父亲的目光，蕴含目光深处的寄托与期望。舒世伯，回去后我们也要搞布鲁斯这样的茶园，上千亩，几千上万亩，矮株密植，使用无患子培育优良品种，机械采摘制作，我就不信，英国人偷来我们的东西，到时候我们自己还赶不过他们。舒基立站在鸿羽身边，脸上只作淡淡笑着，却并未应声，眼望窗外暮色，目光深处似有一片阴霭笼罩，当初卢先生嘱派他来南洋，原本他是抱了一种别样的欢欣，印、锡辗转多日，心头原有的欢欣却在不断为忧郁所取替，英人殖民地茶园，全皆大规模科学种植，且采摘制作全由机械，中国茶叶若行效仿图新，何来如此巨大资本？更有，无论印、锡、日，对于茶叶种植贸易，政府一律倡行鼓励，或施以低税薄赋，或予以奖励扶助，而在中国茶叶，朝政非但不予扶助，对于种植贸易咸行杀鸡取卵态度，茶户弱小，种植分散，茶园无力革新发展，茶税日重，茶市萧条，茶商蚀本无利，如此，中国茶叶何以抗衡印、锡、日茶，仅凭一己绵薄之力，又何以挽救中国茶叶颓败之势？看着鸿羽青春溢扬满脸，舒基立只在心底发出一声轻吁，他知道，此时的鸿羽，如同一只正待飞升的鹄鸟，望眼皆是春色，两翼全为雄风，以上这些即便说予他，他也未必能听得进去。

从敖德萨回到汉口，时令已是深冬，天空疏疏朗朗飘起雪花，汉正街两边，昔时热闹的茶庄铺栈大多门前冷落，关门闭户，极少见有行人往来。卢次伦一身疲惫拖着两腿沉重往前走，忽然，他站住了，前方不远处即是他的宜红汉庄，枣红大门，云纹镂雕券顶，坠悬两扇门上的黄铜吊环，悬挂其旁的"汉口茶业公所"牌子——卢次伦双目瞪大，两块门扇中央斜贴了一张淡绿色纸条，上书一巨大"封"字，且围绕"封"字四周，浓墨画了一道圆圈。卢次伦不胜惊讶，疾步奔上前去，这时，他才看清楚，那个封字下端，还加盖了一方"江汉关税务司"的朱赤图印。盯着加盖纸上的印章，卢次伦眉峰堆砌，既惊且疑，汉庄从未委欠税务司分文，何故他的大门竟被贴封？还有，汉庄的看守员工呢，他们都到哪儿去了？春夏秋三季，茶叶市售运卸，汉庄显得十分繁忙，住庄职员多达数十人，入冬茶事消歇，汉庄便只留下三五人看护。卢次伦来到隔壁一家店铺打听汉庄看护去向，这才得知，就在前不久，所有进入汉口商货落地厘一律上涨了，除却原有正厘，茶叶每担另抽取二成捐厘。凡未能及时缴纳以上加捐，税务司便查封铺店，并扬言对业主给以处罚。

途经多方打听，卢次伦终在大火路旁一家小饭馆找到了负责看护汉庄的两名员工，说过事件原委，两名员工压低声告诉他，也有店铺一时交不上加捐，背后偷偷塞给税丁银两，店铺便也照常开门，没有查封。两名员工问卢次伦，要不也像人家那样，使给税丁一些"背手"，也好让宜红汉庄的大门开着。两名员工站在卢次伦跟前，伛着身子，神情凄惶，形同丧家之犬，卢次伦不吭声，面色阴沉，一动不动坐在那里。暮色渐袭上来，两名员工开始为主人张罗住所，卢次伦站起身，止住他们俩，要他们自顾料理，早事休息，说着，跨出门走了出去。

卢次伦再次来到宜红汉庄，站在门前，凝眉端肃，神态郁悒沉重，久久望着贴在门上的封条。如今，华茶面临前所未有的危急，茶市一挫再挫，商户无不折本，茶农赖以之生计眼看败落无着，而官府税捐竟屡迫累加。想到刚才两名店员偷偷告知他税丁"背手"一事，忧心怆痛之际，卢次伦不禁心底顿生一股痛慨激愤。

无论英国、日本，抑或印度、锡兰，政府无不视茶业为经国大计，轻税薄赋，奖励扶助，以致茶业争相兴起；而在中国，诚如郑先生（观应）所言，官非但不能护商，反能病商，视商人为秦人视越人之肥膺，对茶叶重税沉苛，向以竭泽而渔、杀鸡取卵之态度。卢次伦站在门前，心思浩茫，愣然无语。暮色渐浸，街灯点燃，卢次伦将身子转向街面，欲行又止，他不知道自己今晚将宿何处。

"陵烟触露不停采，官家赤印连贴催。""驿骑鞭声春流电，半夜驱夫谁复见。十日王程路四千，到时须及清明宴。"唐人李郢《茶山贡焙歌》所写为茶区岁贡情景，其时，茶税虽未曾立，然朝廷对茶区所取恣意掠夺态度，诗中可见一斑。唐德宗建中三年（782年），茶税开设，诸道津要置税茶机构，凡茶叶贸易取十税一。宋代实行政府榷茶专卖制度，民茶悉由官买垄断，而后课以重税转卖茶商，对茶商买卖茶叶施以"茶引法"。茶引是茶商缴纳茶税后获得的茶叶专卖凭证，凡商人贩运茶叶，须先向官厅申领茶引，并按规定缴纳引税，之后方可进入官府专营茶山采购，并按引票指定地点销售。清咸丰三年（1853年），清政府为筹措清军江北大营镇压太平天国军饷，在扬州里下河设劝捐厘金局，自此官府对茶叶施行厘金税捐制，按厘金征缴规定，凡茶叶销售，须在产地先期上交产地捐，货物到达市场后再纳一次正税，对各省前来汉口交易的茶叶，除按每百斤收取300文落地捐，另按货款每千文抽取30文厘金。茶叶厘税远不止此，另有诸多地方自制捐项，如慈善捐、教育附加捐、堤防捐、保安捐，等等，以致一担茶叶从产地运抵汉口，其成本支出高达近19两银之多。

外商洋行在中国所纳税厘却享有较之华商极大优惠，1858年《中英条约》第28款规定，凡英商贩运洋货入中国内地销售或于中国内地购运土货出口，所经各厘卡不得重征，土货可在首经子口上税，洋货可在海关完纳，所征综算货价为率，每百两征银二两五钱。这就是后来所说的子口税，因它的税率仅为进出口税率的一半，故又称为子口半税。《中英条约》颁布后，各在华外商纷纷要求享有英商同等权益，1861年，清政府与各国公使会商，颁布《通商各口统共章程》，由此，各国在华商人均享有与英商同等子口半税优惠。

子口半税的实施，无疑为洋货倾销中国洞开了大门，同时，促使外商深入内地搜刮土产，牟取厚利，以致形成占据控制中国国内贸易的极优越地位。中国商人税负日重，较之洋行外商厘捐高出十倍之多。暮色渐浓，街灯昏黄，卢次伦走出几步，复又踅回站在门前，双目长久寂默望着那块挂在门侧"汉口茶业公所"木刻招牌。时入深冬，汉口各省茶商大多回去，但眼下亟须大家会商，汉口茶市下跌，北进敖德萨挫败，挽救中国茶叶当务之急唯有请求政府蠲减税捐，降低茶叶成本，以低成本入市，让商者略有赢利，使茶农不致丧失生计。自然，以上并非长远之策，但眼前情势危急，攸关中国茶叶生死前途，蠲减税捐，紧缩成本，如此，华茶或可与印、锡市场暂存时日，借此周旋，再谋长图，不致使中国茶叶就此溃败、全线倾覆。

晚上，卢次伦找到留守汉口二十余家外省茶商，因为宜红汉庄被封，临时借用一家武夷茶栈，召集茶业公所紧急会议。敖德萨救市败北，六省茶叶滞积汉口，眼下唯有请愿政府减蠲税捐，许以茶商勉力维持，缓冲周旋，或可为日后华茶复兴求得一线生机。那些留守汉口茶商，原本一心期待敖德萨那边的好消息，得知如此结果，最后一线希望彻底破灭，哀叹，摇头，甚至有人禁不住坠下眼泪。卢次伦虽长途劳顿，一脸疲惫，然脸上仍勉力葆有着笑容，他劝慰大家，越是危难之际，越不可灰心丧气，越要众心精诚结成不屈不挠意志，会上，卢次伦以茶业公所名义，当场拟就申请蠲减茶税厘捐呈文。

第二天，卢次伦将呈文亲手送到了湖广总督张之洞手里，站在总督张之洞面前，回想几个月前晴翠阁上"远征北进"会议场景，卢次伦百感交集，竟一时无语。从敖德萨之行始末，到昨晚茶业公所紧急集会，卢次伦说着，眼窝不禁旋然而湿。听罢卢次伦报告陈述，张之洞当即起草蠲减茶税奏折，奏折以紧急文书驿传朝廷。

但一个月过去了，奏折泥牛入海。一天深夜，张之洞将卢次伦传唤过去，告诉他目前云、贵、川、藏多地军阀拥兵割据，多省攘闹独立，朝廷正处多事之秋，穷于应付，自顾不暇，茶税之事恐难顾及，至于茶叶前途恐怕还须自寻出路。时近年关，囤积汉庄的数千担宜红不能再等，更有堆积如山的六省茶叶，如若挨到明年，按茶市行情便为陈茶，其价格即将降以半价，如是那样，结局将何以堪？

卢次伦走进都白尼办事公房时，都白尼正在看阅一份来自伦敦茶叶市场行情的电文。1902年，由意大利人马可尼发明的无线电报得以在英、美等国应用，这一先进通讯科技，犹如为都白尼装上了千里眼，虽远隔大洋，相距万里，但市场变幻潮起潮落一切了然目前。无论印度大吉岭、阿萨姆、加尔各答，抑或锡兰、伦敦、汉口，凭借电报通讯这双千里眼，都白尼每日坐在办事公房里，坐拥高瞻，运筹帷幄，恍惚中，整个世界全在胸罗掌控之中。

卢次伦突然出现眼前令都白尼不无意外，放下手中电报，赶紧站起来。那把专为卢次伦设置的金丝楠太师椅曾经一度被撤走，后来复又回归原位，并且，与那把位居中央都白尼自己的专座——小叶紫檀高靠背明式方椅，按主宾方位摆放在那里。都白尼伸出一只胳膊，示意卢次伦请坐，并吩咐玛丽为客人泡茶。茶端上来后，都白尼看着卢次伦手中的青花小茶碗，脸上笑容较之先前尤为殷盛，且内中蕴含似有某种神秘：怎么样，这茶的味道，卢先生？刚才，佣女玛丽未及将茶碗送到手上，卢次伦便嗅到了那种异香，不是宜红，比宜红香氛更浓，更重，更深厚高烈。浅尝一口后，卢次伦便随手将茶碗搁在身边茶几上了。都白尼盯着卢次伦：它的高香，浓味，口感，怎么，卢先生没尝出来？卢次伦轻轻摇头，玛丽端茶进门那一刻，他便嗅出来了这种被称之为"金皇后"的阿萨姆红茶，只是今天他实在无心品茶，3000担宜红堆积汉庄，此刻，他心急如焚，纵有天国妙香也难下咽。见卢次伦摇头不语，都白尼殊为惋惜遗憾，指着卢次伦搁下的茶碗，眼神显出炫夸与自骄：它可是布鲁斯兄弟茶园培育出的阿萨姆金皇后啊。

卢次伦坐下后，并不拐弯迂回，开门见山直陈来意，说话时，他看着都白尼，目光深湛且满含恳切：大班先生，您想必知道，如今我泰和合茶庄遇到了前所未有的困难，本来卢某也想开拓中国茶叶有所作为，岂料形势遽变如是，致令卢某如今举步艰难。说到这里，卢次伦停顿下来，静默看着都白尼，目光深处似有难言哀隐与悲伤：大班先生，这样吧，今年宜红价格卢某就从汉口的市价，17两一担，悉数卖给贵行。

都白尼嘴张开了，却不见里面发出声音。看定卢次伦时，两颗蓝灰色眼球凝然不动，像在思考，眉头蹙拢，揪起，揪紧，与此同时，那只高峭的鼻子——鼻准下方洞开的两翼，痉挛般隐然翕动。忽然，都白尼笑起来，冲着卢次伦，猿臂伸张，两手摊开：可是汉口如今的茶价已经不是卢先生说的17两了呀！都白尼耸耸肩膀，面露惋惜无奈，一副爱莫能助的样子。卢次伦不胜惊疑：怎么会呢，据我所知，伦敦茶市并无波动，整个欧美市场茶价近年一直保持稳定，并且，自苏伊士运河通航以来，进入西洋航程近乎缩短一半，运资大为节省，运销伦敦茶叶由此利润则更为丰厚，为何大班先生反说茶价下跌了呢？都白尼颔首微笑：卢先生所言都是事实，但还有一点，卢先生或许不知道，在加尔各答我怡和收购的大吉岭红茶每磅仅用8先令，相当于每担14两银，锡兰乌沃则购价更廉，每担仅用8.5两银。卢先生刚才品尝了布鲁斯兄弟茶园的阿萨姆金皇后，它的香味、口感比之宜红并不逊色，甚至，它的高香刺激更适宜我英伦口味，更为重要一点，印、锡茶叶不仅价廉物美，而且，运输较之中国茶叶更为便捷，每担可节省一两银成本。

卢先生与我多年交谊，且卢先生的风范行事实为本人一向倾慕。论交谊，此时，我应对卢先生施以援手，17两银一担，或者开出更高价格，但我是商人，商人的本质决定了我不可情感用事，不可以交谊充当取代利益。论情感，我们可以成为最好的朋友；但在商言商，我们则是永远的对手。都白尼看着卢次伦，眼神坦率、诚恳，但透着毋庸置疑的坚定。

有一刻，卢次伦心底感觉一阵锐疼，一柄利刃穿透胸口，朝心脏纵深扎进去，他极力忍受着疼痛，以极大的意志力克制住自己，不能发出呼喊，甚至，不许脸上露出不堪痛苦的蛛丝马迹。都白尼说罢，将目光看定他时，他的脸上显出惊讶乃至震惊，很快，惊色消去，继而呈现脸上的是冷峻与沉寂。都白尼说得没错，商场如战场，他和他是朋友，更是永远的对手，如此对手面前，和他说公平、公正的价值准则，说和为贵的中国商道境界，抑或，说精行俭德的中国茶叶茶道精神？中国茶叶一家独大时代不复存在，世界茶市南移印、锡岛国，英伦乃至整个西欧茶市行情均在都白尼——眼前这位高鼻深目的怡和大班掌控之中，公平、公正、公理、公义，诸如此类在这里均已失灵。在这里，市场话语权唯从强大马首是瞻，若想争得公平公正，唯有自己变得强大。茶几上，阿萨姆金皇后飘着淡淡香雾，卢次伦心底生出一股悲凉，同时兼以难言的创痛，他努力抑制住心底情绪，让话语显得平静和缓：以我宜红品质，大班先生意下究竟给予怎样价格？

都白尼没有回答，从椅子上站起来，看着卢次伦，浮在两颊的蔼笑开始冷却，收敛，终于，敛去殆尽，那对灰蓝的眼球原来附丽其上的一层柔光此刻凝固为一种固体，冷寂，坚硬，发着幽深的蓝光：14两一担。都白尼突然说。

卢次伦缄口寂默，脸上木无表情。

与大吉岭、阿萨姆红茶同价。比锡兰乌沃高出 5.5 两。都白尼注目打量着卢次伦：卢先生非常清楚，从汉口启运伦敦比南洋发货每担茶叶将多出多少成本，正因为宜红的品质，我才给了以上14两价格。见卢次伦始终不说话，都白尼脸上先前敛去的笑容忽又再现，眼球再度现出柔光，嘴角那儿，油然而生两撇笑纹，线条生动柔美，望之令人想及水中藻类：卢先生，这可是一笔公平的买卖。

卢次伦不出声。坐着不动。

玛丽进来了，准备为都白尼和卢次伦茶碗里续水，都白尼朝玛丽挥了挥手，玛丽一声不吱，低下脑袋退出去了。

房中寂静无声。卢次伦坐在那儿，脸上看不出有任何表情，两眼注定前方，目光则似望向辽阔的空茫，目光深处更有一种难言的冷寂，至深至哀，至痛至悲，紫灰长袍从膝头静垂下来，因为身躯消瘦穿在身上的长袍显得虚空阔大。圆领扣襻之上，卢次伦面色萎黄，两鬓斑白，髭须亦然，然他坐在那儿，身形端方挺直，双手置膝，凝然不动，整个身躯犹然一尊雕塑石像。

都白尼回到了自己的座椅，随手拿起刚才丢下的那份电文，他不再朝卢次伦看，似乎在他眼里坐在下方的这位中国茶商根本就不存在。他开始喝茶，景德镇青花小盖碗，里面泡的居然是特供白金汉宫的精装天字号极品宜红。当年，怡红总买办陈修梅别出心机让他品尝到第一碗宜红，自此近二十年来，宜红上午茶便成为他每日生活的必修课，前不久，他从伦敦茶叶科研所获得消息，比对良种培植茶叶，野生茶含有更多有益人体健康的有机物和化学成分。野者上。紫者上。早在姑母玛格丽特·查顿告诉他将来汉口作为怡和公司大班时，他从那位茶圣陆羽《茶经》中便获悉了以上评判茶叶的准则。固然，良种培育密植有利于大规模机械化生产，有利于商家利润追求，但野生茶品质无疑更为优异。鉴于此，他心下已作决定，每年的王室特供茶仍以卢次伦制作的宜红，自然，他不会把这份决定此刻就告诉眼前的这位中国茶商，他要让他提出的 14 两一担宜红价格对方服膺认可后再谈这件事。青花小盖碗贴近唇边时，一缕特有的兰花幽香缥缈而来，都白尼鼻翼翕张，幽深吸气，与此同时，双眼微阖上去。

卢次伦从椅子上站起来了。14 两。就依大班先生的。

都白尼睁开眼睛，卢次伦已在迈步朝外走，他张了张嘴，话到嘴边，忽又闭住。

不，王室特供的事现在还不到谈的时候。

第十八章

匪 祸

卢次伦就在灯下打开鸿羽来信，杨素贤将火炉移近丈夫身边，信笺展开，正待阅读，忽然，茶庄楼外，传来一声锐厉枪声。许多年前，卢次伦从唐锦章后院厢房走出来，唐永阳在身后突然发枪，当时，听到枪声，他并无惊骇，甚至，从唐家后院走出来时，他的心底充满大义凛然气概；而此刻，骤闻枪声，他不禁心惊一跳，眼前无端闪出那个曾经噩梦般的画面——空旷的走廊，炽白的晨光，殷红的血迹，深深刺入耳根的匕首。

两年前，泰和合茶庄钱房曾经被盗，钱房保管被杀于钱房门口。

自那以后，卢次伦特意加强了对茶庄的戒备，除两名门房昼夜值班外，特设立工厂护卫，五名青壮日夜巡察，同时，将原来设在二楼的钱库转移地下密室。听到枪声，卢次伦即刻联想到那间密室，自己刚从汉口回来，怡和洋行茶款银票这才入库，如此深山夤夜，看来枪声必是冲着那间密室来了。

与石门西北接壤的桑植境内，时下有一股号称田家哥老会的土匪，该股匪徒原系四川哥老会组织。辛亥革命前夕，为了推翻封建专制，革命党人借助帮会壮大武装，遂使地方帮会发展坐大，借着革命大势，四川哥老会势力迅速朝湘西北一带扩展，每到一地，他们开设香堂，以雄鸡血酒盟誓，到处都是他们称兄道弟的袍哥。开始，窜至桑植一带的四川哥老会仅只小股土匪，不久，队伍迅速发展至百人，并拥有洋枪三支，匪首田金标，号称哥老会老大哥，率众公然横行桑植、慈利、大庸、石门诸县，光天化日之下，抢劫掠夺，肆无忌惮，穷凶极恶，无所不为。

三个月前，田金标曾经来过一次宜市。也是夜黑风高，他带手下一班兄弟，潜进宜市街头，因为初来乍到，地形情况一点不熟，便找到一户农家要求带路。令他没有想到的是，一连找了四五户人家，白花花的银圆拿在手上，居然寻不出一人愿意为他们带路。后来，听到一个消息，卢次伦有一个工厂护卫队，个个都是武林高手，功夫了得，田金标虽生性蛮暴，但每行劫掠却是部署周密布防慎审。那次，田金标来宜市没有弄出丝毫动静，悄寂而来，无息而走，宜市小街犹在梦中，清梦安然完好无缺。

鉴于上次经历，这一回，田金标未雨绸缪，周详布阵，早在前几天，他就派一名手下潜入宜市，寻找本土内线，几经明察暗访，终于寻得一个人物——七爹。那天，七爹正躺在万家娥儿的烟榻上，香魂缥缈浑身酥软，蓬莱仙岛若隐若现。这时，一个头缠灰布包巾的中年汉子掀起门帘走了进来，笑嘻嘻站在面前，看着七爹，七爹两眼迷离似睁未睁，听到帘子响动，一条胳膊软软款款伸过去，揽在了那中年汉子腰上：娥儿，来，挨着七爹躺着，陪七爹吹一泡。七爹的手覆在汉子腰眼那儿，轻轻摸弄着，忽地，如遇火烫缩了回来，他触到了一件硬物，坚硬且生凉，蓬莱仙岛一下不见了，香魂缥缈倏忽而逝。

他两眼瞪大，蜡黄的脸霎时惨白，原本绵软如泥的身子仿佛遭遇电击，一个鲤鱼打挺坐了起来。中年汉子满脸盈笑，一只手朝衣兜深处伸进去，七爹眉心颤动，他听到一阵异响，从汉子衣兜深处传来，令他心底由不住猛抽了一下，伸进衣兜的手掏出来了。一叠白花花的银圆，次第斜躺在汉子的掌心里，汉子笑貌可掬看着七爹，七爹两眼直勾勾盯着汉子掌心（尤其那只萝卜花眼睛，开在其中一朵云白痴痴定定，奕光静对），心脏一下停止了跳动，自然，这是他自我的感觉。刚才，他的手触到汉子腰间那件硬物，他的心脏也跟眼前一样突然停止了跳动——穷人命薄，烧水都粘锅，一准是碰上禁烟队的了，就因为好抽这么一口，前不久，他硬是被水南渡司董张由俭开缺了。站在眼前的汉子，掌心托着银圆，脸笑得跟银圆一般圆，看样子不像是禁烟队的：你是什么人？七爹两眼恋恋不舍从汉子手掌心上离开，上挪至汉子脸上。汉子话语透着亲切：我是七爹的财神，听说七爹近段手头有些紧。说着，托着银圆的手掌悠然抖动，银圆轻挪，清音盈耳。汉子在烟榻上坐下来，身体有意挨近七爹，他开始跟七爹说话，说话时，脸上始终带着笑容，七爹脸上呈现出畏葸与惶惑，脑袋摇了一下，接着又摇了一下。他说，这事他使不得。汉子笑眯眯看着他：怎么个使不得？他救过俺的命。七爹不说话了，只轻轻地不停地摇着脑袋。汉子把七爹的一只手拿过来，搁在自己膝头，而后，将银圆一枚一枚押在七爹手上。只要你帮着带个路，暗中指点，这事只有天知地知你知我知，七爹还有哪样不放心的？汉子看着七爹。七爹愣着不吭声。汉子又从衣兜掏出一叠银圆，押在七爹手上，随后，将七爹五根手指团拢来，将叠在掌心上的银圆紧紧握住。

汉子将七爹腿边的烟枪拾起来，装上烟泡，点燃，递到七爹手上：七爹，今日只是一点见面礼，事成之后，七爹拿到的自然就不是眼下这个数目了。

卢次伦听到枪声时，田金标所率土匪已经将泰和合茶庄团团围住。大楼门外古楠树上，蹲了几名土匪，刚才的枪声是田金标使用的火力侦察，他要引蛇出洞，将卢次伦的工厂护卫队引出来，然后，让躲在树上的枪手一举击毙。护卫队的人并没有出来，只有厂区宿舍那边传来嘈杂人声，制茶季节，泰和合茶庄员工多至万人。如今正值隆冬歇工，在厂员工不过百余，听到枪声，员工们惊骇无措，纷纷攘攘，在屋里挤成一团，躲在树上的枪手严密注视着大楼里面的动静。忽然，通往马厩的耳门吱呀一声打开了，百余土匪蜂拥而入，田金标带领一队人马径直冲向二楼钱库，砸开门锁，钱库竟然空空荡荡，不见一文，田金标随即径奔宜红清舍，茶庄大楼距离宜红清舍为一道数十米缓坡，其间铺了层层叠叠的石级。田金标率一股土匪摸夜疾行，行至坡中，忽停下脚步，夜黑笼罩高处，只见一盏红色灯笼，静静悬挂宜红清舍门券顶端，灯下，两扇大门豁然洞开，眼望那盏红色灯笼，田金标不禁心生疑惑：卢次伦会不会故意布下阵势，设下什么圈套？他传令走在前面的土匪严加提防，务必警惕，登上最后一级石级，宜红清舍呈现目前，红灯烛照底下，卢次伦独自一人静静坐在门内大堂中央，膝边放了一盆炭火，青袍静垂，面目端然，挨近膝边，放了一张椭圆黑漆茶桌，桌上搁着那把泥金紫砂茶壶，一缕奶白茶雾，细而悠长，从壶嘴飘逸而出，款款软软上升。田金标两眼愕然，双腿如铸站在距离卢次伦数步开外地方，卢次伦的名字于他并不陌生，甚至，当他闻听卢次伦在汉口与洋商较量，为宜市百姓造福，其内心也曾由衷生出景仰。眼前，这个身价巨富的茶叶商人面临枪声险恶居然如此平静地坐在那儿，平静得就像一尊佛像。万家生佛，听说宜市百姓送过他这样一块匾额——不，事情一定不会这么简单，这会不会是一个圈套，一个骗局，其中会不会有诈？想到此前闻听的泰和合工厂护卫队，田金标耳边忽听风啸，脖子掠过一阵冰凉，突然，他猛然转身：走，赶快走！一群土匪一窝蜂涌向山下去了。

其实，卢次伦并非有意在演空城计，更无田金标臆想的那样布阵圈套，当时，听到枪声，他确实吃了一惊，不过很快便平静下来，他清楚枪声是奔着泰和合的银子来的。想到两年前遭遇杀害的钱房保管，他的心底便如锥扎一般疼痛，如今银库移至地下密室，除却吴习斋及管钱部极少几名职员，其余均无知晓，劫匪没能找到银库必会冲他而来，此时，自己如藏匿起来，结果必然殃及无辜。当初建造宜红清舍，院内特造了一条通向屋后暗道，杨素贤神色焦急，要卢次伦马上从暗道逃离出去，他迟疑不决，杨素贤站在一边，急得眼泪都出来了。最终，他没有听从妻子的话，选择了静候劫匪到来，泰和合是他身心的全部寄托，它的痛苦悲欢必须由他自己一人来承担。

令他没有料到的是情势变化会出现这样结局，劫匪呼吼而去，山夜复归宁静，卢次伦再也无法安睡，他干脆披衣下床，点燃灯笼，朝厂区员工宿舍那边走去，他想去那边看看。员工宿舍寂静无息，于是，卢次伦转而朝马厩耳门方向走，雪花飘到脸上，他并不感到寒冷，只觉着那些软软的洁白飘到脸上，有一种类似抚摩久违的亲切。卢次伦忽然止步，前方，雪花纷乱中，耳门敞开——耳门由厚重栗木做成，内藏两道暗闩，仅从外面推撞，任凭如何猛力也难撞开。卢次伦疾步上前，奔至门边，仔细察看，忽地，他怔了一下，门外墙根边歪了一个人影，是七爹，他叫了一声七爹，七爹置若罔闻，一动不动，将灯笼凑近七爹脸边，卢次伦不由大惊，七爹脖子上裂了一道三角形口子，裂口中央岔开，边沿朝外翻卷，先前喷涌过血液的裂口，如今尚有残留，或凝成暗黑斑块，或结成血珠气泡，一颗颗，大小不等，悬挂裂口边缘。

卢次伦举着灯笼，看呆了。

七爹的一边脸朝肩头歪着，这样便使得那个三角形的切口益发显得醒目，七爹一只眼睛闭上了，那只长有萝卜花的眼睛则睁开着，且瞪得溜圆。雪花悄寂无声飘落在那只瞪大的萝卜花眼球上，软软洁白飘入刀口，填充圻裂，慢慢改变了原本的颜色。

卢次伦在心底恸叹一声——

七爹啊……

一个身影跌跌撞撞从河街那边奔过来了。是吴习斋的妻子。习斋被他们掳走了，那伙遭千刀的，把俺家习斋给掳走了。卢次伦大惊失色。什么时候？往哪个方向？你是说吴习斋？卢次伦瞠目结舌。语无伦次。女人满头凌乱，身上仅披了一件单褂，奔到卢次伦面前，一下扑倒在地。卢次伦赶紧扶起：别急，你先别急，千万别急！卢次伦一迭连声劝女人别急，自己却浑身筛糠一样在抖。

田金标掳走吴习斋出于两个目的，一则吴习斋是泰和合银钱总管，他们要从他口中得知茶庄钱库的确凿地点；二则吴习斋是卢次伦的臂膀，以他作为人质，可向卢次伦要挟索价，料想卢次伦不敢不答应他们所提的条件。吴习斋单瘦个儿，面容文静温顺，乍看就一白面书生，然则，出乎田金标意料，就是这样一个貌似羸弱不堪一击的人，居然具有如此顽强的抗打击能力。他们要他说出泰和合茶庄钱库地点，他居然说他知道但他不会说。并且，说话时面带微笑——那种笑分明就是一种公然蔑视侮慢。当然，他们不会就此罢休，田金标吩咐"好生伺候"，他就不信，一个人的嘴再硬会硬过他的"十八般武艺"。几个喽啰应声上来了，将吴习斋抬起来，脸朝地下，放在一张八仙桌上，接着，用四根麻绳将吴习斋脚手四肢拴住，脑后发辫拿细绳系紧，而后，将绳子另一端分别系在头顶横梁上，系牢绳索后，抽去底下八仙桌。于是，吴习斋的身体便悬在了空中，腿脚手臂包括头部因系绳牵拉呈上升状，腰身则随重心下坠，整个身体首尾上翘、中躯俯伏朝下呈飞燕展翅状态。这时，几个喽啰开始往吴习斋腰部码放砖块：怎么样，吴管钱，晓不晓得这叫么哒名字——燕儿扑水，味道如何？随着砖块叠加，吴习斋额头出现汗滴，田金标笑嘻嘻站在一边看着：吴管钱，钱库在哪，现在说不说？因为发辫被绳子牵制拴住，面部无法自如转动，尽管这样，吴习斋的脸犹在极力扭动，并且转朝了田金标这边。他的额头布满豆大汗珠，密密匝匝，颗颗晶亮，脸上居然泛出一片笑容——如前那样不屑蔑视的笑容：我知道但我不会说。吴习斋说话声音很轻，轻如飘风，但在田金标听来却如雷贯耳，振聋发聩。

接下来，田金标为吴习斋施行的另一体刑叫猴子抱桩。将吴习斋两根拇指并拢，用细麻绳绑紧在一根木桩上，而后，木桩顶端劈开一道口子，再往口子内面揳入楔子，楔子由窄到宽，不断往里揳入，绑在木桩上的两根拇指——缠住指头的麻绳随着楔子不断深入则愈箍愈紧，愈勒愈深。其产生的痛感，不像燕儿扑水遍布全身，而是集聚一处，系于一线，随着楔子不断揳入，麻绳愈陷愈深，原来色泽匀白浑然一体的两根拇指，开始呈现颜色反差，以麻绳为分界，上截渐渐由深红变而灰暗，瘀紫，乌黑，下截则愈益苍白，寡白，惨白。

从猴子抱桩下来，吴习斋接着步入的那道环节叫观音坐殿。让吴习斋端坐一块木板上，上身、大腿以绳索固定，与燕儿扑水在身体上面码砖相反，这回，是要将砖块垫在脚跟底下，无疑，这对于肌肉的柔韧程度与骨骼的承受能力堪称别出心裁的一种考验。砖块一块一块垫进脚跟，开始是两腿韧带发出的疼痛，之后，疼痛转移进入关节，脚踝、膝盖乃至两髋关节，田金标一直站在吴习斋身边，面带微笑，而在他的心底，却在惊叹与惊呼。他简直不敢相信自己的眼睛，眼前这个并不年轻的瘦弱男人居然具有如此超乎想象的承受能力。当然，他可以让他的手下不停地往吴习斋的足跟底下塞砖，直至听到一声脆响——吴习斋的膝盖、腿骨断裂，不过，他并没有这样，就在吴习斋的腿骨承受力达至极限、将断未断之际，他叫停了。此时他还不想听到那声脆响，他需要那两条腿将来某一天为他带路。

田金标掳走吴习斋时，吴身上仅穿了一件夹袄，一夜雪花飘落，地上已经积了厚厚一层。然则，一天下来，吴习斋丝毫没有感到寒冷，那件穿在身上的夹袄一遍又一遍汗湿，“观音坐殿”下来，夹袄彻底湿透，竟无一根干纱。三番体刑下来，天色日暮，田金标亲自陪吴习斋吃晚饭，烛光朗照，荤香缭绕，放眼望去，桌上鸡鸭鱼肉，一派丰盛景象，并且，桌边，还摆了只绛瓷酒壶及两只细胎白瓷酒杯。吴习斋让人扶着（因此时已不能自如行走）坐在了田金标对面板凳上，田金标跟吴习斋面前的酒杯里倒上酒，而后将自己面前的酒杯倒满。他端起酒杯，相邀吴习斋举杯同饮，吴习斋坐着不动，他不端酒杯，也不拿筷子，只寂默看着桌上的酒菜。田金标见吴习斋坐着不动，随即将举起的杯子放了下来：吴管钱折腾了一天还不饿，也不想尝尝这满桌美味？吴习斋不出声，愣愣坐着，不知什么时候，他端起了酒杯，同时拿起了筷子。他将酒杯送至嘴边，浅饮一口，似在回味，接着，又饮了一口，并且，这次不是浅饮，是牛饮，脸朝杯子俯下去，脖子则仰起来，喉咙发出咕嘟嘟一串水响，响声完毕，杯子从嘴边取下来，里面滴酒不剩。之后，吴习斋开始吃肉，从红烧酱蒸福肉开始，腊味鸡丁，鱼香肉丸，仔姜煲鸭，他吃得那样津津有味，油汁从嘴角渗出来，他顾不上去揩，额头生出一层类似蒸气的水雾，先前惨白的脸上，渐渐回暖泛红。他不朝田金标看，田金标却在朝他看，盯着他看，目光中有惊讶，诧异，错愕，疑惑。吴习斋边吃边饮，此时，酒精的化学作用已在他脸上充分呈现，两颊自然红润无疑，就连眼窝、耳轮、鼻准无不桃色尽染云蒸霞蔚。本来，吴习斋面容白皙，举止仪态斯文从容，然则此时，他坐在桌上大快朵颐狼吞虎咽风卷残云完全一副另类的吃相，因为吃得过于急迫，有一下，他被噎住了，脖子如一只向天而歌的鹅那样伸长仰起来，喉咙深处发出类似哇呜一样的声音，终于，噎物吞下去了。这时，吴习斋拿着筷子，眼睛开始在那些狼藉的碗盘盏碟之间逡巡，最后，默默地，将手中的筷子放在了桌上。

田金标问吴习斋：吴管钱不吃了？吴习斋笑了一下：酒足饭饱。田金标满面笑容：那吴管钱还想不想尝尝其他滋味？吴习斋一怔，刚才发出的一片笑容忽然凝固。这次，田金标把吴习斋请到了一只水缸边，说是要请他浑水摸鱼，缸里的水清湛明澈，缸底有几尾红鳞小鱼儿摇尾悠游。田金标吩咐身边几个手下帮吴管钱"更衣"，不等吴习斋反抗（其实反抗也无济于事），身上衣服已被扒光，田金标围绕吴习斋赤裸的身子打转，目光自上至下浏览打量，就像一名马行经纪人打量一匹入市的马匹。吴习斋双手本能捂住羞处，突然降临的羞辱与寒冷令他躯体收缩浑身战栗，他的身体暴露在那儿，显得有些清瘦，皮肤则光滑洁白，如同一尾无鳞的鳗鱼。肥水不流外人田，瞧吴管钱这身子，应该再长些膘才好。田金标看着吴习斋，嘴角浮着一片怪笑，他朝几个站在吴习斋身旁的手下使去一个眼色，吴习斋洁白光滑的裸体随即被抬起来了，接着，扑通一声，水花四溅，吴习斋被扔到了水缸里。那是一口巨型黑陶釉的水缸，吴习斋在内面必须保持站立姿态，且两只足跟须跷起来，否则便会水淹没顶，那几尾红鳞小鱼在吴习斋的两腿、胯裆之间乱窜。田金标说，只要把它们捉住，他就叫人把他从水缸里捞出来。吴习斋没有去抓那些游鱼，不说寒冷使他手足早已不听使唤根本不可能抓住鱼，即便侥幸抓住了，那又如何，田金标的目的就是要变着花样折磨他，让他说出钱库密室所在。自然，他不会说，死也不会说，但沉浸水中的寒冷实在令他无法忍受，开始，他死死咬住牙骨，随后，开始叫喊，刺骨的寒冷如一柄利刀，身体每一处均在经受磔裂酷刑。田金标笑盈盈看着他，问：怎么样，滋味还可以吧？吴习斋破口大骂，这是他有生以来第一次脏口骂人，他日田金标老娘，日他姥姥，日他十八代祖宗先人。田金标居然一点不恼，黄牯拜青天，越骂越新鲜，居然哈哈大笑。

吴习斋实在受不了了，答应把钱库地点说出来。田金标示意手下将吴习斋从水缸里面捞起来。吴习斋原来洁白光滑的肌肤此时已变成青紫，满身水渍站在地上，田金标问他钱库地点，他看着田金标，因为寒冷两排牙巴骨剧烈磕碰，阵阵骤响：快给老子烧一盆大火，赶快！田金标真的烧了一盆熊熊火焰，又寻了一套棉衣，让吴习斋穿上。吴习斋坐在火盆边上，开始身子犹在颤抖，渐渐地，身上觉到了暖意。火焰那么亲切地安抚着他的脸，两颊上乌青慢慢消退，黯淡的眼睛渐次转亮，生出点点光泽。田金标望着他：现在该可以说了吧？

张由俭坐在那把楠木圈椅里，面带微笑，看着卢次伦，对于卢次伦的紧急求助，他并不急于表态。卢次伦则一反平日温厚沉静，神色急惶，坐立不安，眼巴巴望着座椅里的张由俭。水南渡司设有10人编制的保安队，并配有五条洋枪，宜市隶属司治辖区，如今茶庄遭匪袭击，管钱吴习斋被掳走，生死不明，情形十万火急，作为一方行政长官，守土保民本为职责，然而，仅从张由俭脸上，很难看出此时应有的警觉与焦急，因为面带笑容，张由俭的一边嘴角咧出一道缝隙，但那道缝隙长久咧开在那儿，却不闻声息。卢次伦勉力让脸上保持笑容，他清楚张由俭心底此时在想什么，未曾得手的两千两银子他一定不会轻易忘记，如今，自己上门求救，他一定在想眼前的事情与那两千两银子之间的因果联系。张由俭含笑不语，看着卢次伦，样子有点像在玩猫抓老鼠的游戏。有一刻，卢次伦想站起身愤而离去，但最终还是强迫自己平静下来，强迫自己让脸上继续保持原有的笑貌，吴习斋现在田金标手里，救人为当下第一紧要，情势所迫，他不得不向张由俭求援，经过漫长的等待，终于，张由俭开口说话了——敛去嘴边微笑，显出肃穆与凝重，他娓娓而谈，逻辑缜密，条理分明，每一句无不推心置腹诚笃恳切。他说，保一方安宁是他的职守所在，戡乱剿匪义不容辞，何况蚁匪如此嚣张，竟敢劫持我茶庄管钱。张由俭脸上呈现义愤之色，转而，义愤褪色，为一抹无奈苦笑取代，这时候，张由俭仿佛一变而为向卢次伦求助，他说，眼下县府给予水南渡司的经费严重不足，保安队更是难于维持，剿匪奔袭情形变幻莫测，没有经费保障，保安队实在寸步难行。张由俭的弦外之音卢次伦自然听懂了，他在向他伸手要价，可是，今年宜红交易亏损万两，钱库实无现银能拿出来，不过，他向张由俭承诺，明年春茶上市，无论盈亏，他一定补上保安队出剿所需的费用。张由俭沉吟不语，不过，最终他还是答应了派出保安队营救吴习斋：卢先生请放心，我这马上就去部署保安队。

张由俭语气毫无拖泥带水，其爽快果决令卢次伦心生欣意稍感安慰。三天后的傍晚，卢次伦收到张由俭派人递来的一纸便函，称保安队历尽搜索，遗憾未能发现田匪踪迹。与便函一同递来的还有一张安保费开出的票据，金额大写"壹仟两"纹银，卢次伦两目瞪直，盯着票据上方"壹仟两"几个字——劫走的人毛发未见（保安队是否出剿值得怀疑），收款票据却送上门来了，趁火打劫，巧取豪夺，如此行径与田金标何异？他想将那张纸票撕碎，不过，最终他还是忍住了，送信人自然察觉到了卢次伦脸上神情变化，说，他临来前，张司董交代过，如果卢老板手头一时实在拿不出现银，亲笔写下一张欠条也行。卢次伦进屋去了，一会儿果真拿了一张墨迹未干的欠条出来，笑着递交送信人手里：烦请转告张司董，对于他的鼎力相助，卢某不胜感谢。

天色傍晚，唐锦章来到泰和合茶庄，闻知张由俭匪徒未剿竟以此趁机勒索，老人家气得髭须直抖，他劝卢次伦不要太过焦急，说自己这就动身去省城，让他的警察厅厅长儿子亲自带兵来剿这伙蝥贼，一定把吴习斋给救出来。唐锦章要卢次伦派出一名护厂武士，同时给他一匹快马，卢次伦将唐锦章双手握住，深情注目，继而摇头，他自然不会让一位年逾七旬的老人长途奔涉，更何况省城往返千余里，人命危急，不容延宕。最终，卢次伦以田金标开出的两千两"票费"将吴习斋救了出来。

看到吴习斋第一刻，卢次伦眼眶禁不住一下湿了。吴习斋则故作轻松笑着，反转来劝慰卢次伦。卢次伦没有询问吴习斋在田金标那里受刑的详细情况，他把吴习斋的两只手拿起来，紧紧握住，放在怀里，双目泪渍噙盈看着吴习斋的脸，他知道，站在跟前的这个体态清瘦的男子，为了泰和合，为了宜红，遭遇了怎样非人的折磨与痛苦。晚上，卢次伦亲自将吴习斋扶着送回家里，从吴习斋家里回来已是深夜，杨素贤添旺炉火，为卢次伦沏茶，接过茶盏，卢次伦不出声，若有所思，一小口一小口啜饮。

月池，我们回去吧。杨素贤目含哀婉看着卢次伦。

回香山老家去吧。杨素贤声音轻微，隐隐发颤。

卢次伦端着茶盏，眼睛望向前方烛光，不说话，不动。

杨素贤的眼睛开始濡湿。丈夫的鬓发何时斑白？曾经清俊的两颊再无当年华光，黯淡，瘦削，皱褶累叠，一道道，线条深刻而幽长。月池……杨素贤声音隐然发颤。烛光中，瞩望的双目湿渍浏亮流连欲滴。

卢次伦却笑了。抬起脸来，对着杨素贤淡淡一笑。他要杨素贤跟他准备一下衣物，明天他要动身去一趟广州。去广州？眼看就要过年了，鸿羽说不定这几天就回来，去那干吗？就在刚才杨素贤双眼濡湿的那一瞬息，卢次伦心底已然作出一个决定，他要去买枪，买100支德国造毛瑟洋枪。记得当年他和表弟孙文曾经有过一次论争，孙文主张、驱逐鞑虏、恢复中华非有武装革命不可，而他则一向以为，兵者，凶器，唯恐避之不及，主张实业救国温和革命，就像 1688 年英国的光荣革命那样。而此刻，他的心意忽然有了改变，宜红为他毕生努力追求，为一方民生寄望所在，即便形势危劣至此，也切不可退却放弃，勉力为之，戮力为之，为宜红计，为宜市百姓计，非常时期，只可以非常手段对之。

第十九章

复 劫

　　光绪二十四年（1899 年），泰和合茶庄资本银达三十余万两。宣统元年（1909 年），卢次伦盘点茶庄资本，十年间折本亏损至不足万两。这年，卢次伦不得不缩减了原下设在鄂西南一带二十余处茶庄，宜红生产由高峰期每年 30 万斤，减至万斤，茶庄实际已在亏本运行，宜红头茶以每担 14 两卖给怡和洋行，而每担厘捐成本则高达 19.6 两银。与都白尼签约的王室特供宜红，虽有利润，然每年不到千斤，以小赢利补大亏空，卢次伦日益感觉即便勉力而为，实在力不堪支。这一年的春天，惊蛰已过，春分将近，往年这时候，下设各分庄早作好收购制作一应准备，买手、制茶师全皆下赴分庄，工厂设备、各部人员全部就位，只等阳雀开声茶庄即行全线运作。今年，时至如今，茶庄上下却不闻动静，一连好些天，宜市街头人们均不见卢次伦身影，那匹平日卢次伦的坐骑——雪骢马，似乎也和主人一同销声匿迹。

　　一连数日，卢次伦粒米未进，杨素贤要去请郎中，卢次伦将杨素贤拦住，说，自己并无大碍，静养将息几日自会好了。这天傍晚，卢次伦从床上勉力坐起来，来到小客房中坐下，他形容憔悴，神色黯淡，寂然临窗而坐，面窗一面墙壁正中挂了一款条幅——精行俭德，一行四个端庄楷书，是他自己所写。寂默注目，神态庄严，眼睛深处似有一片孤光凝然聚注清寂独照，杨素贤进来了，煮水洗盏为卢次伦沏茶，卢次伦要杨素贤把鸿羽叫进来，说好久未曾出门了，他想让儿子陪同到外边走走。杨素贤自然不许他出门，卢次伦说着已从椅子上站起来，他要鸿羽把雪骢马牵过来。临出门，卢次伦对杨素贤温润而笑，他要杨素贤放心，说有儿子陪同身边，一切可以放心，说着，携了那根茶木手杖，扶杖推门而出。

　　与主人一样，如今的雪骢马也已老态呈现，原来一身缎绸般的华光黯然失色，毛发枯槁夆棱，尤其，那根堪称华彩的尾巴，再也无有原来的风姿，尾鬃零落稀疏，尾巴耷拉低垂，唯有那只系在脖子下的银铃，清音不减当年，一路珠圆玉润，如鸣玉珰，如坠清露。看见主人迎面走来，雪骢马鼻翼翕张，唉唉作声，脸脖朝卢次伦伸过来，挨在卢次伦胸前轻轻磨蹭。卢次伦拿手抚弄马颈脖上的鬃毛：老伙计，借你脚力一用，今天我想去茶山上走走。卢次伦身体虚弱，说话声音发嘶，雪骢马闻听卢次伦说话，一双前腿跪下来，矮下身子，前屈匍匐，让卢次伦坐上了鞍垫。

　　鸿羽牵着马缰走在前面，卢次伦坐在鞍鞯上，麦灰长袍，青领高踞，襟袖空阔，整个人看上去显得清瘦羸弱。来到茶祖岭，在那株千年老茶祖前，卢次伦让鸿羽扶着从鞍座上下来，老茶祖枝干上系了好些当地山民祀神祈福的红布，有的已然褪色，有的鲜艳宽大如一面旗帜。卢次伦脸仰起来，仰向那些高擎头顶的青枝，茶枝梢头，已有点点嫩紫萌出，攀住一枝茶枝，良久凝目，缄默寂寥。鸿羽将搭在马鞍上的绣垫揭下垫在地上，让父亲坐下休息。夕阳衔山，层峦尽染，远处，溇水青芒闪耀，两岸沙涂平原，袖珍若掌中扇坠，宜市依山傍水，老街、河堤、檐瓦、码头，松柏坪原有泊满的茶船，黑压压如凫江鹜鸭。如今，只余一片空旷，卢次伦形容哀戚，眼中似有一层雾霭，寂默望着远处山下。

　　爹地，我们不能吊死在都白尼一棵树上。

　　爹地，我们可以像林北泉那样——我们老乡，我跟您说过的，把茶叶生意做到美洲去。

　　爹地，我们不能放弃，只要我们努力，宜红一定能够走出去。

　　鸿羽脸上放着麦粒般光芒，那是南洋海风日照的结果，印、锡万里远洋行程，不仅让18岁的鸿羽脸上肤色呈现成熟的成色，且一双眼睛除却原有清碧光华，瞩目注望间，更兼有了青春的勇毅与精进。南洋之行，不仅让他看到了华茶面临的严峻局面，更让他感到了自己肩负的使命与责任，茶庄处于前所未有的困境，父亲正在经受困境的压迫与压力，危难之际，他应为父亲自觉承担负重，让宜红这艘搁浅的船再度鼓起前行的风帆。

卢次伦脸转过来，看着鸿羽，眼窝深处似有了湿润。鸿羽眼神期切充满渴望，卢次伦不出声，双唇凝闭，神态俨然，许久，双手扶住膝头，支撑着从地上站起来，他抬起手臂，手抚在老茶祖树干上，脸仰向头顶青枝，良久，良久，凝望注目。

众鸟归林，鹊噪声声。

爹地，我们回去吧。

卢次伦眼望高处，站着没有动。

爹地，我们走吧。

鸿羽轻声又说了一遍。

卢次伦眼里，那些原有的湿润在颤动，先是薄薄一层流明，无形中，汇积而成一片液体，如岩罅渗出的水渍，寂寂地，迟缓地，增多，增亮，汇成汪汪一泓，颤颤隐隐，发着暗光，汇集在眼睑那儿。

宜市一带民间有过赶年习俗，即在除夕前一天晚上吃团圆年饭。流传当年土家部落避难官兵追剿逃到宜市，但住下不久，官兵闻讯再度赶来追杀，土家部落凭借山寨形势险要固守，官兵围困山寨不去，三年屡攻，双方厮杀，山寨民不聊生，苦难至极，后土家部落趁除夕官兵过年，率众下山突然发起袭击。原来土家人早在除夕前天晚上就已过年，来不及将鸡鸭鱼肉分样烹饪，所有美味山珍一锅蒸煮，吃罢赶年饭，土家首领率众下山偷袭，大败官兵，一举完胜。自此，过赶年的习俗在宜市一带便沿流下来。

农历腊月二十九晚上，泰和合大楼三泰楼上，灯花齐放，烛光洞明，十张八仙桌分行罗列，桌上偌大一盆合蒸——糯米、腊肉、鱼片、鸡丁、芋头、北瓜、香菇、笋片，五色纷呈，异香缭绕。卢次伦手执酒杯，逐桌逐席为职员们敬酒，因为苞谷烧的烈性，他酡色浸淫两颊，双唇红晕点染，双眉舒张，两目含笑，脸上往日阴翳沉黯为之一扫。大清倾覆，民国新生，表弟孙文为之奋斗的民主革命终获成功，春天虽未到来，他却分明看到了萌芽枝头的宜红春色。三泰楼赶年宴后，卢次伦把舒基立请到宜红清舍，前天，鸿羽从汉庄带回一则消息，为纪念巴拿马运河开凿通航，美国政府将在旧金山举办太平洋万国博览会，并且，美国政府已向北京政府发出参会邀请。想起几年前鸿羽和他说起在美国做茶叶生意的老乡林北泉，当时感觉似在听一则天方夜谭，国势衰微，官吏腐朽，即使有再好茶叶，茶商又岂能发展作为。如今，时代更新，期待久已的机遇终于到来，他要让宜红参加来年的巴拿马万国博览赛会，如鸿羽说的那样，让宜红走出去，走向北美大陆，开创宜红的崭新时代。

炉火殷红，宜红深香，卢次伦将沏好的茶盏递予舒基立手里，舒基立没喝，只将茶盏递至唇边，拿鼻翼幽深邈远而吸。卢次伦看着舒基立，思索良久，他提出了一个茶叶新概念——香型，博览会对于宜红是一次难得机遇，要想夺得头魁，摘得金奖，宜红必得有超越群伦的独家手段。过去，宜红凭借特有的口感香型征服了怡和、白金汉宫，万国赛会上，我们能不能在宜红香型上再下功夫，使其更具独有魅力，一香独秀，领异标新整个茶业世界？卢次伦说话时，眼睛始终注定舒基立脸上，双目炯然，满怀期待。说到香型，舒基立一向在卢次伦面前表现的谦和谨让无形中消失，他以数十年制茶经验现身说法，他的"香型论"先从实践操作层面说起，而后围绕价值评判与成因条件两方面展开，茶香有"妙、殊、宜、庸"区分，妙者清芬幽远，袭香沁蕴，澹澹邈邈，其佳好如与心约，如聆天籁，馨香一脉，幽幽心会，不可言传；殊有异彩，胜出流俗，如女子，或妖冶，或野辣，或炙烈浓艳奇巧异采夺人眼目；宜者适中，不逾偏激，居位中和，由是颇得大众青睐；庸为下俗，实不足论。以上香型形成，实则源自天时地利，自然，后天制作不失为重要因素之一。

卢次伦打断舒基立的话，听说锡兰黑盾茶厂用果乐牌制茶机制茶，对于茶叶的形、色、香味均有提高？不等舒基立回答，卢次伦紧接着问，这么说，我们的宜红完全可在形、色、香味上更有提升？舒基立肯定地点头。他说，这次外出他特意品尝了印度的大吉岭和阿萨姆以及锡兰高地乌沃，印、锡红茶高香浓烈，予人味、嗅强烈感觉，若以茶香四品评判，当属"殊"类，而宜红香涵妙曼，有兰蕙异芬，与以上茶比较其香型更胜一筹，以妙品论当之毫无愧色。卢次伦双目莹光盯着舒基立：你的意思是说，宜红完全可能在巴拿马万国博览赛会上夺魁？

舒基立含笑点头。

大年初一清晨，宜市街头响起熟悉的马铃声。卢次伦骑在雪骢马背上，烟色软缎长袍，外套团花马甲，狐皮圆顶帽，双层白底鞋，脖子上围了一条浅灰绒毛围巾，蔼笑盈面，昂然端坐，雪骢尾根那儿兜一串香樟木尾珠，身上毛发分明刷洗过了，柔光匀亮，背上坐垫更为一新，羊毛软垫绣鞍。坐骑焕彩，主人新装，双双一派新年喜庆。因为新年第一天，街上这时尚无人早起，窗牖完闭，门扉静掩，一家家，贴在门脸两侧的春联朱红新墨异样抢眼，沿由两旁春联一路浏览过去，前方不远处即是吴习斋家。卢次伦勒住马缰，让雪骢前行脚步停下来。前天晚上，他和舒基立就是否购置制茶机械进行讨论，华茶欲与印、锡抗衡，夺得市场，机械制作势在必行，况且，机械制作有助茶叶型、色、香味提升，实为宜红参与巴拿马赛会竞争之必需，但购置机械需要一笔巨资，近年以来，茶庄累屡亏损，至于经营未倒，实以蚀本勉力支撑。昨天，他和吴习斋特地清算了茶庄当前现资，钱库仅剩少量制钱和南票，算上津市钱庄存银，整个资金不足万两，而常年春茶时节仅收购茶农鲜叶一项，投入即需万两以上。晚上，送走吴习斋，卢次伦几乎一整夜没有睡着，购买机械情势所迫，但茶庄资本亏空，纵有千般心愿却力所不逮。后来，卢次伦忽想起唐锦章马鞍丘那笔地契，还有，他曾闻听过若茶商购置机械有资金短缺，官府将以借贷，并且，对此省工商部曾有明确表态。天色未明，卢次伦在床上再也躺不下去了，他要将购置机械的决定即刻告诉吴习斋，让他早作准备，只等新年一过，他便马上出发。

晨光清和静谧。吴习斋大门两侧朱联静红，翰墨涵香——

宜将春色输宇内，
红及海国皆流芬。

卢次伦注目眼前春联，联语藏头，笔意高古，无须问询，此联自出宜市宿儒老先生手笔。卢次伦手执马缰，颔首而笑，正欲策马前行，复又勒住了缰绳，举目再看贴在门扇两侧春联一眼，莞尔一笑，掉转马头返身而去。新年第一天早晨，山雀清丽未发，河水岚白初醒，街石静陈，檐瓦清湿，如此良辰，实有不便搅扰，就让习斋再多睡一会儿懒觉吧。

正月十五。上元节。

卢次伦选择了这天出门远行。他先到省府长沙，打探参加巴拿马万国博览赛会情况，接着前往上海，听说上海汪辅仁裕泰茶厂现已购置西人制茶机械，并以机械制作红茶，耳听为虚，眼见为实，购买机械之前，他要先到上海汪辅仁那实地看看。辅仁茶厂建在外滩黄浦江畔一处石库门内，连绵一片厂房建筑，登临工厂大楼，可以望见不远处的上海怡和洋行总部大楼。那天，卢次伦目睹了那些来自西洋构造的机械，时令尚早，虽无新叶供予制作，辅仁老板却为卢次伦特意发动机械，现场演示，碾、揉、烘、筛，每道工序，辅仁老板详细为卢次伦指点介绍。

晚上，汪辅仁特意将卢次伦请进自己茶室，步入茶室，卢次伦眼睛不由为之一亮，茶室面东一面墙壁中央挂了一幅横屏——精行俭德，看着墙上四个笔意饱满的真书，卢次伦双眸生辉，莞尔而笑，汪辅仁见卢次伦目光带了欣喜停驻条屏上，忙笑着摇手：胡乱涂鸦，见笑见笑。卢次伦告诉汪辅仁，他的居室里面也挂了一幅这样的字，汪辅仁眼眸发亮：这么说，卢兄台是他乡遇故知啊。汪辅仁为卢次伦冲泡的是机械制作的裕泰天字号红茶，卢次伦拣了几颗茶珠摊在掌上观看——颗颗团圆珠圆，粒粒乌泽莹润，较之手工制作，其形与色，更有高出一筹的直观。煮水，听声，冲泡，闻香，卢次伦端起茶盏，浅啜一口，抿住嘴，屏息凝气品味。汪辅仁眼神期待地看着卢次伦，他说，美国的巴拿马万国博览赛会，他们就准备用这款茶去参赛，眼下，裕泰制作论型塑外观近乎满意，似再无可挑剔，不过在机制提香上他们还想再下些功夫。显然，卢次伦在拿汪辅仁的这款红茶与自己的宜红比较，他神情专注，凝眉敛息，眼神邈远深邃，犹在追踪寻觅，蛛丝马迹，天籁流云，丝竹发轫，青萍余绪，又似考量析辨，幽微洞察，甄别深致，恍恍乎穷究杳冥之际，纱纱似深入玄奥之境，纤毫在握，微细必较，锱铢权衡，毫厘校辨。

显然，汪辅仁正在等候卢次伦的品味评说，卢次伦却持盏凝神，长久沉吟无语。汪辅仁有些等不及了，正要发问，卢次伦搁下茶盏，笑着，手伸上前来，将汪辅仁双手紧紧握住：辅仁兄，制茶机械何处有购？烦请兄台指引，次伦这次也想订购两台回去。

正值早春二月，卢次伦从上海乘船赶回宜市。在上海，通过汪辅仁牵线介绍，以每套3700两银价格，卢次伦订购了两套德国制造果乐牌制茶机械。途经省府长沙时，他特意来到省工商部，探询政府扶助茶商购买机械借贷事宜。卢次伦满怀信心走进省府，得到的却是失望消息，原来，政府资助的话为原省督军谭延凯所说，如今，袁世凯在北平组建政府，上演复辟帝制，谭因反袁下野，湖南都督兼巡按使换成了汤芗铭，汤因追随袁世凯疯狂镇压革命成为其心腹，到湖南后杀害革命党人两万余人，由此获得"汤屠夫"称号，此公到湘后，扑杀革命仁人，横征暴敛，根本无暇顾及民生。听说卢次伦想申请购买机械贷款，省工商部的人笑着摇头，前夕，云贵讨袁护国兴起，蔡锷护国军一股势力现进入湘西。为镇压倒袁护国势力，汤都督眼下正四处急筹军饷，何来借贷资助茶商购买机械？

从省工商部出来，卢次伦原来高涨的心情一下变得沉重起来。政府借贷无望，机械已在上海订购，而茶庄却资金匮乏无力购买，茶叶机械制作势在必行，且巴拿马赛会在即，机械购买实乃当务之急，事至如此，只好在"公田"上想办法了。原来，泰和合茶庄创办这些年来，除却资本金及固定资产积累，另有百余亩田产，卢次伦称这些田为"公田"，因为"公田"所获收益全部用于当地道路交通、义渡义校、贫困赈济等社会公益。从省工商部出来后，卢次伦接着去了省府临时成立的"巴拿马赛会事务局"(1913年5月2日，美国政府作为第一个西方国家承认袁世凯北京政府。1914年3月，美政府特派劝导员爱旦穆前来中国游说北京政府参加巴拿马赛会；4月4日，爱旦穆得到袁世凯召见；随后，北京政府专门成立"巴拿马赛会事务局"，各省也随即成立相应机构)。在那里，卢次伦申报了宜红参赛项目，并填报了相关手续，之后，登船向八百里洞庭，匆匆赶回宜市。

桨声帆影，水光山色，卢次伦无心领略欣赏。惊蛰已过，清明即近，宜红春采马上即要铺开，分庄筹备，技师布设，买手安排，运输准备，包括工厂员工、设备就位，千头万绪，纷繁复杂，巨者宏如万象，细者微若锱铢，一点一滴，务必缜密谋划，精细运筹。船抵洞庭尾闾，卢次伦特意来到津市下河街宜红津庄，作为泰和合下设的分庄，津庄的主要职责是宜红的水漕转运，步上江边码头，尚未来到津庄，卢次伦听到一个消息，泰和合再次被田金标抢了！

卢次伦原打算在津庄歇过一个晚上，而后乘船石门县城，再换乘畜力坐骑回宜市。听到消息，他一路奔跑，津庄看店见老板突然闯进门来，慌忙设凳沏茶。卢次伦不坐，从看店口中证实消息确凿后，他要看店赶紧给他备了一匹快马来。卢次伦顾不上说话，一跃蹬上马背，匆匆望北疾奔。

三年前，卢次伦从广州买回那批德式毛瑟步枪同时，特地聘请了一名军事教习，并从在厂职员中挑选精壮男子，练习射击防卫，茶庄护卫队总编制100名，工、卫合体，平日茶厂务工，遇有匪情随时听命出动，枪支除夜间巡防者携带外，其余一律统一入库专人看管。那天夜晚，田金标带领一伙匪徒居然不费一枪，将护卫队100条毛瑟步枪一支不剩全部抢走了，匪徒进入茶庄大楼，先是直奔枪械室，而后，径奔钱库密室，将所有银两、制钱、南票、地契掳掠一空。

时近三更，鸿羽忽然惊醒，摸出枕边怀表，时针指向午夜12点，凝神谛听，怎么不闻打更梆声？从床上爬起，头伸向窗外，外面有蒙蒙月光，整个茶庄一片阒寂。鸿羽直觉气氛有些不对，披衣下床，匆匆赶往茶庄大楼门房，平日，门房整夜灯火通明，而此刻却是一片漆黑。鸿羽心中突然生出一股不祥预感，赶至门房，不禁大惊失色，门房老头双手反剪被绑在一根柱子上，嘴里塞了一只木塞——老人那只平日用来敲打的更梆。鸿羽将老人解下来后，急忙赶往巡防值班室，巡防室设在大楼西侧三层角楼顶上。这里居高临下，凭窗可俯看整个茶庄全貌，室里烛光犹在燃着，但值班巡防却不见了踪影，鸿羽趑回问讯门房，老人摇头一脸茫然。鸿羽胸口扑扑跳响起来，急奔枪械室，枪械室两扇铁皮大门豁然敞开着，月光虚白从窗外斜进，鸿羽立在房屋中央，目光呆滞看着那排平日架放枪支的木架。门房老头抖抖索索跟过来了，站在鸿羽面前，仿佛大梦初醒，意识这才恢复过来。他告诉鸿羽，午夜将近，他拿了更梆从门房走出来，正要朝制茶厂房那边走去。这时，一伙蒙面黑衣就溜进来了，根本听不到一丝声响，黑衣人沿着墙根溜过来，眨眼一下便到了跟前。鸿羽问老头，匪徒进来后，都去了哪些地方，老头说，先是到了门房，接着便进了北墙那边。鸿羽头皮一阵发麻，拔脚往北边方向跑去。与枪械室房门洞开不同，钱库的门虚掩着，鸿羽推门而入，钱库密室设有两道门，第一重进去之后，而后是地下暗室。鸿羽曾经随吴习斋进来过一次，钱库室内印象记忆犹新，摸索进入密室后，鸿羽以手搜寻那些分类码放的铁箱木箱钱匣票夹，摸索着，手由不住抖起来。他从门房那里找来一支蜡烛，再次来到钱库密室，烛光映照，室徒四壁，鸿羽目呆口瞪，双眼痴直，瞪着过去码放钱箱的地方，一滴融化的蜡液顺着烛台滴落下来，溅到脚上，倏忽而至的灼痛使鸿羽浑身一颤，脚本能缩动，脚下发出窸窣碎响，是一张纸。鸿羽俯身拾起来，只见上面写着——

纹银计 1720 两；

龙洋 580 枚；

袁大头 1770 枚；

铜钱 5030 个；

制钱 2099 吊；

沙皮子（地方自制铜钱）3000 吊；

南票折银 1344 两。

明人不做暗事，好汉不埋名姓，以上各项共折银 5880 两，悉为田金标实领。

回到宜红清舍，来到母亲房门外，房里传来母亲细微的呼吸。鸿羽犹豫着要不要叫醒母亲，最终，他轻手轻脚从母亲房门边走开了，他跟母亲留下了一纸字条，告诉她昨晚茶庄遭遇土匪袭击，因此他要外出几天，并嘱母亲千万不必担心。鸿羽从宜红清舍出来，直奔西门马厩，牵出雪骢马，手抚马鬃：好兄弟，随我去办一桩大事。

说罢，一跃上马，策鞭而去。

杨素贤双手合十，跪在地上，青香袅娜，供果静陈，观音端丽慈目高踞神龛之上——丈夫远行未归，茶庄遭遇匪祸，儿子一去不见音讯，杨素贤缓缓阖上眼帘，形、意、念、想，极尽虔诚：救苦救难大慈大悲万能广大佛法无边的观世音菩萨啊……

那天晚上，鸿羽写给母亲的留言仅只简短一行文字，说是有事外出一趟，三天后必定回来，要母亲放心无须挂念。天色向晚，三天就要过去了，儿子不见踪影音讯，怎又能叫她不牵挂悬心呢？跪在地上的杨素贤，凝眉端然，寂寥不动，心中默声诵念着祷语，忽地，一串清泠泠颤音摇落而来，杨素贤侧耳谛听——是雪骢马的铃声！

鸿羽坐在马鞍上，雪骢马分披的鬃毛以及曳地的尾毛上落了一层落日余晖，蹄铁叩击青石板，音韵清澈，节奏铿锵激扬。坐在马鞍上的鸿羽，挺胸拔背，随着蹄铁的音韵与节奏跌宕起伏，其神采风度宛若一位凯旋的将军。隔老远，杨素贤便望见了高踞马鞍之上的儿子，看见母亲，鸿羽则由不住咧嘴笑了，马鞍上除了坐着鸿羽，还横放了一只麻袋。杨素贤不无讶异，两目狐疑看着鸿羽，鸿羽朝横在马背上的麻袋瞟一眼，冲母亲狡黠一笑，而后，随手一下将麻袋掀下来，麻袋落地发出"扑通——"一声沉响。鸿羽偏着脸，挑起眼角，看着母亲，目光熠亮含笑，像一个孩子那样充满了调皮：母亲您猜这里面装的什么？杨素贤正待上前观看，麻袋忽地扭动起来，吓得杨素贤不禁倒退一步。鸿羽这时走近去，将系住麻袋一端的绳子解开了，这时，一颗乌青脑袋忽从麻袋口伸出来——

杨素贤两眼惊直——麻袋里面装的是一个人。

母亲，您猜他是谁？

杨素贤慌忙摇头。

那您问他，让他自己告诉您。

那人的两只手臂被绳子绑在背后，两条小腿如缠蟹般被盘曲起来与大腿绑在一起，因为手脚均为绳索束缚无以动弹，颈脖强直，头则如探出水面呼吸的乌龟极力上举，吊睛大眼，刀形浓眉，额头横一道绛紫色月牙形疤痕。杨素贤大惊失色：这人不是田金标么，早听人说过，田金标的额头上有一道月牙形紫色疤痕。

鸿羽嬉笑着，看着杨素贤：母亲，您认出来了？

杨素贞将鸿羽拉到一边，问他是怎样将田金标弄到手的，鸿羽一脸诡笑，故作悬疑，说这个以后再告诉母亲。杨素贤看着儿子，眼中充满恐惧与惊惶，她要鸿羽赶紧将田金标送去官府，以免惹火烧身，试想，那帮土匪如今手里有了 100 杆洋枪，他们一定会寻上门来的，茶庄上下虽有两三百号人，但都手无寸铁，哪里是他们的对手？鸿羽笑着摇头，一副成竹在胸的样子，说，如今田金标在他手里，就是一块鱼饵，他就是要引那些鱼来上钩。回宜市来的路上，他已经派人去县府报信，告诉他们一直追剿未得的匪首现今就在他手上，县府有一支三百条洋枪的保安团，他要保安团星夜赶来宜市布好口袋，到时候只等瓮中捉鳖，并且，他已经贴出告示，限匪徒们三天之内将抢去的东西一样不少原物返还，以换回田金标。鸿羽满脸得意，说着朝母亲调皮睒去一眼，杨素贤急得眼泪都快掉下来了。田金标就是一股祸水，千万不能让他留在茶庄，县城距离宜市两百多里，山路险阻，县府保安团即便是星夜赶路，到来也得两天时间，倘这两天中土匪一下拥来怎么办？

杨素贤焦急且恐惧，眼里噙着泪水，看着鸿羽，鸿羽眼珠急遽转动，母亲的担忧不无道理，倘使匪徒真的涌来，一边荷枪实弹，一边赤手空拳，结果可想而知。慎行之策莫如真的将田金标交予官府，但是，如此一来，被抢去的东西匪徒会不会再交到茶庄来呢？如果不把田金标直接送往县府，只让暂时羁押在水南渡司，并放出风声在那里以物换人，或许这是个两全之策，只是这样一来便宜了那个姓张的司董，之后匪首押解县府，府衙之上，让他冒领去一回缉匪勋功。看着母亲恐慌的样子，鸿羽思忖，看来眼下也只能这样了。离开母亲，鸿羽朝田金标面前走去，田金标撑直脖子，望着鸿羽，虽脚手被缚，然一双望眼却是那般灼灼逼亮，不过，眼神蕴含则极其复杂——虎落平川？英雄末路？涸辙之鲋？铩羽穷鳞？饮恨图圄？困兽犹斗？伺机东山？一抹夕照，恰好打在田金标额头那道月牙疤痕上，映照之下，疤痕闪耀紫铜光辉，尤为显豁醒目，因为身躯匍匐于地，脖子必须最大限度直立，如此方可仰望到鸿羽的脸。鸿羽走回来了，走近田金标跟前，田金标的望眼里有惑疑、诘难、诧异、猜忌，甚至，有种难于言表的穷究探疑，鸿羽的脸高高在上，就像一道谜面，扑朔迷离，讳莫如深，寻寻觅觅，上穷碧落下黄泉，搜索枯肠不得诠解。实际上，此刻，鸿羽脸上呈现的却是一片笑颜，轻松活泼，率性天然，甚或有几分顽劣调皮，余晖映照下，笑容生发，缕缕生动，自唇边、眼尾、腮边漾溢而出。站在那只先前装过田金标的麻袋边上，鸿羽朝瘫在地上的麻袋瞥去一眼，而后，朝田金标努了努嘴：请君入袋，还是请你爬进去吧。

石门、慈利、桑植、大庸，包括鄂西南诸县，近年纷纷贴出悬赏缉拿田金标的告示，雷声势头可谓汹汹，收获成果自然不敢奢望。令张由俭做梦也没想到的是，今天，这个各府悬赏缉拿的匪首居然乖乖送上门来了，踏破铁鞋无觅处，得来毫不费功夫，当田金标缧绁束缚坦呈面前，他袖着双手，静默而观，看着，一尾鱼尾笑纹油然从嘴角游弋出来了。清王朝倒了，州抚、县太跟着倒了，而他这个司董却稳稳当当坐到了现在，他并非建树有不朽功勋，亦无什么不倒秘笈，事实是，他真的从清朝到民国，就这么顺顺当当在水南渡司董的位子上坐了下来，是天意巧合，是世事侥幸，抑或，他这个山重水复山高皇帝远的水南渡司董根本就已被外面世界所遗忘？吉人自有天相，痴人偏有痴福，如果说，他的水南渡司董真的被人世所遗忘，那么，这回世界必得听到他的发声了，就像当年齐威王自况的那只三年不鸣、一鸣惊人的大鸟——跨进县衙大门，径直朝县令——不不，而今是县长了——的办公房走去，进入民国，拖在脑勺后的辫子早剪掉了，长袍马褂换成了对襟短装，没了长袍及地的束缚，行走自然变得便利，步履劲健轻捷，足下携风而行。作为一方之长，身后押解着县府悬赏缉拿的匪首，勋功不可不谓卓著，自然，脸上须呈现奏捷的喜悦，元首（必须强调，在此他要特意使用如是称谓，如若使用头或脑袋，不仅有失庄重肃穆，更与时下场景氛围不谐）与腰须显出挺拔与轩昂，县长从办公房迎出来了，满面盛笑，连声嘉夸，相握言欢之际，青睐欣赏溢于言表。

浮想联翩之际，同时记起十多年前那首"十年寒窗黑统统"的打油诗，老实说，一个七岁黄口小儿信口诌出那样几句打油诗当时着实让他心里惊讶。气恨自然是气恨，且一直如鲠在喉难于释怀，但气恨之余你又不能不佩服这小子有才，眼珠子滴溜溜一转，嘴巴皮轻巧一张，居然就那么押韵合辙，实在太有才了。如果说当年那首打油诗让他大出意外着实惊讶，眼前场景则要使用惊呆，田金标玩的就是刀枪，手下百多号人马，上百条枪，可不是吃素的，这小子是如何将他擒拿到手的？官府官兵奈何不得，他居然匹马徒手给弄来了，似乎信手从树枝上摘取一颗果子，轻而易举，手到擒来，你说这小子神不神？如此神通该不该惊呆？惊呆是乍见之际的直觉，继之则是惊喜，不过，这种喜悦它无须分享，无须呈现外露脸上，就像突然拾得的宝物，它需要私藏，秘藏，深藏，雪藏，只让它在心底一枝独秀，静悄悄兀自开放。

张由俭令保安队将田金标收禁，锁入庙殿后面一间密室。

那天晚上，张由俭因为浮想联翩，睡眠不是很踏实，天亮时，迷迷糊糊睡过去了，梦中居然与妻子相逢，床笫之上，云雨交欢，如胶似漆，颠鸾倒凤，其情状场景实难尽予细描详绘。一直睡到日上三竿，张由俭才从床上爬起来，趿着软底布鞋下床，倦容懈怠，慵眼半开，手缓缓抬起就要去拉那挂竹篾的窗帘，双眼忽被窗前地上一物吸住：一只黄田扳指，云纹镌花镶边，中间阴刻"云裳"二字，张由俭满面惊疑，这不是他夫人手上的那只吗，怎么突然昨夜里跑到这来了？挨近扳指的地上，另有一张纸，张由俭捡起来，展开字纸，一下大惊失色。倦怠早已惊飞，慵眼霍然瞪大，先前拖沓无力的双脚，此刻如遭炮烙之刑，一下弹起奔往门边，或许是要拉开房门，但不知为何，手已经拉住门闩了，忽又停在了那里。屋顶一只斑鸠在叫，嗓音浑厚，韵响空山。张由俭的那只手抓住门闩像是已经凝固，二者寂默凝为一体，忽而，那只手倏忽一颤，弃闩而去。张由俭疾奔至窗前，站住，一边耳朵朝窗帘子贴近去，小心审慎贴在竹篾窗帘子上，眼睑张大，眼眸寂寂霍亮，那只斑鸠仍在叫，在头顶高处，对面槐树巅上另有一只也在叫，此呼彼答，一唱一和。鹦其鸣矣，求其友声，时值阳春，阴阳耦合交媾，也难怪那两只斑鸠叫得那般声情并茂、和声亲切，山谷回荡，声声在耳，一浪一波，愈响愈烈。张由俭的一只手抬起来拉住竹篾帘子时明显在抖，霍亮的眼睛里面有一种奇异的光，跳跃，闪动，游移，变幻不居，帘子发出极细微的声响。随着响声帘子先是启开了一道缝隙，缝隙在扩大，慎审地，迟疑地，战战兢兢地，阳光透过缝隙挤进来，先是扁扁窄窄一片，渐次增宽，扩大，纯粹的金黄在窗帘与窗框的空间簇拥，两只斑鸠还在叫。张由俭的手抖得厉害，竹篾窗帘发出簌簌细响，朝日的金黄再也无法遏止，越过张由俭的手，一下涌了进来。

　　明天是鸿羽 20 岁生日。

　　20 岁于人生具有里程碑的意义。在鸿羽看来，这个生日于他更是具有非凡意义。茶庄处于前所未有的非常时期，爹地年岁渐老，他必须站出来，接过爹地手中的桨橹，将泰和合这条大船划出急流险滩，驶向阳光明媚的彼岸。他相信自己有这样的能力，他的脑瓜子不仅好使，他的眼睛——经由印、锡考察，视野变得更为开阔，且目力深远广大，他的心里已有一幅泰和合新的图画。面对儿子明天的生日，杨素贤既有匪祸余悸的忧心戚戚，更有眼见儿子长大成人的内心欣喜，早在几天前，她就在给儿子作庆生的准备。鸿羽自小爱吃桂花蛋糕，每年八月桂花盛开杨素贤都要采集一些桂花，晾干，备作来年二月制作鸿羽生辰蛋糕之用。除了每年必备的桂花蛋糕，今年，杨素贤特意为儿子亲手做了一双布鞋，白底青帮，深口出边，绳边用油绿缎子，芝麻绣柱针法，鞋底腰间配水爬浪纳花。杨素贤对儿子这双鞋子的制作特别倾心，从鞋样剪裁，到纳底上帮，一针一线无不极尽细致精巧。从女儿时代算起，杨素贤做的鞋也该以百论计了吧，但这一双堪称她的巅峰之作，无论鞋样款式，还是针脚做工，其技艺水准均已臻于至高境界。在她心中，儿子的 20 岁生日是一个重大的历史性时刻，作为母亲，那双新做的布鞋既是她给儿子庆生的献礼，同时，也包含了她对儿子未来的祝愿和祝福。她期望儿子在 20 岁生日那天穿上它，踏上人生新的道路，平平安安、扎扎实实走好未来的每一步。

虽然离20岁还隔着一天，鸿羽觉得自己已经是一个肩负重责的成人了。爹地不在家里，他就是一家之主，茶庄所有责任全在他一人肩上。这两天他在等匪徒那边的消息，他相信，被抢去的东西一定会完璧归赵，最好是在父亲回来之前劫匪把东西送来，他计算县保安团的人马今天傍晚也该赶到了，田金标就是一块饵料，现在，饵料攥在手上，不担心鱼儿不会上钩。本来，鸿羽想到下边分庄去看看，眼看春茶就要采摘，分庄买手、制作、骡马运输、收购银两等都要及早准备，但劫物未曾送到之前他还不能外出。他把舒基立和吴习斋请了来，三人一阵商量，然后请舒基立和吴习斋分头到底下分庄跑一趟，作好春茶收购准备。下午，鸿羽忽然想到一件事——制茶机燃烧的是火油，爹地如果买回机械，火油必须先作准备，歇茶期间，茶庄的船只都去了津庄作别的运输，而火油则要到汉口才有购买，当务之急，须有一条船去汉口专办此事，鸿羽想要外信即刻赶往津庄通知船只，而外信今天偏偏休班，回老家后山去了。事不宜迟，鸿羽把雪骢马牵了出来，骑马往后山奔去。

山风在耳边发出长啸，青草的气息扑面而来，春阳在两颊奔跑，那么流畅，旷达，惬意，放荡不羁，鸿羽咧嘴笑起来，爹地出门的这些日子，突然降临的匪祸，令他忘记了笑，此刻，春风载奔，青山扑面，他再也忍不住了，灿笑与青春原本就是孪生的一对，想到爹地即将购回的制茶机械。是的，他应该笑，他要用最美的灿笑迎接爹地的归来，向20岁——那个神圣时刻的来临献礼。

后山与水南渡山脉相连。雪骢马停下来了。鸿羽一如它，身躯僵直愣在那儿——

田金标跑了。

他简直不敢相信自己的耳朵。这怎么可能？身边男人告诉他，这确是事实。有一刻，他的耳膜一阵轰鸣，之后，突然万籁俱寂。他呆呆看着雪骢马。雪骢马一如他那样呆呆地看着他。那个告诉他消息的人并不认识他，看他发呆的样子觉得有些奇怪，不过，那人很快便认出他来了，因为他认出了他身边的马——这不是卢庄主的那匹马吗，你是……卢庄主的公子？田金标就是你捉的？蚂蟥只听到水响，俺也是刚才听说，上晌午跑的，门锁着，送饭的进去，不晓得怎么屋里是空的，人硬是不见了，你说怪不怪，老鹰叼跑了总还落下几根毛，门锁着人毛硬是寻不见一根，跑了。

鸿羽脸色由青转白，继而，复又由白转青。

那人还在说话。

鸿羽纵身一跃，身子早在鞍上。铃声骤作，马蹄疾奔，转眼倏忽而逝。

第二十章
伤别

　　这年春天，都白尼终止了白金汉宫王室专供宜红的采购。年前，他离开汉口回到伦敦，参加国会下议院议会，如今，都白尼不仅是洋行之王、远东最大英资财团怡和洋行元首，而且，身兼伦敦商会总理事。一战伊始，为援助政府军，都白尼一次向政府捐款 10 万英镑，次年，政府军展开"凡尔登战役""索姆河战役"之际，都白尼再次向政府捐款 10 万英镑，由此，都白尼一时名动朝野，当年当选国会议员，不仅为英帝国商界巨擘，而且成为呼风唤雨红极一时的政治新星。年前下议院议会上，都白尼受到英王乔治五世亲切接见，对于都白尼的爱国大义，乔治五世给予极高嘉赏，英王乔治坐在轮椅上，亲切拉着都白尼的手。前不久，他在法国视察部队时不慎从马上摔下来，盆骨严重损伤。都白尼的手被亲王握住的一刻，心底涌过一股从未有过的激动，他为自己获得如此宠幸殊荣倍感骄傲，同时，对眼前这位年轻英俊的亲王充满由衷敬意。为了帝国，他向国库捐资，将自己两个王子送去部队服役，置个人安危于度外，亲临战场视察，甚至，为了省俭，他戒了酒，暂停了一年一度的王室宜红极品茶专供。乔治五世握住都白尼的手，说，政府永远保护帝国商人的利益。都白尼望着亲王，眼眶潮湿，在远东，在东欧，在太平洋整个战场，帝国正在为自己的利益而战，帝国的利益就是他的利益，作为帝国商人，不，作为帝国的一名政治家，殚精竭力，在所不惜，无私奉献帝国是他义不容辞的责任。

　　国会下议院会议后，都白尼特地来到萨瑟兰郡的莱尔格墓地。在那棵繁枝翁郁的橡树底下，都白尼静静站在威廉·查顿叔公和玛格丽特·查顿姑母两座坟墓前面，叔公和姑母墓碑前各摆放了一只木刻精美的盒子，是专供白金汉宫的极品宜红，叔公生前未能品尝到这种东方嘉茗的味道，姑母则在尝过第一次他送去的宜红后，自此忠贞不贰，专饮宜红。都白尼想起二十多年前的那个上午，姑母带领他来到叔公威廉·查顿墓前。21岁的他体格尚在发育，身体单瘦，脸颊青白，青黑领结，纯白内衫，银灰坎肩，米色背带长裤，嫩黄牛皮短靴，那时的自己似乎还是一支刚刚抽出穗花的嫩秧。如今，他站在叔公姑母墓前，就像那棵粗大沉默的橡树，傲然苍穹，顶立大地，雄风在怀，睥睨八荒，他相信，他的叔公，当年怡和的缔造者，包括玛格丽特·查顿姑母，都能够看见他，能够听见他此刻对他们所说的话。当年，叔公企图以罂粟——这一妖冶植物的异香打败中国茶叶的愿望未能实现，如今，叔公的遗愿已经变成现实，他的帝国在殖民地，通过科学技术创造出世界茶叶史上伟大的奇迹，中国茶叶一叶独大时代一去不返，世界茶叶——生产、制作、市场、贸易均已牢牢掌握在帝国商人手里。叔公的时代，海上航运仅以12只快船，诸如澳斯丁号、杨上校号、海斯夫人号、红色海盗号、劳德莱总督号、希腊号、维纳斯号、珊瑚号、奥加米号、哈里特号，甚至有的就是那种木制的帆船，如今，他的公司不仅拥有世界最先进的内燃机远洋海轮船队，而且，他还从美国人那里夺得了中国内陆第一大河流——长江黄金水道的航运垄断权。叔公说过，在中国任何地方，只要哪里有贸易活动，哪里就有怡和洋行。如今，他可以毫不夸张地说，在世界任何地方，只要哪里有贸易活动，哪里就有怡和洋行。叔公时代，怡和主打贸易主要围绕罂粟、茶叶两样不同植物，如今，洋行经营拓展至众多领域行业：地产、航运、包装、火油、银行汇兑、棉麻、织造，等等等等。

二十多年前的那个上午，遥远仿若旧梦，清新又分明如同眼前。那天，玛格丽特·查顿姑母对他说起汉口，那个曾经风靡一时的东方茶港。当时，他站在叔公墓碑前，面朝东方，就像一只鹰，心底充满飞翔的渴望，想到汉口，那个遥远的东方茶港，都白尼两颊浮上微笑，由不住轻轻摇了摇头。如今，他的总部已移至加尔各答，帝国在西线战场频频奏捷，世界大势正在朝有利帝国利益方向发展，想到此，他神情一下庄严起来：叔公、姑母，都白尼决不会辜负你们期望的，你们的侄子将为威廉家族、为大英帝国创造更大荣光。

　　顺丰、阜昌、新泰三家俄国茶商开办的砖茶厂，15台蒸汽动力砖茶机械，7架茶饼机，同时停止了操作。J.K.巴诺夫神态沉郁地从巴公房子——那栋占地4937平方米、形似一艘海上巨轮的近代古典复兴式红色建筑深处走出来，一艘北上的客轮停泊万安港码头边上，身着白色服装的船员站在舷板上正在朝着汉正街方向张望。1917年2月，对于J.K.巴诺夫以及所有旅外俄商堪称黑色的背日，彼得格勒市涅瓦大街数十万工人走上街头罢工游行，布尔什维克党人领导的大规模工人罢工和武装起义风起云涌，为应对国内形势危急，参加一战俄军从远东一线战场撤退，沙皇尼古拉二世迫于形势，宣布退出协约国。嗣后不久，J.K.巴诺夫的姑表弟、末代沙皇尼古拉二世被迫退位，统治俄国三百年之久的罗曼诺夫王朝覆灭了。听到圣彼得堡传来的消息，J.K.巴诺夫、李凡诺夫，及其在汉口的所有俄商被突如其来的革命吓呆了，新生的布尔什维克革命党没收了他们在国内的所有资产，并电令所有旅外俄商统统召回。从巴公红房子里走出来的J.K.巴诺夫脸色苍白，须发蓬乱，走出拱形券顶大门时，头由不住扭转过去，再望一眼身后这栋赭红色的宏伟建筑，眼眶旋然潮湿，似最后永诀，头低垂下去，眼睛默默合上。一颗硕大的晶体汇聚眼眶，寂寂然，沿颊而下，滑至腮边，坠在那儿。

　　民国6年春，汉口宗三庙、杨家河、武圣庙、老官庙、集家嘴、万安港——整个沿江码头寂寥冷清；昔时茶船不见往来。挑夫、码仔、艄公、橹手、夹在人缝中的独轮手推车、奔行于茶市码头间的胶轮驴车，统统不见了踪影；汉口茶市的门依旧开着，但门可罗雀，茶秤一如以前吊在横梁底下，掌秤吆喝的"秤头"不见了，验货登簿的管账也没了踪影。位于江滨的英、俄、德、法、日五国租界上空，米字旗、双头鹰旗一如既往飘在那些尖顶建筑之上，惠罗大楼、巴公红房子、怡和村，春晖夕阳，门依然开着，都白尼、J.K.巴诺夫、李凡诺夫，包括都白尼身边的那个小班鳕鱼，包括那个日耳曼佣女玛丽，均不见了踪影。

暮春三月的一个日子，卢次伦最后一次来到设在汉正街上的宜红汉庄，这天，他跟租赁房屋的老板结清了租金，并将汉庄往来账目进行了封存，之后，他沏了一壶茶，坐在二楼临江那只窗子前面，远望江水，神态萧然，寂默而饮。

从窗口望过去，可以望见怡和洋行大楼，飘在大楼穹顶之上的米字旗帜。17岁，他跟随郑观应郑先生进入英国人开办的太古公司，三十余年光阴，人生中最为风华鼎盛的年代，近乎全部留在了这座江滨水城。光绪十四年（1888年），第一只宜红茶船抵达汉口宗三庙码头，当时，他的心底怀了怎样的憧憬与渴望！他曾与表弟孙文说，他要一反国人传统价值，开创实业，浚兴货殖，如郑观应郑先生期待那样，壮大民族经济，使之中华立于世界民族之林。宜红可谓他此生竭力为之奋斗的理想，然此理想实施竟如此艰苦困厄。清朝覆灭，民国新生，他的心中复又燃起希望，购买制茶机械，申报参赛巴拿马赛会，茶园开垦、茶种改良、宜红香型提质，连日深夜与舒基立、吴习斋商讨，甚至，通宵达旦，不觉东方既白。令他未曾料想的是，汪辅仁担保发货的两台果乐牌制茶机被沪申税关卡下了，茶庄再度被劫，匪首脱逃，鸿羽前往质问，张由俭竟以扰乱滋事公庭将儿子羁押监禁起来。

天色向晚，江面转暗。卢次伦从椅子上站起来，一步一步下楼，而后，朝外走，临出门，房东迎了上来，问，卢先生明春还来吗？卢次伦站住，看着房东，凄然而笑，轻轻摇头，走了出去。

张由俭一脸怒容。

一名乡丁正在用皮鞭使劲抽打那个跪地的监禁看守。

杨素贤愣在那儿，手里拿着那双为儿子20岁生庆纳做的布鞋。

鸿羽越监跑了。

从汉口乘船返回津市，卢次伦来到设在沿河下街的泰和合津庄，结清所有账目后，将租赁的房屋退归房主。之后，他来到津市日盛钱庄，核对存取账目后，将钱庄结存银两双方签字封账，并由钱庄开具一份存银余额票据，回到宜市已是四月初。若在往年，此时正是制茶运茶繁忙季节，眼前，茶庄一片沉寂，茶园嫩叶老黄，河中茶船不见了踪影。走在回茶庄路上，卢次伦神志恍惚，走着走着，脚停下来，痴痴站立，如在梦境。

回宜市第二天，他便去了分庄，先到宜市周边，后去湖北五峰、鹤峰、长阳等地二十余处分庄，完结来往账目，处理善后事宜。返回宜市当天晚上，卢次伦来到吴习斋家里。听说卢次伦已决意回广东香山老家，吴习斋抓住卢次伦的手，眼泪忍不住一下便滚落下来。卢次伦将自己另一只手加在吴习斋手上，握住：习斋，我走之后，茶庄整个工厂及全部设备的保管便全权委托于你了。这些年交往，我知道你精明干练，又颇得人缘，将来宜红复兴，决不致有失所望。

从吴习斋家里回到茶庄，卢次伦将舒基立请到宜红清舍。杨素贤特意备下了酒菜，卢次伦为舒基立面前的酒杯里斟上酒。敬酒之际，他告诉他，自己不日将回老家，说着，拿出一只银封，送至舒基立手边：舒师傅，这些年次伦多亏你鼎力相助，宜红能有往昔辉煌，全赖舒师傅劳绩功勋。舒基立把银封推回卢次伦手里，卢次伦说，时局日非，茶庄沦落如此，力不从心，无以回报，仅是返家盘缠而已。舒基立坚辞不受，卢次伦将舒基立的手捉住，将银封硬是塞进了舒基立衣兜里面，舒基立手被捉住无法阻拦，望着卢次伦的眼睛泪光盈满，喉中哽咽竟不能语。

第二天，卢次伦来到平峒唐锦章家里，拿出一份小楷誊写的清单，递到唐锦章手上，唐锦章看见清单上面列着泰和合茶庄所有田产明细及津市日盛钱庄结存银两数目，不禁脸上显露惊讶，正要推却，卢次伦说，离开宜市前他会把田产地契及日盛钱庄开具的票具悉数交到唐老手里。唐锦章连连摇手：卢先生，这可是你个人的资产，我唐某人有何权力接管？卢次伦温婉微笑，将唐锦章递回的手仍旧推了回去。唐锦章一脸大惑不解：卢先生，田产姑且不论，一时难于变现，存在津市钱庄那可是现银啊，你完全可以带走呀！卢次伦将唐锦章拿清单的那只手团拢来，握住：拜托了，唐老。次伦心里清楚，您是保管茶庄田产银两的最佳人选。

处理完毕茶庄善后事宜，卢次伦将分庄及泰和合所属10部所有职员召集一起，在三泰楼上举行饯别宴会。宴会开始，卢次伦面呈笑容按当地风俗自己先饮过一杯酒，而后，手持酒盅，为大家进酒：今天，我有一个决定，请大家听了不要难过。卢次伦将手中酒杯举起来，然后轻轻放在桌上，面朝众多熟悉的面孔——

各位跟着我近三十年时间，艰难与共，彼此情谊如同家人父子，说心里话，我真的不忍离开大家，为了宜红，为了茶庄，大家和我一样，这么多年可谓倾尽了全力。我想，通过这么多年践行与观察，各位应该了解，我创办宜红的目的，并非为一己谋利，而是为了探索中国茶业发展，开创局面，奠定基础，以图实现繁荣一方造福民生之目的。此目的虽未完全实现，然我反躬自问，次伦已尽其力矣，或可称之仰不愧于天，俯不怍于人之初衷。时于今日，宜红处时代巨大之变迁，再已不能负起使命责任，我做过极客观的考量分析，与其苟延残喘，毋宁当机立断，闭厂停办。大家知道，我一生是个硬汉，从未向困难低过头，豪劣与土匪赶走不了我，我敢说，我卢次伦还有力量对付他们。但整个国家局势的动荡，以及国际红茶市场的激烈竞争，实非我一人之力所能挽救弥补，况且，期待整个国家局势安定，亦须假以时日。鉴于上述种种，现在，我决定收束泰和合红茶号经营，停止宜红的制造，暂回广东香山老家去。在我有生之年，国家如能统一太平，宜红能有好的制造经营环境，那时，我定会重返宜市，和各位同甘共苦，重整旗鼓大干一番，以实现我一生未竟之理想追求。至于我在宜市创下的所有一切，建筑大楼，工厂设备，田产地契，钱庄银两，概作留下，决不带回广东香山一分一毫，统统作为他日宜红复兴之备。贵省政治家彭刚直公（玉麟）说得好，"吾以穷之出了，亦以穷归之"，我向以彭公此语为鉴，以上可视我对彭刚直公此言的践行。我走后，各位可另谋出路，只要本凭往昔勤奋精神，生计理应不难解决。至于茶区茶农，可恢复往昔白茶制作，以此或可维持生计。最紧要的是各位要记住，随时借机劝导茶农，千万不要荒芜了茶园。倘若我这一生没有机会再来的话，各位中任何一位都可继续我的事业，以至你们的后代，只要宜红有复兴可能的环境，一定要光大宜红事业。在这里我再次嘱咐大家，宜红系宜市前途希望，系中国茶叶未来命运，绝不可以轻易放弃……

平日，卢次伦总以温婉笑容示人、少说多做为其一贯为人处事风格，那天饯别宴席上的一番讲话，在所有现场者记忆中，是泰和合茶庄创建几十年来卢次伦唯一一次长篇大论。听到卢次伦宣布宜红停止生产，下面满座皆惊，唏嘘哗然。忽然，整座楼厅一下静了下来，斟满的酒杯一只只摆放桌上，一双双眼睛豁然发亮，同时齐聚卢次伦脸上。卢次伦嗓音略显沙哑，说到后来，声音隐隐发抖，他极力控制着自己的情感，不让眼眶中的泪水掉下来。而在座职员中，有人则已泪流满面，两眼望着卢次伦，涕泪泫然，泣不成声。

卢次伦选择了八月十六这天离开宜市。

离开前一天，他特意去了一趟茶祖岭，在那棵千年老茶祖下面，仰面满树繁绿，寂默良久伫立。临走，他将一面预先备下的红布取出来，系上树干高处，随后，神态肃穆庄严，眼望老茶祖，双膝寂默跪了下去。

从茶祖岭回转，过黄连溪，穿荆竹山，之后，卢次伦来到张家大山后面那片黄土高地上。记得两年前的除夕，新阳普照，晨鸟竞唱，他特意邀了舒基立和儿子鸿羽一同来到这儿。那天，鸿羽宛若一名帐前指挥的将军，指点罗列群山，谈起宜红实验基地，似乎未来就在眼前，舒基立讲的则全为宜红香型，涵养、炼制、规避、提升，幽香、醇香、婉香、深香、秘香，就像探讨一样秘密武器的研制。那一刻，舒基立无疑已进入一个专业高深的学术领域，阐幽发微，遐想绮思，其深研之独到，体认之真切，大有开宗立派茶香研制鉴赏之概，令卢次伦不仅眼界大开，且对宜红未来前途、巴拿马万国赛会夺魁，信心倍增，充满期待。站在山顶至高之上，北望长江一线细白，山峦邈远，暗云飞渡，卢次伦眼神肃然苍凉。山包上，蕨类植物们举着各色花苞，芭茅修长的穗尾由嫩紫转而秋白，绒穗粉柱，相邀随风扶摇。卢次伦将目光转朝山下远处，溇水、文峰、宜市，沿河毗连的吊脚木楼，坐落于松柏坪上的泰和合茶庄。一只鸟歇在几步开外的树巅朝着卢次伦发出婉转鸣唱，卢次伦恍然记起，自己来宜市一晃眼居然整整 25 年了。

从张家大山回来，卢次伦将雪骢马从马厩里面牵了出来，如今，马厩里面就剩下它了。原有近千匹骡马，悉予变卖处置，作为茶庄财产，交付唐锦章代管。卢次伦将雪骢马牵出来拴在大楼场坪前古楠上，先是提了一桶温水来跟雪骢马浑身上下清洗一遍，揩干水渍之后，卢次伦开始跟它梳理毛发，先是用那把桃木梳子从头至尾梳理一遍，而后，用篦子均匀地、细细密密地篦。经过清洗梳篦，雪骢马毛发显出柔软光滑，尤其鬃毛马尾丝丝缕缕亮若釉彩。卢次伦跟雪骢马梳理时，那马将脸颊凑了上来，先是在卢次伦的胸脯上来回磨蹭，继而，嘴凑近来，伸出舌条，刺啦刺啦舔卢次伦的手。卢次伦这时便将手中的梳子停下来，拿手抚住马头，轻轻地、一下一下抚摩。梳篦完毕，卢次伦牵起雪骢马往外走，马站住，看着主人，架在背上的马鞍一耸一耸，示意主人坐上去。卢次伦说：我不坐，雪骢，这回让我陪伴你走一回。卢次伦牵着雪骢马沿河街来到吴习斋家门前，吴习斋见卢次伦牵了一匹马来，赶紧上前迎了上来，他请卢次伦进屋，卢次伦则将手中缰绳交到吴习斋手里：习斋，这回我没有把它和那些马匹一起处置，一是它年岁已经老了，二则跟随了我这么多年，如今，我就把它托付给你了，将来一天它若死去后，我想请你不要肉食它，或是将它剐了变卖，给它一个土堆薄葬，也算不枉跟随我这么些年。说罢，卢次伦回转身便走，雪骢马见卢次伦转去，嘴里咴咴鸣叫，挣脱吴习斋手里的缰绳追跑上来。卢次伦站住，双手捧住马的嘴筒，静寂看着，眼眶油然湿润：回去吧，听话，回去。他把缰绳再次交把吴习斋手上，手在雪骢马脸边轻轻拍了一下：记住，今后他就是你的新主人了。

卢次伦回到宜红清舍时，杨素贤在收拾东西。一只藤条编织箱子，来宜市时从老家带过来的，里面装了她和卢次伦的几件衣服，另有一只小木箱，装了两听当年为白金汉宫特制的宜红。卢次伦来到书房，将郑观应的两本书《易言》《盛世危言》从书架上取下来，拿一块蓝布绢包好，来到客厅，望着临窗墙壁上那幅条幅——"精行俭德"，手默默垂下来，神色肃穆，阒寂伫立，凝神注目自己当年题写的四个真书，良久，将字幅取了下来，收束系好，与《易言》《盛世危言》一起，装进了那只蓝色包袱里面。

卢次伦要杨素贤清点一下身上所剩银钱。杨素贤拿出一只小木匣子，将内中所有悉数倾出，反复清点后，杨素贤告诉卢次伦，共有银圆236块，铜钱7吊19文。卢次伦轻轻点头，说，够了，可以足够到家了。正欲与杨素贤说什么，大楼门外忽传来鞭炮声，卢次伦急忙从宜红清舍出来，这时只见青石大门外拥来了许多人，有人怀里抱了鸡鸭，有人箪篓里装了酒肉，还有人举着竹篙——竹篙上绑着彤红的鞭炮。卢次伦趋步迎上前来，有人在人堆里大声喊：卢先生吉寿，给您拜寿哇！喊声起处，绑在竹篙上的鞭炮骤然炸响，一时间，鞭炮隆隆，红雨缤纷。对于众人送来的东西，卢次伦坚辞不受：乡亲们的心意我实领了，中秋佳节，次伦本应设宴相待大家，无奈茶庄所有职员如今都尽遣散，匆忙之际，次伦今晚只能以清茶一杯相奉众位乡亲了。

卢次伦将众人请上了三泰楼最顶上的天层，他让杨素贤将收进包袱的宜红取了一听来，自己则煮水涤器亲手为来人一个一个献茶，洁白的瓷盏，浮摇的橙红，类似幽兰的茶香飘曳缭绕于每一根楹柱之间。遥看东山一轮明月，卢次伦觉得应该跟乡亲们说几句什么。一千三百年前，陆羽《茶经》称，峡州山南出好茶，时陆羽所指即为湘鄂边地宜市一带地方。因为这里的土壤、气候、地理环境得天独厚，利于好茶生长。卢次伦手持茶盏，看着盏中一泓嫩红，情绪无意间显出激动，他说，他把一生中大半时光都留在了宜市，就是因为宜市这里出好茶，就是想将宜红做成一桩大的事业，裨益一方社会民生，汉口茶市萧条，泰和合歇业停产，并非我们的茶不好，比不上人家，实是世界大势发生了变局。卢次伦抿一口茶，看着一张张熟悉的脸，眼神不无忧惕，同时，更有深长的期待：如今宜红歇业，或许不久即要重振复兴，无论怎样，乡亲们切不可荒废了茶园……

农历八月十六。

晨雾弥漫宜市古镇。天气已有明显凉意，八哥在枝头清叫声声，望不见河水面貌，只闻雾霭深处清韵流动，连袂起伏。大清早，整个宜市山镇家家户户的门全开了，男女老幼梳洗齐整穿戴一新，男人或府绸长衫，或靛染短褂，女人则或蜡染斜襟，或洋布纳花背褡，小儿鬏鬏上系了红绳，老头们头裹青布包巾，老婆婆则在梳理齐整的白发上罩上丝包头。每家门前都摆了一只桌案，上放香炉、烛台、茶叶、五谷、盐及蔬果之类，烛台上的蜡烛点燃了，香炉里，点燃的檀香清妙袅娜，款款上升。人们均站在自家门口，眼睛同时望向同一个方向——松柏坪上的宜红清舍。

晨雾渐次散去，宜红清舍黧黑的屋脊从乳白湮没中显现出来，泰和合茶庄大楼的翘檐、镶嵌翘檐高处的鸱吻、青石镌花大门、门前的古楠，一如刚刚暗房洗印出的胶片，色彩鲜润，饱满清丽。整座泰和合茶庄，那些青砖黛瓦砌成的建筑——门窗、墙体、檐角、楹柱，晨光中，一派安谧肃静。太阳从黄虎港东边山坳冒出来，先是一抹秾稠的潮红，继而，漫延、抬升，边沿透出金色华光，当整轮朝日从山坳跃出，秾艳忽倏融化，一跃而为万道金芒。河谷高处山崖犹有雾岚未尽散去，朝日映照之下，华光被覆，飘逸妙曼，如散落山间的一抹轻吹。巉岩绝壁高处，那些新熟的红叶，一簇簇，高举于苍翠之上，如居高的望眼，如临峰的翘盼，如诀别的挥手。张家渡口停泊了一只乌篷木船，艄公橹手均已待在船上，系船的竹篾缆绳上歇了一只白色的鸟儿，搭在水边的两块竹跳板上铺了一层防滑的麻毡，艄公从棹尾那头走上前来，站立船头手搭凉棚朝宜市街头方向眺望。这时，他才发现，从张家渡口沙滩草坪，到宜市街头，道路两旁，包括两旁的山坡，到处都站满了人。

卢次伦从宜红清舍慢步走出来，头戴红顶黑缎瓜皮帽，缁青长袍，上套八卦团花马褂，左手提着那只装有书籍字幅的蓝色包袱，右手握着平日拄着的茶木拐杖。一级一级的石阶，砌在朝日朗照高处，卢次伦从石级上走下来时，正好迎着初升的阳光，他面容清癯，头发花白，额头皱纹重叠，深刻犹如斧凿雕刻，然一双眼睛——深沉的眸子，飘逸的风神，令老之将至的身躯更显一种别样的风骨。唐锦章、吴习斋、吴永升、易载厚早已候在大楼门口，走出青石拱门。突然，一个老婆婆从人丛中挤上前来，扑通一声跪在地上，卢次伦慌忙伸手扶起老婆婆，老婆婆紧紧抓住卢次伦的手：

好人啦，恩人啦……她把卢次伦的另一只手也拉过来，抓在手里，脸仰起来，那些脸上的皱褶，一道道纵横的沟壑，满是泪水。她诉说着某年冬天卢次伦给她送去柴米的往事，因为嘴里没了牙齿，说话时，只见瘪陷进去的嘴一缩一瘪在动，声音却是含混不清。她将卢次伦的两只手紧紧攥住，她不让卢次伦走：卢先生，你不能走，就留在俺宜市，宜市的百姓不能没有你啊。卢次伦点头，接着又摇头，手从老婆婆手中缓缓拔出来，帮老人揩着脸上的泪水：老人家放心，次伦只是暂时离去，不久就会回来的。老婆婆使劲摇头，她不信卢次伦的话，说茶庄都关门了，员工也散伙了，说着，老人禁不住号啕大哭起来。

　　街道两旁，那些供奉门前的案桌上都点燃了香烛。有人放起了鞭炮，紧着又一家鞭炮放响了。卢次伦和杨素贤手上的东西被人接过去，帮忙提着，有人奔上前来，将卢次伦紧紧抱住，失声恸哭。卢次伦走得很慢，一边走一边朝围在街道两旁的人笑着点头致意，双手不停举起来朝向众人拱手作别。来到张家渡渡口，沙滩草坪上拥满了人，见卢次伦走过来，人们主动让出一条道路。卢次伦的一只脚踏上搭在沙滩上的跳板，正欲举步登船，忽然，远处传来马的嘶鸣，卢次伦一怔，止住脚步。雪骢马从远处奔跑过来了，由于一路疾奔，雪骢马的尾巴横曳起来，脖子嘴筒则仰向天空，它一边奔跑，一边嘴里发出嘶鸣，跑到卢次伦跟前，这才停了下来，嘴里喘着粗气，嘴角冒出白沫，连在笼套上的缰绳不见了，架在背上的马鞍则缺了一只角，它把嘴筒伸向卢次伦。卢次伦将它的整个脸颊抱住，一起搂在怀里，马一动不动，昨天清洗梳篦过的毛发泛着莹莹柔光，卢次伦看着马背上的马鞍，绣花钩边的鞍垫，镶在鞍垫四边的流苏。卢次伦阖上眼睛，忽然，松开搂抱双手，毅然转身，迈步朝船上走。雪骢马呦呦嘶叫着，紧步卢次伦身后，前蹄已踏上竹跳板，正要往前走，两名橹手乘机而上，将搭在沙滩上的两块竹跳板抽走了。

　　潮水般的人群一起涌向水边。

　　有人在大声呼喊——

　　卢先生走好。

卢庄主一路顺风。

卢老板我们等着你回来。

艄公解开缆绳，橹手举起船篙轻轻一点，船离岸了。

卢次伦朝涌在岸边的人频频挥手——

乡亲们，记往千万别荒废了茶园……

补记

民国 26 年，卢沟桥事变发生，国民政府其后迁都重庆，开展后方经济建设。在国民政府经济建设计划中，茶业发展列属重要，因此，政府经济部成立了中国茶叶公司，专门负责投资扶助茶叶生产，并督导茶业科学改良及制造。民国 29 年春，中茶公司特派专员前来宜市，调查宜红生产历史及现有厂房设备情况，拟投资复兴宜红生产。中茶专员来宜市后与泰和合旧人吴习斋等认真洽谈，嘱吴等提出有关宜红的历史报告及复兴宜红生产计划书，以向"中茶"申请投资，并设立中国茶业公司宜红制茶厂，由吴等负责经理，中茶公司派员督导。

此前，吴习斋曾于民国 17 年去信广东香山卢次伦，意欲复兴宜红生产。其时，北伐完成，南北统一，国家大势趋于安定，吴信称宜红盼得了太平，拟行恢复生产，卢次伦接信不胜欣喜，当即复信：尔等为复兴宜红继起奋斗，造福社会周济民生，竟余毕生未竟之志，诚大乐事，只惜吾已年事老迈，虽有意重作冯妇，然则实已力不从心。卢次伦在复信中再三嘱咐，期待宜红复兴，重现领占国际市场。可是，正当宜红恢复生产之际，吴习斋获得消息，卢次伦在香山翠亨老家病逝。其后，国内烽烟再起，宜红再无盼得复兴机会。

民国 29 年，中茶公司在宜市制成米茶 3000 箱，由湘桂路转滇缅路输出国境，向英、俄、美等同盟国推销，其品质较之印（度）锡（兰）红茶，毫无逊色，甚或其特殊醇香更胜一筹。可惜不久，日军进攻独山，通往滇缅线交通断绝，尚未运出的数百箱宜红米茶存放泰和合大楼上，直至民国34年抗日战争胜利，仍堆积在那里未得搬走。

2015年写于仙凤山麓

第一稿修定于2015年3月4日至8月18日

第二稿修定于2016年4月19日

第三稿修定于2016年12月16日